Vojtěch Kolman
Zahlen

Grundthemen Philosophie

Herausgegeben von
Dieter Birnbacher
Pirmin Stekeler-Weithofer
Holm Tetens

Vojtěch Kolman
Zahlen

—

DE GRUYTER

Die Arbeit an diesem Buch wurde durch ein Forschungsstipendium der Alexander von Humboldt-Stiftung und im Rahmen des Forschungsprojekts P401/11/0371 der Tschechischen Agentur zur Unterstützung der Wissenschaft (GAČR) gefördert.

ISBN 978-3-11-048088-7
ISBN (PDF) 978-3-11-048246-1
ISBN (EPUB) 978-3-11-048092-4

Library of Congress Cataloging-in-Publication Data
A CIP catalog record for this book has been applied for at the Library of Congress.

Bibliografische Information der Deutschen Nationalbibliothek
Die Deutsche Nationalbibliothek verzeichnet diese Publikation in der Deutschen Nationalbibliografie; detaillierte bibliografische Daten sind im Internet über http://dnb.dnb.de abrufbar.

© 2016 Walter de Gruyter GmbH, Berlin/Boston
Einbandabbildung: Martin Zech
Satz: fidus Publikations-Service GmbH, Nördlingen
Druck und Bindung: CPI books GmbH, Leck
♾ Gedruckt auf säurefreiem Papier
Printed in Germany

www.degruyter.com

Wunderbarer Ursprung aller Zahlen aus 1 und 0 welcher ein schöhnes Vorbild gibet des Geheimnißes der Schöpfung; da alles von Gott und sonst aus Nichts, entstehet: Essentiae Rerum sunt sicut Numeri.

(G. W. Leibniz, 8. 5. 1696, an Herzog Rudolf August zu Braunschweig und Lüneburg)

Inhaltsverzeichnis

Einleitung — 1

1 Grundzahlen — 7
1.1 Von der synkategorematischen zur objektiven Rede — 8
1.2 Die Gleichheit und ihre Logik — 10
1.3 Von der qualitativen zur quantitativen Rede — 12
1.4 Beispiele einer Anwendung — 16

2 Proportionen — 19
2.1 Von der praktischen zur theoretischen Arithmetik — 19
2.2 Proportionen als Strukturinvariante — 21
2.3 Die Gleichgültigkeit der harmonischen Intervalle — 23
2.4 Vermittelte Unmittelbarkeit einer Theorie — 25

3 Inkommensurabilität — 31
3.1 Vom Zählen zum Messen — 31
3.2 Pythagoräische Wechselwegnahme — 34
3.3 Widersprüche des Messens — 38
3.4 Widersprüche als ‚regula veri' — 40
3.5 Schlechte und wahrhafte Unendlichkeit — 43

4 Algebraische Zahlen — 47
4.1 Was ist eine Größe? — 47
4.2 Unlösbarkeit und Unmöglichkeit — 50
4.3 Streckenalgebra — 52
4.4 Von den pythagoräischen zu den cartesischen Zahlen — 54
4.5 Die Grenzen der analytischen Geometrie — 56

5 Infinitesimale Größen — 59
5.1 Differentiation und Integration — 60
5.2 Von Fluenten (und Fluxionen) zu Grenzwerten — 62
5.3 Infinitesimalrechnung — 64
5.4 Genie und Wahnsinn — 67
5.5 Kalkülmäßige Begründung des Kalküls — 70

6 Der Funktionsbegriff — 73
6.1 Diskretion und Kontinuität — 73
6.2 Archimedisch angeordnete Körper — 75

6.3 Bolzanos Zwischenwertsatz —— 77
6.4 Zur Mannigfaltigkeit des Funktionsbegriffs —— 81
6.5 Explizite Definitionen —— 84

7 Diagonalisierung —— 89
7.1 Cantors reelle Zahlen —— 89
7.2 Dedekindsche Schnitte —— 92
7.3 Aggregate —— 94
7.4 Diagonalkonstruktion —— 96
7.5 Diagonalargument —— 97

8 Transfinites —— 101
8.1 Paradoxien des Unendlichen —— 101
8.2 Transfinite Ordinalzahlen —— 106
8.3 Zur ‚Dignität' des Unendlichen —— 110

9 Logizismus —— 115
9.1 Humes Prinzip —— 115
9.2 Russells Antinomie —— 119
9.3 Peano-Arithmetik —— 122
9.4 Das Problem des ‚dritten Menschen' —— 124
9.5 Cantors Paradox —— 126

10 Wahlfolgen —— 131
10.1 Regelfolgen —— 132
10.2 Schwache Gegenbeispiele —— 134
10.3 Privatsprache —— 136
10.4 Rekursionstheorie —— 139
10.5 Zur Zeitlichkeit der Wahlfolgen —— 142

11 Axiomatizismus —— 145
11.1 Axiomatische Definition —— 145
11.2 Formaler Finitismus —— 148
11.3 Operative Arithmetik —— 152
11.4 Dialogische Begründung der Arithmetik —— 155
11.5 Vollformalismen und Halbformalismen —— 157
11.6 Unvollständigkeit —— 160

Schluss —— 163

Anmerkungen —— 167

Literatur —— 175

Namenregister —— 183

Sachregister —— 185

Einleitung

Die Zahlen nehmen eine besondere Stelle in der philosophischen Reflexion ein, so wie die Arithmetik und Mathematik in der allgemeinen Bildung. Warum das so ist, vielleicht auch so sein sollte, ist keineswegs ganz klar, noch nicht einmal, wie weit der Einfluss der mathematischen Paradigmen im philosophischen Denken reicht. Manche Philosophen, einschließlich Platon, Kant, Hegel, Frege und Wittgenstein, behandeln die Zahlen explizit. Andere führen ihre philosophischen Vorstellungen eher exemplarisch anhand der Arithmetik vor oder verdecken ihre mathematische Herkunft, wie man das bei den Monaden von Leibniz sicher vermuten kann.

So ergeben sich ganz natürlich die folgenden ‚metaphilosophischen' Fragen: Ist die Rolle, welche die Mathematik für die Philosophie spielt, eine Folge irgendeiner Version des *Pythagoräismus* und *ihrer Zahlenmystik*, wie sie Aristoteles anscheinend Platons Ideenlehre vorwirft? Oder gibt es eine *Hierarchie des Wissens*, in welcher die Mathematik mit ihrer angeblich besonderen Klarheit und Deutlichkeit die anderen Erfahrungsgebiete übertrifft? In diesem Buch gehe ich bewusst antithetisch vor und beginne mit der Annahme, die Zahlen und die Arithmetik seien als philosophisches Thema nicht *wegen* ihrer Sicherheit, Strenge, abstrakten Idealität und Unendlichkeit, sondern *trotz* dieser Eigentümlichkeiten interessant, und zwar aufgrund ihres eigentümlich indirekten, am Ende hochkomplexen, Verhältnisses zur empirischen, auch alltäglichen Welt.

Dieses Verhältnis zu beschreiben, ist eine Aufgabe, die einige Geduld erfordert. Zunächst scheint klar zu sein, dass man Zahlen nicht sehen, als solche also nicht wahrnehmen kann, da sie sich ja von ihren Namen unterscheiden. Andererseits kritisiert schon Aristoteles Platons Vorstellung, es ließen sich die abstrakten und idealen Zahlen und Formen von den sinnlichen Dingen trennen. Aber sie sind auch nicht einfach mit diesen zu identifizieren. Der Streit geht daher auch darum, wie weit Zahlen und dann auch abstrakte Bedeutungen von ihren Benennungen in der Sprache unabhängig sind. Diese Spannung zwischen (1) der *Unmittelbarkeit*, sei es jene der sinnlichen Erfahrung, der Intuition oder eines schon etablierten und zum *common sense* gewordenen Vorherwissens, und (2) der *Vermittlung* durch *Sprache*, symbolische Formen und höherstufige Reflexionen ist eines der philosophischen Rahmenthemen dieses Buches. Der *Aufweis der Spannungen* ist das *erste Leitmotiv*, das sich durch die zu besprechenden Themen einer Philosophie der Zahlen oder der Zahl, also der Arithmetik und Mathematik überhaupt, zieht und sie verbindet.

Dass das Wissen der Arithmetik *exakt*, *sicher* und *gewiss* ist, gilt als ausgemacht. In ihrer elementaren Form ist sie uns wie die Muttersprache seit der Kindheit vertraut. Dieses Vorwissen oder Vorherwissen macht einen wichtigen

Unterschied aus zum empirischen oder historischen Fakten-Wissen – dass es z. B. in Sibirien ein Mastodon gab oder dass man von der Engelsburg in den Tiber springen kann (wie es Victorien Sardou in seiner dramatischen Vorlage zum Libretto von Puccinis *Tosca* irrtümlich voraussetzt). Weil man sie auswendig lernen kann, ohne die Welt zu erforschen, erscheinen die arithmetischen Wahrheiten des Rechnens mit Zahlwörtern als *analytisch*, was besagen soll, dass sie rein aus Definitionen folgen. Die Gültigkeit einer Gleichung wie 23 + 3 = 56 – 20 kann man ja auf der Stelle, also immer und überall, prüfen, ohne z. B. nach Rom zu fahren oder die Vergangenheit Sibiriens zu erforschen. Diese unmittelbare Sicherheit der arithmetischen Sätze hört aber sofort auf, wenn wir Dinge in der Welt zählen und dabei die reinen, formalen, idealen mathematischen Wahrheiten mit der unreinen, materialen, dafür realen Wirklichkeit, also mit der veränderlichen sinnlichen Welt konfrontieren. In der realen Welt können sich z. B. zwei Wassertropfen zu einem einzigen (größeren) addieren, so dass aus 1 Ding und 1 Ding 1 Ding entstehen würde. Es hilft nicht viel zu sagen, dass es hier um den Unterschied zwischen Theorie und Praxis geht, konkret also *nur* um die richtige *Anwendung* des Zählens, die im Unterschied zu einer *idealen* Theorie immer bloß approximativ oder irgendwie *unrein* sei. Denn damit wird suggeriert, dass die Anwendung – d. h. das Verhältnis einer Theorie zur alltäglichen Welt – auf das in der Theorie artikulierte Wissen *nur von außen* hinzutrete und am Ende ganz unwesentlich sei.

Das ‚ontologische' Problem dieser Meinung zeigt sich besonders deutlich in der *eleatischen Verdoppelung* der Wirklichkeit in die ideale Welt des echten Wissens (*episteme, theoria*) und die vergängliche Welt der bloß subjektiven Anschauung (*doxa, empeiria*). Echtes Wissen über ein zeitallgemeines Sein, für welches Parmenides aus Elea eintritt, kennt nur situationsinvariante Formen oder Ideen, ist rein theoretisch, strukturell. Die Doxa des Meinens und Glaubens aber geht auf empirische Erscheinungen und sagt etwas darüber, was ich hier wahrnehme, was hier oder dort da ist, oder was jetzt, damals oder künftig wahrgenommen werden könnte. In ironischem Doppelspiel kritisiert nun aber gerade Parmenides in dem ihm von Platon gewidmeten Dialog dessen frühere Ideenlehre, als deren Vater er selbst ausgegeben wird. Platon versucht, diese Kritik dadurch aufzuheben, dass er den Unterschied der Welt der reinen Strukturen und der empirischen Welt des wahrnehmend Erfahrbaren durch eine Art projektive Relation unter dem Titel „Teilnahme" (*methexis*) überbrückt. Es ergibt sich insgesamt eine Art *Mischung* beider in der Intersubjektivität des Weltbezugs auf der Grundlage einer gemeinsamen, auf einem Konsens begründeten, Begriffsbestimmung. Eine *dihairetische* Methode der Definition von klassifikatorischen Begriffen durch Merkmale soll dabei schon gegebene gemeinsame begriffliche Unterscheidungen explizieren oder neue möglich machen.[1] Insgesamt zeigt eine solche von einer frühen Ideenlehre oder einem Platonismus gereinigte Analyse des Zusammenspiels orts- und zeitallgemeiner *Formen*, dass beide ‚Welten' nur als Teilaspekte oder ‚Momente', mithin auch als Entwicklungsphasen, einer durchaus schon vor Aristoteles dynamisch konzipierten und durch Sprache und Begriff vermittelten Wirklichkeit aufzufassen sind.

Wenn Platon zum Beispiel auch in den *Nomoi*[2] die Analyse der Inkommensurabilität von geometrischen Größen als eine intellektuelle Übung (etwa anstelle von Brettspielen) empfiehlt, geschieht das nicht etwa um eines rein theoretischen Wissens willen. Er hält das mathematische Wissen für „weder schädlich noch schwierig". Philosophisch relevant daran ist vielmehr der frappante Unterschied zwischen der intellektuellen Unausweichlichkeit oder Notwendigkeit einer *innermathematischen* Wahrheit wie im Fall der Unendlichkeit der Inkommensurabilität und der *empirischen* Tatsache, dass Messen immer nur zu rationalen, also kommensurablen, Verhältnissen führt. Unmittelbar, empirisch, *gibt* es also die irrationalen Größen überhaupt *nicht*. Was es gibt, ist die ‚gemischte', durch die theoretische Überlegung vermittelte Tatsache, dass man ein Quadrat oder ein Pentagon im Prinzip immer so groß und akkurat zeichnen kann, dass eine vorher empirisch bestimmte (größte) gemeinsame Maßeinheit die betreffende Seite und Diagonale nicht mehr *exakt* misst. Anders gesagt, je nach Größe der Form muss eine andere, bessere, genauere *Maßeinheit* gesetzt werden.

Als die älteste Vorstellung davon, wie diese vermittelte Struktur der Wirklichkeit aussieht, kann man Platons berühmte Unterscheidung zwischen
(1) Namen,
(2) Definition und
(3) Abbildung

aus dem *Siebten Brief* angeben.[3] In einer Antizipation des modernen sprachanalytischen Standpunkts schlage ich vor, die entsprechende Passage wie folgt zu deuten: Zu einer Bestimmung dessen, worüber man spricht, braucht man nicht nur (1) *vertikale* Beziehungen einer Repräsentation (des Namens) zur sinnlichen Welt, sondern (2) auch situationsübergreifende Definitionen, welche den Ausdruck *horizontal* mit anderen Ausdrücken verbinden. (Siehe Abbildung 1.) Diese Definitionen und das mit ihnen verbundene Sprachnetz in seinem aktiven *Gebrauch*, also dessen Beziehung zu *uns*, sind hier also die *Mitte*, welche (3) die *unmittelbar* gegebenen Abbildungen, wozu auch die Wörter als physikalische Geräusche und Zeichen gehören, zu einer *vermittelten Unmittelbarkeit* bedeutungsvoller Wörter und der mit ihnen verbundenen Wirklichkeit heranführt.

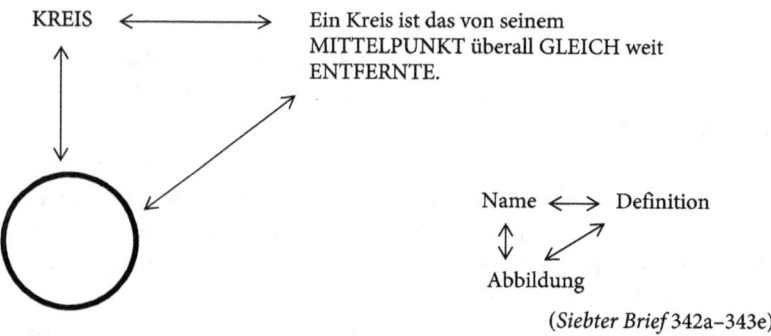

(*Siebter Brief* 342a–343e)

Abb. 1

Dass es eben diese mehrdimensionale Struktur der Wirklichkeit ist, die man als für die kontinuierliche Entwicklung der Begriffe, d. h. ihre Geschichtlichkeit, verantwortlich erklären kann, lässt sich in einer propädeutischen Weise z. B. am Fall der geometrischen Beispiele, etwa am *Parallelenprinzip*, veranschaulichen. Es geht dabei um den Übergang von der euklidischen zu nichteuklidischen Geometrien in einer *axiomatischen* Vermittlung. Noch geeigneter zu diesem Zweck sind aber die komplexeren Begriffe der Arithmetik, welche sich, wie der Zahlbegriff, und speziell *der Begriff der reellen Zahl*, in ihren Entwicklungsstufen durch die ganze Geschichte der Mathematik und deren Philosophie hindurchziehen.

So werde ich hier mit der altpythagoräischen Wechselwegnahme (*anthyphairesis*) anfangen. Es folgt Eudoxos' Definition der Proportionengleichheit auf der Grundlage von geometrischen Formen, die mit Zirkel und Lineal konstruierbar sind. Wir gelangen dann, bei Descartes, zur Auffassung der Zahlen als Wurzeln oder Nullstellen rationaler Polynome. Diese bilden die algebraischen Punkte auf der Zahlengerade, von denen wir dann zu den modernen Theorien der reellen Zahl kommen. In diesen werden die reellen Zahlen typischerweise durch konvergente Folgen rationaler Zahlen repräsentiert. Die damit grob skizzierte schrittweise Erweiterung des Zahlbegriffs ist eine *zweite Leitlinie* für eine systematische Rekonstruktion einer Gründegeschichte, wie sie in diesem Buch intendiert ist.

Platons dreifachen Aufbau der Welt kann man in diesem Kontext so weiterentwickeln, dass am Ende einsichtig wird, wie zu einer vollständigen Konstitution des (Rede-)Gegenstandes immer die folgenden – auf Frege zurückgehenden – Bestimmungen gehören:

(1) *Repräsentationen*, z. B. die Dezimalentwicklungen der reellen Zahlen (die *Namen*),

(2) *Gleichheitskriterien*, nach welchen z. B. 0,5000... und 0,4999... Namen *derselben* Zahl sind (die *Definitionen*), und

(3) *praktische Veranschaulichungen*, wie z. B. in Teilungen einer Strecke durch Identifizierung der Teilpunkte mit dem Limes einer Folge (die *Abbildungen*).

Diese logischen Kategorien der Konstitution von Gegenständen werden in den Erweiterungen der Zahlenbereiche in ihrer Wirkweise sichtbar und ihre Explikation bildet ein weiteres Strukturmoment der folgenden Darstellung.

Freges Analyse des Zahlbegriffs in seinen *Grundlagen der Arithmetik*, mit welcher übrigens die vollwertige, selbstbewusste Philosophie der Arithmetik allererst beginnt, beschäftigte sich allerdings – freilich aus systematischen Gründen – nicht mit der Gegenstandkonstitution der *reellen*, sondern nur der *natürlichen* Zahlen. Die didaktischen Vorteile der elementaren Arithmetik sind zwar offensichtlich. Sie verwandeln sich aber leicht auch in einen Nachteil, wenn man mit Frege den Zusammenhang der natürlichen mit den reellen Zahlen unterschätzt, die Möglichkeit dagegen überschätzt, die arithmetischen Sätze alle als rein analytisch verstehen zu können. Die Paradoxien, welche sich aus Freges Projekt einer logischen Grundlegung der Arithmetik ergeben, verhalten sich aus dieser Perspektive analog zu Kants Antinomien der reinen Vernunft. Das heißt, dass irgendwelche *Grenzen* überschritten wurden. Für einen angemessenen Umgang mit solchen Fällen sind Hegels Vorschläge zur Aufhebung von Widersprüchen von besonderer Wichtigkeit. Denn ein auftretendes kategoriales Problem oder ein Widerspruch wird nicht automatisch als Bankrott der Vernunft gedeutet, sondern als erster Schritt zur Einsicht in die Notwendigkeit einer begrifflichen Entwicklung. Eine solche Entwicklung liefert uns die Erweiterung des Begriffs der Zahl oder der Größe, der Menge oder des Quantums von der Entdeckung der *Inkommensurabilität* im alten Griechenland bis zu den von Newton und Leibniz entwickelten Kalkülen der Differential- und Integralrechnung oder mathematischen *Analysis*.

Das zeigt, dass man nicht immer gut daran tut, Antinomien – wie Kant in seiner Dialektik – einfach zu verbieten oder auf zu einfache Weise aufzulösen. Schon der Fall der *irrationalen* Zahl, welche ursprünglich den ironisch-widersprüchlichen Titel eines *alogos logos*, einer *irrationalen Ratio* trug, repräsentiert ein Paradebeispiel dafür, wie man Widersprüche im Denken und Sprechen aufheben – also die Probleme überwinden und die in ihnen aufgewiesenen Differenzierungen dennoch erhalten – kann, um so zu einer weiteren Entfaltung der Mathematik zu gelangen. In dieser Entfaltung werde ich Cantors *Diagonalkonstruktion* eine besonders wichtige Rolle zuschreiben. Sie liefert nicht nur die Basis für eine völlig liberale und damit in einem gewissen Sinn endgültige Erweiterung des Begriffs der reellen Zahl, sondern auch für die Einführung von ganz unterschiedlichen unendlichen Ordinal- und Kardinalzahlen als so genannten Mächtigkeiten von transfiniten Mengen. Wir werden dabei sehen, wie in diesem Prozess erstens *situationsabhängige* und zweitens *selbstreflexive* Züge des Denkens gegen die Vorstellung völliger Situationsinvarianz oder platonistischer Trennung der Sphären der Gegenstände der Theorie und der Bezugnahmen durch uns doch auch wieder ihr Eigenrecht verlangen. Das wird später noch klarer bei der Besprechung von Gödels *Unvollständigkeitssätzen*.

Diese Themen stecken skizzenhaft das Terrain einer *Philosophie der Mathematik* ab, welche nicht nur im Dienste der Sachwissenschaften, sondern auch im Dienste ihrer Selbstreflexion und der begrifflichen Reflexion überhaupt steht. Mathematik nimmt dabei eine *mittlere* Rolle ein, wie das schon Platon im sechsten und siebten Buch seiner *Politeia* diskutiert. Die dort angeführten Gleichnisse, besonders das *Liniengleichnis*,[4] zeigen nämlich, wie die mathematische Bildung des Philosophen zu deuten ist: Mathematische Sätze und Objekte sind für ihn keine nicht weiter problematisierten *Ausgangspunkte*, sondern nur *Einübung* und *Anlauf*,[5] was in gewisser Weise in einer Analogie steht zu Wittgensteins Leiter, die man wegwerfen muss, nachdem man auf ihr hinaufgestiegen ist.[6] Andernfalls droht die Gefahr, dass man die mathematischen Erkenntnisse und die Wissenschaften überhaupt als direkte Beschreibungen einer höheren Realität versteht. Man vergisst dann, dass sie *per definitionem* ‚für uns' sind, d. h. zu der praktischen und immer neu zu beurteilenden Ortung in der Welt (also zum *Tun*), nicht allein zu einer wertneutralen und abstrakten Theorie ‚an sich' (zum reinen *Denken* oder *Sagen*) *dienen* können und sollen.

1 Grundzahlen

Das Zählen ist eine grundlegende menschliche Tätigkeit, die schon in der Rechenkunst der Babylonier und Ägypter hoch entwickelt war. Aber erst in der *griechischen Mathematik* ist die Zahl zu einem Gegenstand des Denkens geworden, zunächst wohl in der altpythagoräischen Lehre vom Geraden und Ungeraden, wie sie im IX. Buch von Euklids *Elementen* erhalten geblieben ist. In den *Elementen* gibt es auch eine erste explizite Definition der Zahl (*arithmos*):

> die Zahl ist die aus Einheiten zusammengesetzte Menge.[1]

Aus heutiger Perspektive erscheint die Definition noch als sehr naiv oder bloß orakelhaft, zumal das begriffliche Feld der Zahlen und ihrer Familienähnlichkeiten, wie Wittgenstein solche Fälle nennt,[2] sich als wesentlich komplizierter darstellen. Denn man hat heute nicht nur *die Zahl* im Sinne des Begriffs der natürlichen Zahlen, sondern *die Zahlen* im Sinne verschiedener Arten von Zahlen wie der rationalen oder reellen Zahlen oder aber auch der endlichen und unendlichen Ordinal- und Kardinalzahlen zu erläutern. Hier gibt es keine gemeinsame Definition.

Der Sache nach hatte das William James schon vor Wittgenstein und seinem Konzept eines ‚*Sprachspiels*' am Fall des *Religionsbegriffes* und anhand des Kontrasts zwischen *der Religion* und *den Religionen* demonstriert.[3] So wie man monotheistische, polytheistische, atheistische, auch philosophische, politische, institutionelle oder rein persönliche Religionen kennt, gibt es auch eine Mannigfaltigkeit der Zahlenarten, welche keine gemeinsame Charakteristik haben. Für die Operationen, strukturellen Eigenschaften oder Anwendungsgebiete der Zahlen gibt es allerdings Ketten von partiellen Ähnlichkeiten, die etwa die *natürlichen Zahlen* sowohl mit den *Ordinalzahlen* als auch den *reellen* und *komplexen Zahlen* verbinden. Im Laufe der Zeit hat man für verschiedene Zwecke verschiedene Zahlenbereiche eingeführt, u. a. die so genannten negativen, algebraischen, imaginären, infinitesimalen, hyperkomplexen, transfiniten oder Nichtstandard-Zahlen.[4] Gleichzeitig haben sich die Begriffe der natürlichen (kardinalen und ordinalen) und der reellen Zahl (des Kontinuums) weiterentwickelt. Das geschah nicht nur *extensional* (in gewissen Erweiterungen der natürlichen Zahlenreihe und der verschiedenen reellen Zahlenkörper), sondern auch *intensional* (es gibt verschiedene Konstruktionen des Kontinuums) und damit *begründungstheoretisch* (es gibt verschiedene Antworten auf die Frage von Richard Dedekind: „Was sind und was sollen die Zahlen?").

Ohne nach einer allgemeingültigen Definition zu streben, was in Hinblick auf die Mannigfaltigkeit der Zahlengebiete offenbar aussichtslos ist, kann man den

Zahlbegriff mit dem verwandten Allgemeinbegriff des *Quantums* verbinden, der Menge, Größe und Zahl umfasst. Die allgemeine Aufgabe der Zahlen kann dann als *Quantifizierung* angesehen werden. Dabei fällt auch schon der Zusammenhang von Zählen und Sprechen auf, wenn wir Ausdrücke wie „er*zählen*" oder „to give an *account*" betrachten. Diese Verknüpfung ist am Ende auch für den Übergang von Zahlen als *Momenten* (Hilfsmittel) einer Praxis des Zählens, Rechnens und Messens zu den Zahlen als selbständigen (d. h. rein *quantitativ* unterschiedenen) *Objekten* der Untersuchung verantwortlich, welche je eigene Eigenschaften und eigene Urteilsformen haben.

1.1 Von der synkategorematischen zur objektiven Rede

Mit Frege gesehen, also sprachanalytisch, handelt es sich beim Übergang von den so genannten (empirisch) *benannten* Zahlen bzw. der entsprechenden Ausdrucksformen, wie „5 Äpfel", „2,5 Pfund" oder vielleicht sogar schon „$\sqrt{2}$ Fuß", zu den *reinen* Zahlen, wie 5, $\frac{5}{2}$ und $\sqrt{2}$, die eine *selbständige* Bedeutung haben, um eine gegenstandsbildende Abstraktion. Es geht um den Übergang von Sätzen wie

(a) im Korb gibt es 5 Äpfel

zu Sätzen wie

(b) 5 ist eine Primzahl.

Nach Freges bekannter Analyse[5] findet man den Zusammenhang in der Beobachtung, dass im praktischen Zählen der beigefügte Begriff ‚Apfel' oder ‚Korb' die relevante Einheit (also 1 Apfel, 1 Korb) nennt, ohne welche die zu einer Zahlangabe führende Frage „wie viel?" gar keinen konkreten Sinn hat. Im Unterschied dazu erhält man durch die Frage

(c) wie viele Äpfel gibt es im Korb?

eine klare Anleitung, wie der Ausdruck

(d) die Anzahl der Äpfel im Korb

zu verstehen ist, auch wenn (c) zunächst vielleicht nur mit Hilfe einer Redewendung wie der folgenden zu beantworten ist:

(e) die Anzahl der Äpfel in dem Korb ist gleich der Anzahl der Knöpfe in der Tasche.

In (e) unterstellt man noch keinen eigenständigen Gegenstandsbereich der (An-) Zahlen, sondern nur die Praxis einer umkehrbar eindeutigen, oder *bijektiven* Zuordnung der unter die entsprechenden Begriffe fallenden Gegenstände. Unter Bijektion versteht man dabei weiterhin eine Zuordnung, welche jedem Gegenstande vom Typ A (Apfel) genau einen Gegenstand vom Typ B (Knopf) beiordnet, so dass am Ende die Gegenstände A mit den Gegenständen B und umgekehrt B mit A eindeutig verpaart sind und keine nichtverpaarten Gegenstände verbleiben. (Siehe Kap. 8 für eine weitere Erklärung.) Es ist genau diese Praxis einer bijektiven Zuordnung, welche für die Einführung der *natürlichen Zahlen* in die Gemeinsprache verantwortlich ist.

Die Erfindung der Zahlen wird daher auf interessante Weise zu einem paradigmatischen Analogon für die Erfindung des *Geldes*. Die Abstraktion des reinen Geldwerts ist ja in der Tat ein Motor der natürlichen Erweiterung des Tauschhandels. Auch das Geld hat eine Bedeutung nur im Ganzen des gemeinsamen menschlichen Handelns. Es gehört nie zu den Endzielen, sondern immer nur zu den Ziele vermittelnden *Instrumenten*. Dass manche das ganze Leben der Mathematik, dem Bankwesen, dem Studium der Sprache(n), oder der rein Geizige ausschließlich der Vermehrung des Geldbesitzes, weihen können, ist eine andere Sache, die mit der selbst-bewussten, selbst-reflexiven Natur des Menschen und der Möglichkeit der Arbeitsteilung und Themenfokussierung zusammenhängt. Für die arithmetische Sprache werden wir besonders in Kap. 11 auf diesen Kontext zurückkommen.

Die Rolle der Antwort (e) in der Formation einer wissenschaftlichen Arithmetik ist dabei eine dreifache. (1) Erstens markiert sie einen Übergang zu der verwandten Antwort

(f) die Anzahl der Äpfel in dem Korb ist 5,

in welcher man die Präsenz einer konkreten Tasche als Behälter konkreter Knöpfe ersetzt durch die situationsinvariante Möglichkeit, eine Anzahl durch ein Zahlwort zu kennzeichnen, welches die Anzahl der *Vorgängerzahlwörter* zählt. Da die sprachlichen und kulturellen Besonderheiten der Artikulation der *Zahlterme* etwa im griechischen, römischen oder arabischen System gleichgültig sind, sagen wir, dass wir nicht die *Zahlwörter*, sondern die abstrakten *Zahlen* zum Zählen verwenden. Man ersetzt so die Menge der konkreten Knöpfe durch abstrakte Einheiten, die es sozusagen in jedermanns ‚Kopf' gibt. (2) In (e) und (f) zeigt sich zweitens, dass die Auffassung der natürlichen Zahlen als endliche

Kardinal- bzw. Ordinalzahlen, wie sie sich in Antworten auf die Grundfragen „wie viel?" bzw. „an der wievielten Position in einer Reihe?" manifestiert, von Anfang an eng zusammenhängen. Schon aus mnemotechnischen Gründen kann man nämlich die zu zählenden Einheiten mit ihrer Ordnung in der entstehenden Reihe gleichsetzen und beides dann als 1, 2, 3, 4, ... notieren, d. h. in der Form einer Folge, deren Glieder nicht nur die *Stellung*, sondern auch die *Anzahl* der vorangehenden Glieder (einschließlich des betreffenden Gliedes selbst oder der noch einzuführenden Null) vertreten. (3) Drittens demonstrieren die Antworten (e) und (f) schon ihrer Form nach eine äußerst wichtige logische Einsicht, welche (u. a.) Frege in seinen *Grundlagen* explizit machte,[6] nämlich dass die Erweiterung der bestehenden Redepraxis um die neuen Sprachmittel wie „Anzahl" oder „5" mit dem Phänomen der *Gleichheit* zusammenhängt.

1.2 Die Gleichheit und ihre Logik

Wie schon David Hume in seinen erkenntnistheoretischen Untersuchungen gezeigt hatte,[7] ist die Identität und die Permanenz der Gegenstände der Außenwelt (genauso wie die Identität von ‚Ich' und die Kausalität der Ereignisse) nicht einfach aus den Sinneseindrücken herzuleiten. Denn die Sinne geben uns immer nur eine Abfolge von stets *verschiedenen* und sogar partiell unabhängigen, auch perspektivisch kontingenten ‚Empfindungen', die als solche noch keine Wahrnehmungen von *Gegenständen* sind. Rein empirisch ist also, wie es scheint, ein Satz der Form

M und *N* sind gleich

immer ‚falsch' oder bestenfalls ‚approximativ wahr'. Humes ‚skeptische Lösung' des Paradoxes, dass wir trotzdem an die von uns unabhängige (und kausal gegliederte) Welt der Gegenstände glauben, welche in ihrer Identität hinter der Diversität der Erscheinungen stehen, besagt bekanntlich, es gebe dafür keine ‚rationalen' Gründe (im Sinn theoretischen Wissens), sondern nur praktische Opportunitäten, auf der Grundlage einer sich auf gewisse Relationen von Ähnlichkeit und Regelmäßigkeit stützenden *Gewöhnung*. Doch Gewöhnung ist etwas, was in uns und nicht in der Außenwelt wurzelt. Daher ist bei Hume in gewissem Sinne schon die Reaktion Kants vorweggenommen, welcher die *passive* Macht der Gewohnheit zumindest partiell durch die *Spontaneität* tätigen Handelns und damit auch einer Art gesetzgebender Vernunft mit ihren vereinheitlichenden Funktionen zu ersetzen suchte.

Die allgemeine Rolle der Gleichheit in der ganzen Geschichte besteht nun darin, dass sie nichts *unmittelbar* Gegebenes (Humes ‚*impression*', dann auch ‚*perception*' und die davon abgeleitete ‚*idea*') darstellt, sondern als eine (vermittelte) Verneinung der (unmittelbaren) Ungleichheit zu deuten ist. Die unmittelbar gegebenen Wahrnehmungen sind als gleich *gesetzt*, also nur in Bezug auf diese Gleichsetzung als gleich *erfasst*. Demzufolge ist die Gleichheit $M = N$ keine deskriptive *Beschreibung* einer vorgegebenen Tatsache. Eine solche Tatsache kann es gar nicht geben. Denn zwischen *zwei* potentiellen Gegenständen M und N ist es immer *möglich* zu unterscheiden. Es handelt sich vielmehr um eine praktische *Entscheidung*, auf gewisse Unterschiede in der Beurteilung von M und N zu verzichten. Welche Unterschiede dies sind, ist dabei auch nicht allein durch eine von uns völlig unabhängige Wirklichkeit, sondern praktisch bestimmt.

Beim Zählen ist es gleichgültig, ob man dazu laute oder leise Wörter, fette oder kursive, arabische oder römische, lange oder kürzere Ziffern gebraucht. In eben diesem Sinn sind Gleichungen wie „*8* = **V** + III" wahr, obwohl für andere, z. B. typographische oder historische Kontexte die angegebenen Differenzen relevant sein können. Auch wenn man den Ausdruck „dieses Buch" in einer konkreten Situation äußert, entscheidet weder diese Äußerung an sich, noch die mit dem Ausdruck verbundene Wahrnehmung, ob man damit das Buch als ein konkretes *Exemplar*, einen abstrakten *Titel* oder etwas ganz Anderes meint. Der Ausdruck kann für eine indefinite Vielheit von Gegenständen stehen. Wenn man aber z. B. über den *Inhalt* des Buches spricht, dann ist es gleichgültig, ob das Buch gebunden oder geklebt, auf Englisch oder auf Deutsch geschrieben ist, während diese Eigenschaften in Besprechungen konkreter *Exemplare*, *Auflagen* oder *Übersetzungen* des Buches höchst wichtige Unterschiede artikulieren können.

So sieht man mit Kant und Frege ein, dass die *vertikalen* Verhältnisse einer Repräsentation zu dem repräsentierten Gegenstand (des Namens zur Abbildung) von den *horizontalen* Verhältnissen der einzelnen Repräsentationen (der Namen zueinander) abhängen, so dass man häufig sogar – cum grano salis – den zu benennenden Gegenstand mit der Äquivalenzklasse aller als gleich gesetzten Benennungen identifizieren kann. Dieser horizontale Aspekt der Wirklichkeit weist schon darauf hin, dass man auf die Frage

was ist M?,

also „was ist dieses Buch?", „was ist die Anzahl von Äpfeln in dem Korb?" usw., nur so antworten kann:

N, für welche $M = N$ gilt,

also „die Anzahl von Äpfeln in dem Korb ist 5", „dieses Buch mit dem Titel *Krieg und Frieden* ist dasselbe wie jenes mit dem Titel *War and Peace*" usw. Allein schon deswegen, weil man nicht anders antworten kann, wäre ein ‚Ding an sich' in einem (pseudo)kantianischen Sinn ohne alle Repräsentationen nicht nur unerkennbar, sondern gar nicht bestimmt oder bestimmbar.

Die Prinzipien und Momente einer Konstitution der ‚Wirklichkeit', sei es die physische, soziale oder rechtliche, sind Gegenstand der *Logik* in einem sehr allgemeinen Sinne, welcher beispielhaft von Hegel entworfen wurde.[8] In dieser Logik wird die *quantitative* Rede, wie sie in der Arithmetik hochentwickelt wird, als aus der ursprünglicheren *qualitativen* Rede entstehend dargestellt (siehe Kap. 3 für weitere Details). Diese stützt sich auf die zugrunde liegende Praxis eines qualitativen Unterscheidens in einer zuvor möglicherweise noch nicht gemeinsam gegliederten, vielleicht bloß unmittelbar erlebten ‚Breite des Daseins'.[9] Es handelt sich um eine Art des phänomenalen Raums. Man denke z. B. an den Raum der visuellen, akustischen oder haptischen Qualitäten, die wir sensuell unterscheiden.

Die Arithmetik spielt in der Propädeutik für das Unterscheiden und Identifizieren eine zentrale Rolle als übersichtliches Paradigma, nicht bloß als eigener Untersuchungsgegenstand. Das zeigt der folgende Abschnitt. Er führt den Übergang von einer Praxis qualitativer Unterscheidungen samt der entsprechenden sprachlichen Artikulationen zu einer quantitativen Rede über sortale oder, wie Hegel dazu sagt, diskrete Gegenstandsmengen und abstrakte Größen vor, und zwar an der Entwicklung des elementaren Zahlbegriffs, welche bewusst unter Benutzung einer von Hegel entwickelten Terminologie für *allgemein-logische* Unterscheidungen kommentiert wird. Diese Terminologie setzt noch nicht voraus, dass die Gegenstandsbereiche als ‚sortale' gegeben sind, dass also bereits festgelegt wäre, was alles eine zulässige Repräsentation von Gegenständen ist und wie ihre Gleichheit definiert sein soll.

1.3 Von der qualitativen zur quantitativen Rede

(1) In einem schon etablierten Sprachgebrauch scheinen die Wörter in einer unmittelbaren Weise benutzt zu werden, so dass ihre Bedeutung einfach ‚an sich' gegeben und bestimmt wird. So meint man, Wörter wie „dieses Buch", „Pferd" „5 Äpfel " oder „5" würden schlicht das bedeuten, was sie bedeuten sollen. Es ist aber schon rein *begrifflich* klar, dass die Bestimmtheit eines Inhalts in seinem Unterschied gegen andere Inhalte, also in einer Art von *Negation* bestehen muss. Und es ist auch klar, dass das *An-sich-sein* eines Gegenstandes und die in ihm liegende Identität (das „sich" im Ausdruck „an sich") in der Tat ganz *abstrakt* sind und die adäquate Bestimmung des *Selbstbezugs* eines Gegenstandes nur in der

Analyse seiner Beziehungen zu anderen Gegenständen bestehen kann, und zwar am Ende vermittelt über deren Repräsentationen.

(2) Die Repräsentationen sind dabei zuerst aus der ‚Breite des Daseins' als qualitative Unterschiede herausgenommen. So erhält man, z. B., die Zählzeichen 1, 2, 3, 4, ... und dann auch Ausdrücke wie 2 + 2, 6 – 3 usw. als einfache Bestimmungen oder Differenzen (Negationen) im Bereich des Schreib- und Lesbaren. 5 wird hier also gegen 6 und 4 (aber auch 2 + 3) rein negativ bestimmt und zwar in einem sehr schwachen Sinne: Wir wissen zunächst weder, was 5 *ist* (z. B. *dasselbe* wie 2 + 3), noch was es *nicht ist* (z. B. *dasselbe* wie 3 + 3), sondern nur, dass es potentiell etwas ist oder zu etwas *werden* kann. Erst aus der Dialektik von *Sein* und *Nichts*, also aus der Bestimmung von Etwas als Dieses da und Jenes hier, aber nicht Jenes da, entsteht in der Einheit des Werdens das *Dasein* diskreter, also quantitativ unterschiedener Gegenstände.

(3) Damit entsteht auch die Möglichkeit einer *Abtrennung* des Subjekts vom Prädikat im Sinne einer Unterscheidung einer *essentiellen* Bestimmung des Gegenstandes (*S*) und seiner *akzidentellen* Beschreibung (*P*), die auch ganz anders aussehen könnte. Man findet sie im Subjekt-Prädikat-Satz („*S* ist *P*") kanonisch ausgedrückt. Mit dieser elementaren Form einer ‚quantitativen' Rede, die man später in Sprachformen wie „alle *S* sind *P*" und „einige *S* sind *P*" weiterentwickeln kann, kommt man dann über die weiteren Spezifikationen wie „drei *S* sind *P*" usw. zur Arithmetik als dem selbständigen Studium solcher Redeformen. (Siehe Abbildung 2.) Es geht dabei um die Möglichkeit, sich über quantitative Züge der Wirklichkeit in selbständigen Sätzen wie „5 ist eine Primzahl", „alle Primzahlen sind ungerade" usw. zu äußern und diese zu bestimmen. Die weitere Emanzipation der zugrunde liegenden qualitativen Unterschiede kommt so nach und nach zu Wort.

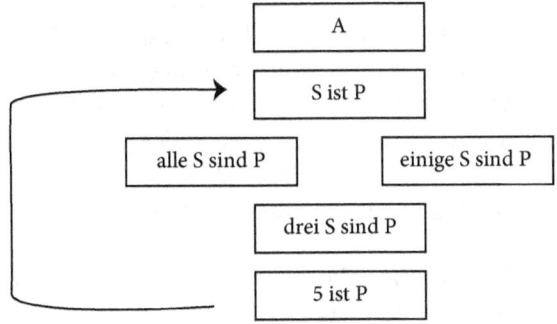

Abb. 2

(4) Die grundlegende Rolle des Unterscheidens im Sinne der *ersten* Negation in einem prädiskursiven phänomenalen Raum und die weiteren Negationen dieser vorigen Negationen im Sinne einer Verneinung ihrer Relevanz für die Konstitution der ‚Atome' des betreffenden Gegenstandsbereiches artikuliert Hegel im Bild der *logischen Kräfte* einer *Repulsion* und *Attraktion*. Es geht darum, die betreffenden einfachen Unterschiede (unmittelbare Negationen) der Repräsentationen entweder zu *bejahen* (5 ≠ 3 + 3) oder zu *verneinen* (5 = 2 + 3). Die Repräsentationen, deren Unterschiede verneint werden, bilden dann „das gegen die Bestimmtheit gleichgültige Sein",[10] für welches es z. B. *gleichgültig* ist, dass 5 kürzer als 2 + 3 ist oder dass es kursiv geschrieben ist – in dem Sinne, dass es zu keinen rechentechnisch interessanten Unterschieden führt.

(5) Die Gleichgültigkeit von *A* und *B* gegen die Bestimmung *P* verweist auf ihre Ununterscheidbarkeit in Bezug auf *P*. Im Bereich der Zahlen kümmern sich die arithmetischen Prädikate wie „Primzahl" oder „gerade" nicht darum, ob die Prädikate „kurz" oder „kursiv" auf die Ausdrücke passen oder nicht. Man spricht hier also von einer Gleichgültigkeit in zwei verschiedenen Bedeutungen: (i) Die arithmetischen *Ausdrücke* 5 und 2 + 3 sind gleichgültig im Blick auf das arithmetische Prädikat „Primzahl". Dieses unterscheidet nicht zwischen ihnen als Ausdrücken der gleichen Zahl. (ii) Das Prädikat aber ist gegen 5 und 2 + 3 insofern nicht gleichgültig, als beide Zahlen benennen, während die Unterscheidung zwischen „kurz" oder „schwarz" mit Zahlen gar nichts zu tun hat. Man kann dazu sagen, dass die Repräsentationen gleichgültig sind immer nur gegen die Prädikate in einem passenden Gegenstandsbereich und die zu ihm gehörigen Gleichungen und Unterscheidungen.

(6) Wir setzen das Folgende voraus: (i) Wenn *A*, *B* (z. B. 5 und 2 + 3) *P* gleichgültig sind, dann auch *B*, *A*, und (ii) wenn *A*, *B* und *B*, *C* gleichgültig sind, dann auch *A*, *C*. Damit sagt man, dass die Gleichgültigkeit eine Relation der Äquivalenz, also (i) *symmetrisch*, (ii) *transitiv* und (iii) *reflexiv* (im Sinne einer Gleichgültigkeit von *A* mit *A*) ist. Unter diesen Bedingungen kann man immer einen Gegenstandsbereich bilden, indem man einen fixen Bereich von mit der Äquivalenz verträglichen Prädikaten *P* definiert und die *Äquivalenz* zu einer *Gleichheit* macht. Für gleichgültige Ausdrücke *M*, *N* gilt dann das so genannte *Leibniz-Prinzip*,

$M = N$ genau dann, wenn für alle *P*: *P*(*M*) gilt genau dann, wenn *P*(*N*),

welches traditionell für die Definition der Gleichheit gehalten wird. In unserer logischen Verfeinerung geht es um die *Aufhebung* der metasprachlichen Gleichgültigkeit (der Repräsentationen) zu einer objektiven Gleichheit (der Gegenstände) nach dem folgenden Grundsatz: Wenn man den Ausdruck *N* in dem Satz *P*(*M*) für *M* nicht ersetzen kann, ohne seine Wahrheit zu ändern, sagen wir, dass *M* und *N* in dem relevanten Satzkontext *verschiedene Bedeutungen* haben. Nehmen wir z. B. die Ausdrücke „dieses Buch mit dem Titel *Krieg und Frieden*" und „dieses Buch mit dem Titel *War and Peace*" im Kontext von Satzformen wie „*x* ist grün", „*x* ist gebunden" oder „Peter hat *x* verloren". Das Leibniz-Prinzip artikuliert eine semantische Funktion der Gleichheit, welche die (gleichgültigen) Beziehungen der Repräsentationen mit der Wahrheit der Sätze verbindet, in welchen sie vorkommen können. Damit wird also die Struktur der *horizontalen* Verhältnisse (Name-Name) weiter bestimmt.

(7) Die durch die *horizontalen* Bestimmungen erreichte *vertikale* Beziehung (Name-Abbildung) einer Repräsentation zu ihrem Gegenstande besteht dann in der Möglichkeit, auf die Frage „was ist *M*?" die Antwort „dasselbe wie *N*" zu geben, also die Gleichheit „*M* = *N*" zu formulieren. Der Selbstbezug konstituiert sich hier offensichtlich nicht ‚an sich', wie in einer artifiziellen, formalen Relation der Identität „*M* = *M*", wo das Andere des Gegenstandes mit einer einfachen Negation ausgeschlossen wird, sondern in der Beziehung zu allen anderen Gegenständen des Bereichs, also in einer doppelten Negation, die vom Anderssein des Gegenstandes wieder zu sich selbst kommt. Diese vermittelte Identität des Gegenstandes gründet ihn dann in seinem *Für-sich-sein*, in welchem er nicht nur ‚an sich', sondern auch ‚für andere Gegenstände', d. h. in seinem *Für-anderes-sein* (Hegel spricht auch über ein „Sein-für-Anderes"), im Allgemeinen aber auch ‚für uns' und für das Ganze unserer Praxis vorkommt.

(8) Schon dem Wort nach bedeutet „gleichgültig" immer erst sekundär „gleichgültig in Bezug auf andere Differenzen", primär aber „gleichgültig für uns" in dem Sinn, dass es sich letztlich immer um *unser* Differenzieren handelt. Die Vertikalität von *A* besteht dabei darin, dass man wieder zu sich kommt, also nicht bei der abstrakten Struktur des Ganzen von Repräsentationen stehen bleibt. Man berücksichtigt also die Abhängigkeit der vermittelnden Struktur von der ursprünglichen Unmittelbarkeit der einzelnen Repräsentationen und gelangt so zu einer vermittelten Unmittelbarkeit, zu einem *An-und-für-sich-sein* des Gegenstandes. Diese Bewegung und ihre Notwendigkeit lassen sich besonders übersichtlich an der späteren Auseinandersetzung zwischen dem anschaulichen und dem konventionalistischen Axiomatizismus darstellen, was in Kap. 11 besprochen wird. Im Prinzip handelt es sich um eine Aufhebung des traditionellen Streits zwischen einer Korrespondenz- und einer Kohärenztheorie der Wahrheit – sozusagen nach dem *Bonmot* von Albert Einstein, dass alle „*Ismusse*" zusammenfallen, wenn man sie nur genau genug ausformuliert.[11]

(9) Die wechselseitige Bestimmung des Gegenstandes durch das Ganze des Gegenstandsbereichs findet seinen methodologischen Ausdruck in der Symmetrie des *Für-sich-* und *Für-anderes-seins* (bzw. des *Anders-* und *Außer-sich-seins*), wie sie die Zahlen (Zahlzeichen) in Gleichungen (und Ungleichungen) wie

5 = 3 + 2, 3 = 5 – 2, 5 ≠ 3 usw. demonstrieren. Die Ziffern 2 + 3 und 1 + 4 sind zwar verschieden, doch sie formen das Für-sich-sein einer und derselben Zahl 5. Die Ziffern und Ausdrücke, welche, wie z. B. 3 + 3, in Bezugnahme auf die Zahl 5 nicht gleichgültig sind, bilden ihr Für-anderes-sein, also ihre Beziehung zu anderen Bewohnern des so entstandenen Zahlenbereiches. Aber auch diese Beziehungen kommen den Zahlen nicht von außen, extern, zu, sondern bestimmen sie in ihrem Wesen. Die Zahlen sind, wie man sagt, durch diese Gleichungen und Ungleichungen allererst *konstituiert*, also in ihrem *Insichsein* bestimmt. Da sich die 5 von der 3 gerade auch als Zahl unterscheidet, gehört die 5 zum *arithmetischen* und nicht bloß figürlichen Anderssein der 3. Dieses Anderssein ist in gewissem Sinn Teilmoment des Insichseins der 3, z. B. wegen der Geltung von 5 = 3 + 2 oder 3 = 5 – 2. Eine Übersicht über die vorhergehenden Punkte (1)-(9) vermittelt Abbildung 3.

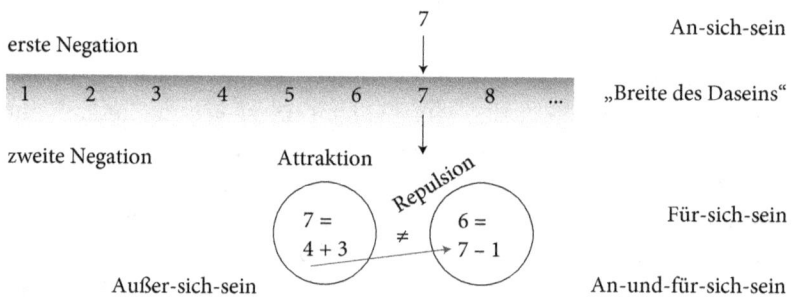

Abb. 3

1.4 Beispiele einer Anwendung

Wie man diese von Hegel erfundenen Benennungen logischer Kategorien und die zugehörigen Bilder anwenden kann, sagt Hegel selbst, wenn er die Beispiele (a) des physikalischen Atomismus und (b) des Staates, also die Strukturen der *physischen* und *sozialen* Wirklichkeit und ihre Konstitution durch die logischen Kräfte der Attraktion und Repulsion bespricht.[12] So wie in unserem Bild, wenn man es ontologisch missversteht, ist auch in der atomistischen Philosophie die Repulsion mit dem *leeren Raum* gleichgesetzt. Infolgedessen fällt die Attraktion, der relationale Zusammenhang der Gegenstände im Bereich, ohne den sie nicht das wären, was sie sind, aus dem Blick. Die Relationen der Zahlen sind diesen aber nicht äußerlich, so wenig wie die sozialen Relationen zwischen Personen ebendiesen äußerlich sind. Dasselbe gilt für die Kräfte im System der Mechanik.

Die fehlerhafte Betrachtung, nach welcher die physischen Dinge einzeln an sich sind und nicht immer schon in einem System gegenseitiger prozessualer Relationen, wird im Rahmen der modernen Physik, d. h. zunächst der klassischen Mechanik Newtons, durch die Vermittlung der physikalischen Kräfte, insbesondere der Gravitation, partiell berichtigt oder aufgehoben. Dazu muss man die Kräfte als Momente einer Gesamtdarstellung von Normalbewegungen oder Normalprozessen verstehen und darf sie nicht etwa als eine hinter den Phänomenen bestehende Wirklichkeit missdeuten. Berkeley wirft Newton zu Recht Tendenzen zu einer solchen Fehldeutung vor.[13] Die logischen oder physikalischen Kräfte sind im Unterschied zu der durch sie konstituierten Wirklichkeit *keine* Gegenstände, sondern *nur* Teilaspekte eines komplexen Systems der Darstellung, in dem das Parallelogramm der Kräfte eine Art Zentrum bildet. Die Kräfte gehören zum Gerüst, das man braucht, um über die Welt überhaupt sprechen zu können.

Auch die Betrachtung des Staates als einer Menge ‚an sich seiender' Individuen (sozialer Atome), welche nur durch die „Partikularität der Bedürfnisse, Neigungen" attrahiert würden, ist durch ein System personaler Rollen und Beziehungen zu ersetzen. Der Staat ist dann nicht nur „das äußerliche Verhältnis des Vertrags", sondern der institutionelle Rahmen für eine Gemeinschaft und Gesellschaft von Personen und Bürgern, und damit für das Personsein und die bürgerlichen Rechte überhaupt. Erst die Verinnerlichung von Status und Rolle, also die zweite Negation des Andersseins, macht ein Individuum zum Bürger. Um diesen Selbstbezug zu gewinnen, reicht die Verfolgung unmittelbarer Neigungen des Leibes nicht aus. Es geht um eine höhere Form der Erfüllung, die soziale Anerkennung, die man auch aufs Spiel setzen kann, und zwar in einem ‚Kampf um Leben und Tod', wie ihn die Dialektik von Herr und Knecht berühmterweise schildert – wobei es zunächst um die Herrschaft der höheren Erfüllungen von Normen gegenüber niedrigeren Befriedigungen von Begierden geht. Das Herr-Knecht-Verhältnis ist aber immer, auch in dieser Analogie, instabil, weil keine rein asymmetrische Anerkennung zu einer echten Reflexivität führen kann, ganz ähnlich wie im Fall eines Pop-Sängers, der vergisst, dass seine Berühmtheit von der Anerkennung seiner Fans abhängt und sich selbst, sobald er diese verachtet, die Grundlage seines Selbstrespekts entzieht.

Hegels Idee des Staates, in welchem man die Interessen der Einzelnen ins Gleichgewicht bringt, zeigt klar, dass man die Urteile Hegels und Platons über die konkrete Gestalt der Staatsverfassung nicht teilen muss, um mit ihnen darin übereinzustimmen, dass mathematische Bildung und mathematische Modelle für alle Wissensbereiche einschließlich der Philosophie relevant sind. Die Zahlen liefern als Bereich mit hinreichend komplexer relationaler und funktionaler Struktur ein besonders klares und deutliches Paradigma dafür.

2 Proportionen

Der zentrale Inhalt des vorigen Kapitels lässt sich in einem ersten Teil mit der berühmten Formel Willard Van Orman Quines zusammenfassen: „*no entity without identity*".[1] Hinzu kommt dann aber noch als zweiter Teil das umgekehrte Prinzip, nach welchem es keine Identität gibt ohne zugehörigen Gegenstandsbereich G. Ein solcher Bereich ist konstituiert durch ein System von Relationen R des Für-sich-seins auf der Ebene der Repräsentationen, für welche die G-Gleichheit $a = b$ aus aRb folgt, zusammen mit einem System logisch basaler Relationen R des Für-anderes-seins, für welche $a \neq b$ aus aRb folgt und die im Sinn des Leibniz-Prinzips mit der Gegenstandsgleichheit verträglich sein müssen. Im Fall der rationalen Zahlen ist die wichtige Äquivalenzrelation der Kategorie des Fürsichseins für die Brüche $\frac{m}{n}$ und $\frac{k}{l}$ offenbar definiert durch die Gleichung $ml = kn$ für die natürlichen Zahlen m, n, k, l. Die logisch elementare Relation der Kategorie des Für-anderes-seins hat die Form $x < y$; hinzu kommen noch die dreistelligen Relationen $x + y = z$ und $x \times y = z$.

2.1 Von der praktischen zur theoretischen Arithmetik

Wir können jetzt auch bereits verstehen, warum die Ägypter und Babylonier keinen Begriff der reinen Zahl hatten, obwohl sie sogar schon mit Brüchen rechneten und es in dieser Bruchrechnung zu einer gewissen genialen rechentechnischen Meisterschaft brachten, um von der Gleitkommadarstellung im 60er-System gar nicht näher zu reden. Die Feststellung guter Näherungswerte für die Kreiszahl, also für das Verhältnis des Kreisumfangs zu seinem Durchmesser, zunächst durch die Zahl 3, ist nur eines dieser rechentechnischen Ergebnisse. Was aber nicht zur Verfügung stand, war die allgemeine abstraktionslogische Technik reiner Zahlgleichungen. Der *Papyrus Rhind*, in welchem die meisten Rechenregeln zu finden sind, nimmt dementsprechend die Form reiner *Aufgabensammlungen* an, deren Lösungen in Handlungsanweisungen bestehen, die sagen, wie die Aufgaben zu lösen, die Ergebnisse zu berechnen sind. Es wird also nicht versucht, die Berechnungen oder Regeln theoretisch allgemein zu begründen. Die Aufgabe Nr. 50 im Papyrus sieht z. B. folgendermaßen aus:

Methode des Berechnens einer runden Fläche von [Durchmesser] 9 khet.
Was ist ihr Betrag als Fläche? Dann subtrahierst du sein $\frac{1}{9}$ als 1, indem der Rest 8 ist. Dann multiplizierst du 8 mit 8.
Dann resultiert 64. Sein Betrag als Fläche ist 64.
Rechnung, wie es resultiert:

 ·   9
$\frac{1}{9}$ 1

Subtrahieren von ihm, Rest 8.

 ·   8
 2   16
 4   32
 8   64

Ihr Betrag als Fläche:
64.[2]

Man sieht leicht ein, dass es eigentlich um eine allgemeine Anweisung geht, welche die Kreisfläche mit dem Durchmesser d als $(d - \frac{d}{9})^2 = \frac{64}{81} d^2$ bestimmt und zu einer sehr guten Annäherung $\frac{256}{81}$ an π führt. Das Verfahren beschränkt sich dabei auf die so genannten Stammbrüche $\frac{1}{n}$, für welche die Ägypter spezielle einfache Kennzeichnungen einführten. Das hatte offensichtlich nichts mit selbständigen (rationalen) Zahlen zu tun, sondern nur mit synkategorematischen ‚Momenten' einer holistischen Praxis des Operierens mit benannten Größen und einer zugehörigen Rechenpraxis. Es wird z. B. gesagt, was man machen soll, wenn man ein Gefäß mit einem gewissen Durchmesser und einer bestimmten Höhe bis zum Rand füllen oder die Steigung einer Pyramide von einer bestimmten Höhe und Fläche wissen will. Dass die Interpretation richtig ist, folgt übrigens schon daraus, dass die Anweisungen ägyptischer Texte der obigen Art oft zu verschiedenen Ergebnissen führten, also keinem einheitlichen Prinzip folgten.

Wenn man über Kenntnisse der theoretischen Algebra verfügt, kann man selbstverständlich manche dieser Anweisungen in die Sprache der linearen oder quadratischen Gleichungen übersetzen. Doch sind sie dies in ihrem Ursprung noch keineswegs, da in der ägyptischen Mathematik die Frage der rein arithmetischen oder algebraischen *Wahrheit* gar nicht auftritt, welche man den Gleichungen im Sinne von *Sätzen* zuschreiben müsste – über die praktische Brauchbarkeit der Regeln oder Instruktionen hinaus, die in konkreten Fällen zu hinreichend guten Ergebnissen führen mögen. Die qualitative Schwelle oder zentrale Pointe des Übergangs von der *praktischen* zur *wissenschaftlichen* Mathematik besteht, wie gleich näher zu sehen sein wird, in der Entdeckung von strukturellen Invarianten – und ist ohne diese nicht zu denken. Es geht um die Relation der *Gleichgültigkeit* der Repräsentationen thaletischer Formen, wobei die Formgleichheit vermittelt ist durch die Zentralprojektion von Dreiecken, und dann auch der pythagoräischen ‚Harmonien' in einer zunächst rudimentären *Proportionenlehre*. Das passt schließlich auch genau zu unseren früheren Ausführungen, denen zufolge die Gleichheit abstrakter oder formaler Gegenstände als eine *aufgehobene* Gleichgültigkeit zu deuten ist.

Die Proportionenlehre repräsentiert dann auch einen zentralen Beispielfall, in welchem die ‚Aufhebung' von Relationen des Fürsichseins in einer Gegenstandsgleichheit erstmals wohl in der *anthyphairetischen* Definition der Altpythagoräer explizit gemacht wurde, die ihrerseits in der späteren Definition von Eudoxos so verbessert wird, dass ein explizites Wissen über das allgemeine Verfahren der Gegenstandskonstitution unabweisbar ist. Eine detaillierte Definition der Proportionen werden wir erst im nächsten Kapitel geben. Hier besprechen wir vorerst bloß die allgemeinen Bedingungen ihrer ‚Geburt' aus einer noch nicht völlig allgemeinen Harmonielehre.

2.2 Proportionen als Strukturinvariante

Nach einer von Nikomachos von Gerasa[3] vermittelten Legende bemerkte Pythagoras, als er an einer Schmiede vorbeiging, dass die Hämmer Töne hervorbrachten, die miteinander mehr oder weniger harmonierten. Nach einer Serie von Experimenten, die auch den Klang der durch verschiedene Gewichte gespannten Saiten untersuchten, entdeckte er, dass die relative Höhe des Tones von der relativen Schwere der Hämmer abhängt und durch sehr einfache Zahlenverhältnisse wie 2:1 im Falle der Oktave, 3:2 bei der Quinte und 4:3 bei der Quarte ausdrückbar ist. Die darin implizit (und teilweise unrichtig)[4] angedeuteten akustischen Gesetze sollten später in Bezug auf die Saite explizit von Mersenne formuliert werden, nämlich als eine umgekehrte Proportionalität von Tonhöhe der Saite und deren Länge und, was besonders wichtig für die praktische Konstruktion von Saiteninstrumenten ist, als eine direkte bzw. umgekehrte Proportionalität von Tonhöhe der Saite zur Quadratwurzel ihrer Spannkraft bzw. ihres Querschnitts.

Die Entdeckung der arithmetischen Gesetze im Bereich der akustischen Phänomene führte in jedem Fall zu einer wichtigen Identifizierung oder besser Zuordnung von reproduzierbaren Formgestalten in der sinnlich wahrnehmbaren Welt und abstrakten Verhältnissen von Größen, gemessen durch ganze Zahlen. Wie bei allen beeindruckenden Fortschritten äußert sich die Begeisterung auch hier in einem gewissen Überschwang. Bei den Pythagoräern finden wir dementsprechend das Motto „alles entspricht der Zahl" oder gar „alles ist Zahl".[5] In seiner methodologischen oder auch epistemischen Variante wird dieses Gnomon zum Merkspruch „alles, was man wahrhaft allgemein erkennen kann, ist Zahl oder hat quantitativen bzw. strukturellen Charakter", wobei man sofort an die relationalen Strukturen einer Lehre von Größenverhältnissen denken darf.

Während der gegenüber seinen Vorgängern grundsätzlich kritisch eingestellte Aristoteles die Pythagoräer eines willkürlichen Mystizismus beschuldigt[6] und insgesamt nicht übermäßig verständnisvoll mit den Artikulationsproblemen am Anfang großer Einsichten umgeht, auf deren Schultern er sozusagen selbst in die Welt blickt, gibt es eine besonnenere und fairere Deutung pythagoräischer Lehren. Diese steht bereits im Einklang mit unserer These über die Nähe einer wohl verstandenen Arithmetik als einem Wissen über die Formen von Zahlen- und Größenverhältnissen zu einem Wissen über sprachliche Formen syntaktischer und semantischer Art, also zu einem Wissen über die Zusammenlegungen von Wörtern (*logoi*) und über deren Bedeutungen oder Begriffe (*eide*). Wissen über Zahlen wird so zu einem Paradigma des Wissens über ‚Medien' überhaupt.

Von Bedeutung ist hier besonders die Tatsache, dass in unserer Sage über die gehörten Harmonien nicht Zahlen, sondern *Verhältnisse* auftreten, und zwar ‚empirisch' im Anwendungsbereich der Musik, wo sich transparent unterscheiden lässt zwischen einem *Ton* oder einer *Tonfolge* von absoluter Höhe und einer *invarianten Melodie*, welche Menschen mit verschiedener Stimmlage singen und auch miteinander *teilen* können. Anstelle eines übertriebenen Glaubens an die Leistungsfähigkeit arithmetischer Relationen für die Darstellung und Erklärung von Welt, den Hegel unter dem Titel des Pythagoräismus als „Kindheit des Philosophierens" kritisiert,[7] liegt hier zumindest auch eine Antizipation des modernen Strukturalismus vor. Diesem zufolge ist jede Wissenschaft auf die eine oder andere Art eine *Strukturwissenschaft*.[8] Sie untersucht also nicht etwa hier und dort einzelne empirische Gegenstände, sondern reproduzierbare oder sich selbst reproduzierende Formen und relationale Strukturen.

Die Orientierung an Invarianzen und Invarianten, an Formgleichheiten und Formen, und damit am Allgemeinen und Gemeinsamen, ist allerdings mit *allem* Erkennen, Wissen und Verstehen *per definitionem* verbunden. Im Bereich der Musik, solange man sie als eine intersubjektive *Tätigkeit* ansieht und damit als etwas, das man allgemein *verstehen* kann, findet sich ein interessanter Beleg in dem oft mystifizierten, da seltenen – aber doch realen – Phänomen des *absoluten* Gehörs. Erstens scheint nämlich seine Entwicklung an ein Milieu mit einem fixen Stimmungssystem (z. B. einem wohltemperierten Klavier) gebunden zu sein – was manchen üblichen Bedingungen des Musizierens widerspricht. Zweitens kann diese Fähigkeit die Entwicklung eines relativen, intervallischen – und in diesem Sinn für absolute Tonhöhen unempfänglichen, für das Gleichgültige äquivalenter Positionen aber unmittelbar zugänglichen – Gehörs sogar behindern. Die Besitzer des absoluten Gehörs nehmen nämlich die Intervall-Abstände anscheinend nicht direkt wahr, sondern scheinen sie aus der absoluten Höhe der Einzeltöne zu ‚berechnen'.[9]

Gerade auch vor diesem Hintergrund wird verständlich, warum die Harmonielehre zusammen mit der Arithmetik, Geometrie und Astronomie zu den vier mathematischen Fächern des Quadriviums zählt, und zwar direkt nach dem Vorbild von Platon (z. B. in der *Politeia*), der bis in die nahe Vergangenheit den Lehrstoff der propädeutischen ‚Artistenfakultät' immer noch mitbestimmte.

2.3 Die Gleichgültigkeit der harmonischen Intervalle

Das Problem eines naiven Pythagoräismus oder auch ‚Mathematismus' findet sich wieder in der neuzeitlichen Idee einer mathematischen Naturwissenschaft, soweit sie sich mit Galileis Merkspruch identifiziert, das Buch der Natur sei in der Sprache der Mathematik geschrieben. Es geht dabei nicht um die Entscheidung, die Zahlen als Erklärungsmittel der empirischen Welt zu gebrauchen, sondern um die Neigung, diese Verbindung als unmittelbar zu deuten, eine Neigung, die bis heute aus der Überzeugung resultiert, die *Konsonanz* der Töne sei direkt proportional zur Einfachheit ihrer Zahlenverhältnisse.

Mit Helmholtz' bahnbrechender Arbeit[10] ist dieser Aberglaube zumindest teilweise aufgehoben, und zwar im folgenden Sinne. Die meisten natürlichen Oszillatoren, wie Saiten oder Luftsäulen, welche die musikalischen Klänge, d. h. die Schallwellen mit der gleichmäßigen (‚harmonischen') Frequenz, herstellen, schwingen nicht nur mit einer, sondern zusätzlich auch mit vielen anderen Frequenzen. (Siehe Abbildung 4.) Diese sind *Vervielfachungen* der Grundfrequenz. Da so in jedem ‚natürlich' produzierten Ton schon andere Töne implizit eingeschlossen sind, bietet es sich an, die Konsonanz auf die Überdeckung der Obertöne zu reduzieren, was auch im Fall des ersten, üblicherweise markantesten Obertons funktioniert, der im Verhältnis 2:1 einer Oktave zu der Frequenz des Grundtones steht. Damit ist die Tatsache ‚erklärt', warum fast alle Kulturen die Oktave als eine Art der *Klangidentität* oder fast vollkommenen Konsonanz wahrnehmen: Mit der Beifügung eines oktavverwandten Tones widerholt man nur, was man in dem gegebenen Ton, obgleich implizit, schon hört! Die über die Oktave definierte Äquivalenz oder Gleichheit führt nun traditionell zur Spaltung des Klangkontinuums – also der Breite des *akustischen* Daseins – in die Äquivalenzklassen der *gleich-gültigen* Töne, die man dann z. B. mit den Buchstaben *C*, *D*, *E* usw. bezeichnen kann.

24 — 2 Proportionen

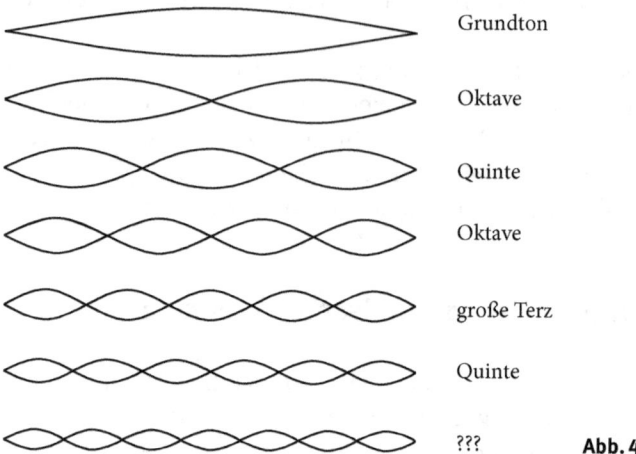

Abb. 4

Wie die Töne im Oktavabstand konkret zu verteilen sind, um eine musikalisch adäquate Skala zu erhalten, ist eben die Frage, welche rein ‚naturalistische' Betrachtungen der Töne ‚an sich' bei Weitem übersteigt. Man übersieht das deswegen leicht, weil die ersten drei (bzw. vier) Glieder der Obertonserie den Durdreiklang – also den harmonischen Kern der westlichen Musik – bilden. (Der dritte Oberton ist wieder eine Oktave, daher brauchen wir vier Glieder. Voraussetzung ist selbstverständlich, dass man die Glieder auf den Grundton bezieht und dabei mit einer Oktavtransposition arbeitet. Es ist so jeweils der äquivalente, gleichwertige, Ton des ersten Oktavabstands zu ‚berechnen'.) Die höheren Obertöne sind allerdings auf der Klaviatur nicht mehr zu finden und man ist – manchen interessanten und klugen Ideen[11] zum Trotz – gar nicht imstande, die Mannigfaltigkeit der verschiedenen Musiktraditionen, mit ihren verschiedenen Skalen und Prinzipien der musikalischen Organisation, rein empirisch zu begründen.

Die Mannigfaltigkeit der musikalischen Erfahrung ist am Ende sogar ein interessantes Beispiel für eine Art der *Unbestimmtheit der Übersetzung* (indeterminacy of translation) und für *Kapricen* bzw. die *Unerforschlichkeit der Referenz* (vagaries bzw. inscrutability of reference), wie sie bekanntlich Quine[12] diagnostiziert. Es handelt sich hier wie auch bei Noam Chomskys Rede von einer „*poverty of the stimulus*"[13] um eine – noch etwas diffuse – Kritik an einer rein *vertikal* begründeten empiristischen Semantik, deren Unhaltbarkeit wir schon – wenn auch ohne Begründung – behauptet haben. Klassisch hat man in der Nachfolge Otto Neuraths von einer *Theorie-Abhängigkeit* gegenständlicher Erfahrung gesprochen,[14] wie sie in John McDowells Einsicht in die begriffliche Informiertheit menschlicher Wahrnehmung und die Inhaltsäquivalenz von Wahrnehmungsgehalt und Wahrnehmungsurteil in anderen Worten wieder auftritt.[15]

2.4 Vermittelte Unmittelbarkeit einer Theorie

Unser Interesse an der griechischen Musiktheorie und ihrer Weiterentwicklung hat in gewissem Sinn propädeutische Funktion, zeigt aber zugleich wichtige Wurzeln für die Theorie der arithmetischen und geometrischen ‚Harmonien' oder Proportionen. Das Zwischenergebnis lässt sich bis jetzt wie folgt zusammenfassen:

(1) Das Transponieren der Intervalle, also ihre ‚*Addition*' (und ‚Subtraktion'), ist äquivalent zur heutigen *Multiplikation* (und Division) von Proportionen (bzw. Brüchen). Es sind dies auch die einzigen Operationen, welche die Griechen für das Rechnen mit Proportionen unter dem Namen eines *Zusammensetzens* (*syntithenai*) eingeführt hatten. Die Addition von reellen Zahlen als den ‚Erben' der Proportionen hatte in der griechischen Mathematik keine Bedeutung, und zwar weil es (vor Descartes) noch keine Identifikation von Längenproportionen mit Längen und Flächen gab. (Siehe Kap. 4 für Details.) Die ersten drei Obertöne ergeben dabei die Verhältnisse 2:1, (3:1):(2:1) = 3:2, (4:1):(2:1) = 2:1, (5:1):(2:1):(2:1) = 5:4, welche den Intervallen einer Oktave, der reinen Quinte, nochmals der Oktave und der großen Terz entsprechen. Interessanterweise umfasst die pythagoräische Skala die große Terz mit einer arithmetisch sehr befriedigenden Ratio 5:4 *nicht*. Stattdessen wurde die reine Quarte als ein Komplementärintervall, das die Quinte zur Oktave ergänzt, also (2:1):(3:2) = 4:3 erfüllt, eingeführt und als Basis des so genannten *Tetrachordes* bestimmt. Der Tetrachord ist dem Namen nach eine Viertonfolge. Sie besteht aus zwei Grundtönen, wobei der erste Grundton das Komplement der reinen Quarte zur Quinte, also (3:2):(4:3) = 9:8 ist. Es bleibt der Rest (4:3):((9:8)×(9:8)) = 256:243, den man als Halbton bezeichnen kann, obwohl er nicht die Hälfte des Grundtones darstellt, sondern wesentlich kleiner ist. Daraus ergibt sich auch die pythagoräische große Terz 81:64.

(2) Das rationale Schema der Pythagoräer findet eine sehr elegante Variante in dem so genannten *Quintenzirkel*, der die weitere Entwicklung der westlichen Musik in ihren melodischen und harmonischen Zusammenhängen regelt. (Siehe Abbildung 5.) Im Hintergrund steht dabei die theoretische Entscheidung, die einzelnen Punkte des Klangkontinuums mit Hilfe des ‚zweitkonsonantesten' Intervalls einer reinen Quinte zu bestimmen. Fängt man mit einem designierten Ton *C*, bzw. *F* (also eine Quinte tiefer), an, erhält man nach einer wiederholten Zusammensetzung des Quintabstands und der nachfolgenden Oktavtransposition, denen das Multiplizieren mit 3:2 und Dividieren mit 2:1 entsprechen, die Punkte der grundlegenden pythagoräischen Tonleiter. Es sind die Töne *F* (4:3), *C* (1:1), *G* (3:2), *D* (9:8), *A* (27:16), *E* (81:64), *H* (243:128) einer Oktave in der Abfolge *C*, *D*, *E*, *F*, *G*, *A*, *H*, (*C*').

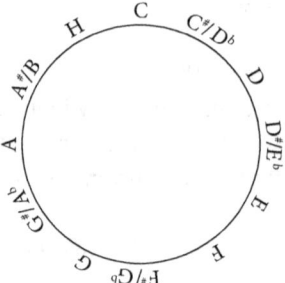

Abb. 5

(3) Der angedeutete Zirkel schließt sich aber nicht, weil die Quinte von *H* nicht zu *F*, sondern ein bisschen höher, zu einem Ton zwischen *F* und *G* führt. Das bringt uns zu einer Fortsetzung der Tonfolge in den Bereich der so genannten Akzidenzen, d. h. der *Kreuze* und *b*-s, denen die schwarzen Tasten auf der Klaviatur entsprechen. So gelangt man zu den Tönen $F^\#$, $C^\#$, $G^\#$, $D^\#$, $A^\#$, $E^\#$ usw. und, wenn man gleichzeitig abwärts geht, zu den Tönen *B*, $E^\flat$, $A^\flat$, $D^\flat$, $G^\flat$ usw. Aus der Perspektive einer heutigen Stimmung sind die Töne $E^\#$ und *F*, und dann auch $A^\#$ und *B*, $D^\#$ und $E^\flat$ usw. identisch (,enharmonisch') und der Zirkel schließt sich, anders als im pythagoräischen Fall. In der auf den reinen Quinten begründeten Stimmung erreicht man nämlich nach 12 Quintenschritten nicht 7 Oktaven, da $(3^{12}:2^{12})$ und $(2^7:1)$ nicht gleich sind, sondern man übertrifft sie um das Intervall $(3^{12}:2^{19})$ des so genannten *pythagoräischen Kommas*. Der Zirkel schließt sich hier also *nicht*. Und er kann sich nicht schließen. Denn die beschriebene Prozedur führt zu immer neuen Tönen, also ins Unendliche, und ist daher eben nicht durch einen *Kreis*, sondern eine *Spirale* darzustellen. (Siehe Abbildung 6.)

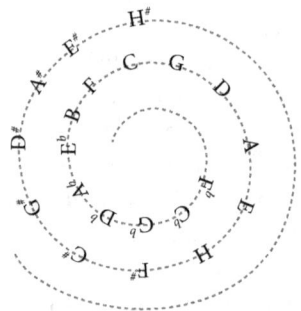

Abb. 6

(4) Die Entdeckung der *Unabschließbarkeit* des reinen Quintenzirkels ist in ihrer Form der Entdeckung der *Irrationalität* sehr ähnlich, wie wir sie im nächsten Kapitel besprechen werden, besonders wenn man, wie unten ausgeführt, den Fall des Pentagons in Betracht zieht, bei dem man zu einer Veranschaulichung

der Unendlichkeit eines Prozesses in einem einzigen Bild gelangen kann. Beide Entdeckungen haben auch sehr ähnliche ‚unangenehme' Konsequenzen für die ursprüngliche (Rechen-)Praxis, deren man sich im Falle der Harmonielehre anfänglich noch gar nicht bewusst sein konnte, zumal das zugehörige praktische Musizieren immer nur auf eine einzige Tonart begrenzt war, also keine *Transpositionen* und *Modulationen* kannte. Diese neuen Arten eines ‚strukturellen' Verfahrens, welche eine fortgeschrittene musikalische Praxis kennzeichnen, sind nicht mit der pythagoräischen Stimmung kompatibel, da sie wegen des Kommas bald zu beträchtlichen Dissonanzen führen würden. Die heute als enharmonisch auftretenden Dur-Tonleitern von $F^\#$ und $G^\flat$ unterscheiden sich so z. B. überall um ein solches Komma, was die Möglichkeit von Modulation vollständig ausschließt.

(5) Die weitere Geschichte der ‚westlichen' Musik – die ich bewusst in eine Parallele zur Geschichte der Mathematik und des Denkens überhaupt stelle – kann man jetzt als einen Versuch ansehen, die Anforderungen einer strukturell reichen Musikpraxis (in der Horizontalen) mit der Existenz der ‚natürlichen', ‚reinen', Konsonanzen (in der Vertikalen) in ein vernünftiges Gleichgewicht zu bringen. Eine automatische, prästabilierte, Harmonie gibt es hier nicht, nicht einmal in der Harmonielehre selbst. Es ist dies ein Lehrstück für jede mathematische Theorie und den Kontrast zwischen ihren strukturellen Formen und der erwünschten allgemeinen Anwendungsmöglichkeit in Empirie und Praxis. Im Quintenzirkel, in welchem schon nach seiner Darstellungsform, welche die Quinte als eines der *reinsten* Intervalle in symmetrische Beziehungen setzt, beide Ansprüche im Höchstmaß erfüllt sind, bleibt z. B. immer noch die Aufgabe, das Komma so zu verteilen, dass die Dissonanzen nicht zu groß werden und die Mannigfaltigkeit der Praxis nicht leidet. Die so genannte *mitteltönige* Stimmung verkleinerte z. B. die Quinte leicht, um so nach den ersten vier Schritten zu der ‚reinen', statt der pythagoräischen großen Terz zu gelangen, was aber das Komma nicht beseitigte, sondern sogar größer machte und der letzten Quinte, nach dem Heulen des Wolfes, den Namen *quinte du loup* einbrachte. Als Folge musste man, um der Transpositionen willen, also um in allen Tonarten spielen zu können, Tasteninstrumente mit mehr als 30 Tönen in der Oktave bauen. Die endgültige „Lösung" mag diskussionsbedüftig sein. Sie hat aber die heutige *gleichstufige* Stimmung hervorgebracht, in welcher die Oktave einfach in 12 gleichstufige Halbtöne eingeteilt wird. Damit sind die strukturellen Anforderungen vollständig erfüllt, zugleich ist aber keines der Intervalle in der Oktave wirklich ‚rein'. Denn das zugrunde liegende Halbtonintervall $(2:1)^{1:12} = \sqrt[12]{2} : 1$ ist *irrational*, was zumindest den altgriechischen Vorstellungen von einer exakten ‚Begründung' vollständig widerspricht.

(6) Unsere Darstellung der Wirklichkeit erhält die Form des Überganges von einem (relativ) unmittelbar Gegebenen (etwa im ‚natürlichen' Hören) und

einer *vermittelten Unmittelbarkeit* (wie man mit Hegel sagen könnte) zu einer Art harmonischen Aufhebung von Spannungen oder ‚Widersprüchen'. Im Falle der akustischen Phänomene geht man entsprechend von einem Ansichsein eines akustischen Ereignisses, z. B. des Tones mit der absoluten Frequenz 440 Hz (Kammerton *A*), aus oder von dem Intervall einer reinen Quinte, die durch die Ratio 3:2 ‚an sich' bestimmt wird. (Siehe Abbildung 7.) Sie sind beide schon abstrakt in dem Sinne, dass es in der Natur so etwas typischerweise nicht gibt. Musik wird zu einem Kulturprodukt gerade dadurch, dass man diese Unmittelbarkeit mit einem vermittelnden Schema konfrontiert, z. B. mit dem Quintenzirkel und der auf ihm begründeten melodischen und harmonischen Ordnung, wie es im Zusammenhang der Praxen einer Stimmung, Transposition und Modulation angedeutet wurde. Das Ergebnis ist die vermittelte und *kanonisierte*, d. h. durch einen Kanon allgemein geregelte und damit normativ gegliederte, Realität der musikalischen Ereignisse, die es allererst ermöglicht, ‚falsche' Töne von einem ‚richtigen' Ton klar zu unterscheiden, also hörend zu erkennen und entsprechend zu bewerten. Der *falsche Ton* ist dabei etwas, das nur im Kontext des Für-sich- und Für-anderes-seins – also nie rein ‚an sich' – einen Sinn haben kann. Er ist ein Ton, welcher nicht das ist, was er relational in einem harmonischen Gefüge sein *sollte*.

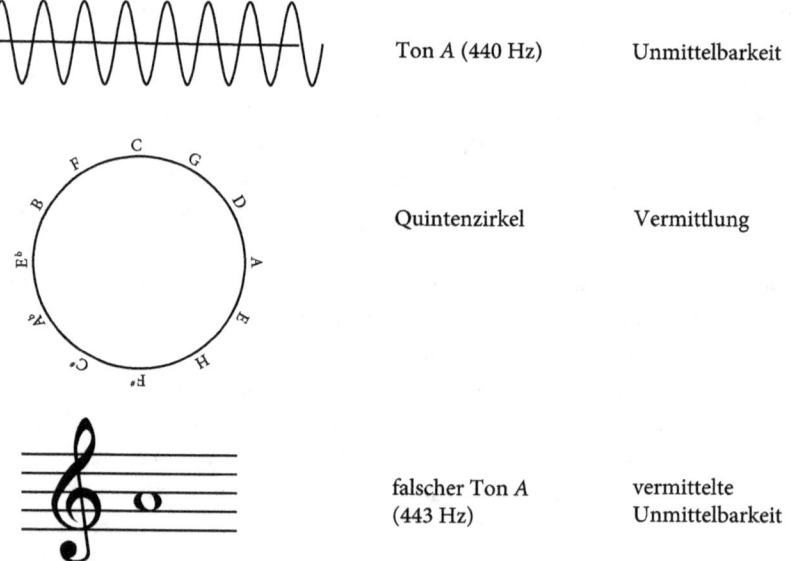

Abb. 7

Zwar haben wir uns bisher nur mit den einfachsten Anfängen einer wissenschaftlichen Arithmetik beschäftigt. Dennoch sind schon grundsätzliche Probleme der *methexis* oder projektiven Beziehung der relationalen Formenbildung im mathematischen Kontext (horizontal) und der empirisch erfahrenen Gestalten (vertikal) aufgetreten, samt der Schwierigkeit, passende (‚harmonische') Kompromisse zu finden. Die Probleme rühren daher, dass horizontale oder mathematische Invarianzen weder unmittelbar noch absolut zu vertikalen, d. h. praktischen oder empirischen Invarianzen passen und die Allgemeinheit der Harmonie von horizontaler und vertikaler Projektion oder Anwendung nicht ohne Kompromisse und Beteiligung der Urteilskraft zu erhalten ist. Nicht nur in der Ökonomie gilt: ‚There is no free lunch'. Jeder Erfolg, gerade auch jede Verallgemeinerung, hat ihre Kosten. Insofern kann der einfache Fall der Harmonielehre nicht nur als Erinnerung an einen geschichtlichen Anfang, sondern auch als propädeutische Sensibilisierung für ein allgemeines Problem mathematisierter Theorien angesehen werden.

3 Inkommensurabilität

Wir hatten schon auf Euklids Definition der Zahl verwiesen (siehe Kap. 1), nach welcher die Zahl eine aus Einheiten zusammengesetzte Menge ist.[1] Noch Cantor stützt sich auf diesen Zahlbegriff.[2] Er schreibt so die Zahl eindeutig dem Bereich der *diskreten* Größen zu, oder, wie man auch sagen kann, Zahlen sind Elemente sortaler Mengen, für welche als abstrakten Individuen sowohl eine Identität (auf der Ausdrucksebene eine Gleichheit) als auch Relationen wie die einer Zahlordnung (des Andersseins) definiert sein müssen.

Es ist hilfreich, in diesem Zusammenhang den neuen Begriff der *Zählzahl* einzuführen. Es handelt sich hierbei um solche Zahlen, die man dazu benutzen kann, andere diskrete oder sortale Mengen zu ‚zählen', um ihre ‚Anzahl' anzugeben, indem man bijektive Zuordnungen zwischen einer Menge von Zählzahlen und der zu zählenden Menge herstellt. Im Falle einer so genannten Kardinalzahl bestimmt die Zahl als Zählzahl selbst eindeutig eine Menge von Zahlen. Im Falle einer Ordinalzahl ist diese Menge sogar schon als ‚wohlgeordnete' Folge bestimmt.[3] Damit wird auch der Unterschied einer Zählzahl, wie der natürlichen Zahlen und aller formanalogen Ordinal- und Kardinalzahlen, auf der einen Seite und einer *kontinuierlichen* Größe auf der anderen explizit. Eine reelle Zahl als Länge oder Proportion definiert als solche z. B. keine Zählzahl.

Kontinuierliche Größen sind (beliebig) teilbar und werden durch solche Teile *gemessen*, indem man *zählt*, wie oft eine Einheit additiv ‚zusammengelegt' werden muss, um genau zu der zu messenden Größe zu gelangen. Zu diesen Größen gehören Längen, Flächen, Volumina, Zeiten usw. als ‚benannte' Größen, wobei wir zwischen ‚empirischen' Maßeinheiten (wie cm, m^2, m^3 oder Stunden) und abstrakten Einheiten in geometrischen Formen zu unterscheiden haben. Wie das Messen mit dem Zählen zusammenhängt, und damit auch die Frage nach den praktischen Grundlagen der zugehörigen Erweiterungen des Zahlbegriffs, ist im Folgenden zu rekonstruieren.

3.1 Vom Zählen zum Messen

Ebenso wie man die Frage „wie viel?" mit einer zu zählenden Einheit, z. B. „ein Apfel" ‚begleiten' muss, um eine konkrete Antwort zu erhalten, ist auch die Frage „wie lange?" nur im Kontext einer vorab benannten konkreten Größendimension verständlich, wobei, wie schon erwähnt, bei ganzzahligen Größenangaben die Vielfachheit des additiven Zusammenlegens einer Maßeinheit angegeben wird. Ein messender Größenvergleich zweier gegebener Größen A und B besteht daher in einem ersten Schritt oft in der Suche nach einer passenden Maßeinheit E für beide Größen durch gleichmäßige, n-fache, Unterteilungen. Wenn z. B. E als der m-fache Teil von A durch n-faches ‚Zusammenlegen' B ergibt, schreiben wir $A{:}m$ = $B{:}n$ oder auch $A{:}B = m{:}n$. Das Zahlverhältnis $m{:}n$ ‚definiert' dann in gewissem Sinn das Größenverhältnis von A zu B. Messen kann daher als die Angabe des Verhältnisses zweier Größen verstanden werden. Im Fall des Verhältnisses einer zu messenden Größe und der Maßeinheit ist dieses Verhältnis ganzzahlig. Wir erhalten hier Antworten des Typs: „die Kante dieses Tisches ist zweimal so lang wie dein Regenschirm".

Wie im Fall der ‚natürlichen' (positiven ganzen) Zahlen kann man jetzt auch die Maßangabe von einer konkreten Situation unabhängig machen, indem man einen *Mess-Standard* etabliert und einen passenden ‚Vergleichsgegenstand' wählt. ‚Empirische' Maßstäbe oder Einheiten wie Meter, oder zuvor Elle und Fuß, sind von dieser Art. Dazu wird etwas allgemein *Zugängliches* gewählt, wobei für eine gute Reproduzierbarkeit der Maßangaben ein so genannter künstlicher *Etalon* (Normalmaß) wie der Pariser Urmeter sehr nützlich sein kann. Abgesehen von der konkreten Wahl der Maßeinheit ist damit jede Maßangabe allgemein nachvollziehbar und man kann mit den benannten Zahlen wie 2 cm oder 36 Fuß das Gleich-gültige im Bereich der empirischen Größen artikulieren, um dann z. B. die *gleiche* Länge *zweier* Stäbe usw. zu definieren.

Der *Unterschied* zwischen Messen und Zählen, und auch zwischen den entsprechenden Größenbegriffen, liegt in folgendem Umstand. Bei der Suche nach einer passenden Einheit für zwei Größen A und B kann es passieren, dass für jede Einheit $E = A{:}m$ das n-Fache von E *nicht genau* zur Größe B, also nicht zur vollständigen Deckung führt, sondern ein Rest übrig bleibt. Im empirischen Einzelfall wird der Rest allerdings immer so klein gehalten werden können, dass der ‚Fehler' empirisch gar nicht mehr bemerkbar ist. Das ist der Grund, warum in der empirischen Welt mit ihrer empirischen Praxis des Messens größerer Größen durch kleinere Einheiten ‚inkommensurable' Größenverhältnisse gar nicht auftreten. Dass wir auch die Möglichkeit inkommensurabler Größenverhältnisse zu betrachten haben, liegt (nur) daran, dass wir geometrische Formen beliebig vergrößern und verkleinern können und dass wir wollen, dass eine Form invariant zu jeder gewählten empirischen ‚Größe' oder ‚Einheit' sein soll. Damit kann jeder ‚Formfehler' beliebig groß werden. Und eben das betrifft nun auch die ‚Reste', die nach der obigen Beschreibung entstehen könnten und dann auch wirklich entstehen.

Am Anfang hat man aber immer nur das konkrete, empirische Messverfahren. Im dekadischen System ist es üblich, die Einheiten gleichmäßig in zehnte, hundertste, tausendste Teile zu teilen, und so empirisch den Rest ganzzahliger Vielfachheiten mit einer neuen, kleineren, Einheit zu messen. In Babylonien hatte man mit Sechzigsteln gearbeitet, und zwar erstens wegen der Teilbarkeit von 60 durch alle Zahlen vor der 7, zweitens wegen der 360 Grad des Kreises (mit seinen 12 Stunden auf der Uhr, wobei jede Stunde 60 Minuten hat und jede Minute 60 Sekunden als *partes secundae*). Ganz allgemein teilt man eine Einheit in *p* gleiche Teile. Man erhält dann eine *p-adische* ‚Bruchnotation', die bei uns eben *dekadisch* ist. Die babylonische Gleitkommadarstellung ergibt sich folgendermaßen: Um eine Einheit *E* durch eine Anzahl wie 4 zu teilen, kann man einfach die Anzahl von *E*:60 angeben, also die Zahl .15 – so dass eine Viertelstunde 15 Minuten hat. Entsprechend operiert man, wenn man die Minuten teilt, so dass man zu unseren ‚babylonischen' Zeitangaben der folgenden Form gelangt:

x Stunden : *y* Minuten : *z* Sekunden,

wie in einer üblichen Notation der Art 7:15:30. Im dekadischen System sagt ein Zahlausdruck der Form 2,53 cm ganz entsprechend, dass (1) die Einheit *E* (= 1 cm) in die gemessene Größe zweimal passt, dabei aber ein Rest R_1 übrigbleibt, in welchen (2) ein Zehntel der Einheit, also *E*:10 fünfmal passt. Es bleibt der Rest R_2, in welchen dann (3) dreimal ein Zehntel vom Zehntel, also drei Hundertstel von *E* oder *E*:100 passt, wobei (4) kein Rest übrig bleibt, womit das Verfahren endet. (Siehe Abbildung 8.)

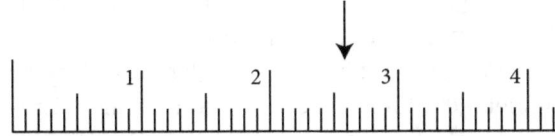

Abb. 8

Der Übergang zu einer reinen Größenlehre oder wissenschaftlichen Arithmetik beginnt erst, wenn von jedem konkreten, empirischen Maßstab abgesehen und damit die Einheit *E* in der Tat als variabel betrachtet wird. Einige der praktischen Gründe, die zu diesem Schritt Anlass gaben, haben wir schon im vorigen Kapitel benannt, und zwar die Möglichkeit, *Strukturinvarianten* wie Intervalle oder Melodien in einem phänomenalen, in unserem Beispiel akustischen bzw. musikalischen Bereich zu identifizieren. Genau so, und sogar noch weit durchsichtiger, kann man jetzt auch im räumlichen Bereich die Aufmerksamkeit von der *absoluten* Abmessung der empirischen Gegenstände auf ihre *relativen* Verhältnisse lenken. Analog zum Vergleich der Saiten (eines Monochords oder ‚Kanons') und dem daraus entstehenden Begriff des *harmonischen Intervalls* ergibt sich hier aus dem Vergleich der Seiten oder Flächen einer Figur der Begriff der *geometrischen Form*.

Das allgemeine Verfahren wurde in seinem Prinzip schon vorgestellt. Statt einer vorgegebenen, fixen, Maßeinheit sucht man nach einer für den individuellen Fall passenden Einheit. Man betrachtet etwa die kürzere der zu vergleichenden Größen A, B, z. B. die kürzere Seite B eines Rechtecks, um zu überprüfen, wie oft sie in die längere Seite A passt. Man benutzt B also zunächst selbst als relative Maßeinheit. Wenn ein Rest $R < B$ übrigbleibt, kann man genau wie im Fall des Verfahrens der Gleitkommabrüche diese relative Einheit weiter teilen und so, sagen wir, zu einer Folge 2,53 gelangen. Die Folge artikuliert jetzt aber nicht das Ergebnis einer empirischen Messung, sondern ein Größenverhältnis in einer geometrischen Form, die man (etwa über Zentralprojektionen) beliebig vergrößern oder verkleinern kann – wobei man immer die gleiche Form mit gleichen Längenverhältnissen erhält (oder erhalten sollte). Das liegt an der Größeninvarianz geometrischer Formen, denen die ‚empirische Größe' sozusagen gleichgültig ist. Wir sehen hier daher auch einen Übergang von der *Gleichgültigkeit* von Größenpaaren A, B und C, D zur *Gleichheit* von Proportionen (253:100) und weiteren ‚reinen Gegenständen' der Geometrie und Arithmetik.

3.2 Pythagoräische Wechselwegnahme

Die pythagoräische Weise, die Gleichgültigkeit von Größenpaaren und damit zugleich die Proportionen in ihrer Identität zu erfassen, entwickelte sich aber zunächst etwas anders. Den Griechen gelang es nämlich, das allerletzte Moment einer eher *ad hoc* oder konventionell gewählten Teilung, etwa in Zehnerschritten, zu beseitigen, und das in sehr einfacher, von einem theoretischen Standpunkt her aber äußerst eleganter Weise. Statt mit empirischen Einheitsgrößen oder vorab gesetzten Vielfachheiten der Teilungen zu operieren, um so je neue und kleinere Maßeinheiten zu erhalten, misst man die Größen *wechselseitig* ab. Genauer gesagt, geht man so vor:
(1) Für beliebige Größen A, B ($A > B$) misst man zuerst A durch B, d. h., man überprüft, wie oft B in A passt. Gibt es einen Rest, kann man ihn als R_3 notieren, um später der Übersicht halber A mit R_1 und B mit R_2 identifizieren zu können.
(2) Da jetzt *per definitionem* R_3 kleiner als B ist (also $B > R_3$), kann man die Größen wechseln und nicht den Rest R_3 mit (dem p-tel von) B, sondern B mit R_3 messen.
(3) Das führt eventuell zu einem neuen Rest R_4, der wieder, *per definitionem*, kleiner als R_3 ist (also $R_3 > R_4$).
(4) Man kann jetzt so fortfahren.

Damit erhalten wir folgende Gleichungen:

$R_1 = N_1 R_2 + R_3$,
$R_2 = N_2 R_3 + R_4$,
...
$R_{m-1} = N_{m-1} R_m + R_{m+1}$,
$R_m = N_m R_{m+1}$,

wobei $R_1 > R_2 > ... R_{m+1} > 0$ ist. Der Rest R_{m+1}, mit dem das Verfahren endet, ist als der *größte gemeinsame Teiler* beider Größen bekannt. So erhält man z. B. für $A = R_1 = 52$ und $B = R_2 = 22$ die Reste $52 > 22 > 8 > 6 > 2$ und die Gleichungen $52 = (2 \times 22) + 8$, $22 = (2 \times 8) + 6$, $8 = (1 \times 6) + 2$, $6 = 3 \times 2$. Das Verfahren ist das des so genannten *Euklidischen Algorithmus*, welcher im Buch VII der *Elemente* Euklids zu finden ist. Der Prozess heißt im Anklang an seinen Verlauf auch *Wechselwegnahme*, oder *anthyphairesis*. (Siehe Abbildung 9.)

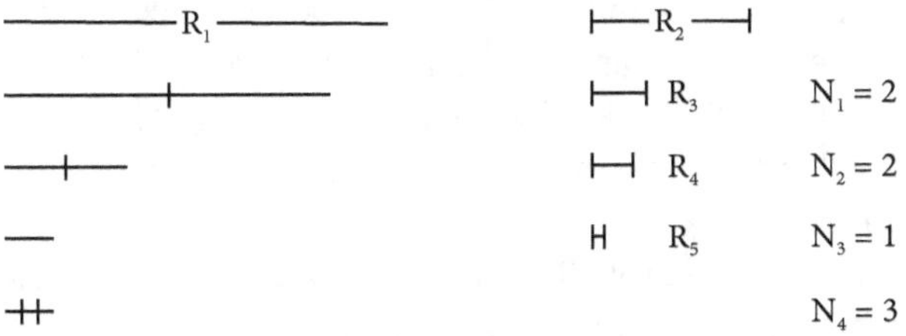

———— R_1 ———— |— R_2 —|

————|———— |—| R_3 $N_1 = 2$

——|—— |—| R_4 $N_2 = 2$

—— |—| R_5 $N_3 = 1$

-|-|- $N_4 = 3$

Abb. 9

In unserer Suche nach den Strukturinvarianten interessiert uns nun aber nicht der letzte Rest (das gemeinsame Maß), der, z. B., bei den Größenpaaren 52, 22 und 26, 11 verschieden, nämlich 2 und 1 ist, sondern die sozusagen wie nebenher konstruierte Zahlenreihe

$[N_1, N_2, ..., N_m]$,

die in beiden Fällen identisch ist. Sie lautet ja [2, 2, 1, 3]. Auf ihrer Basis kann man jetzt die proportionale Gleichgültigkeit von Größenverhältnissen, zunächst als Äquivalenz von Zahlenpaaren, definieren und in eine Gleichheit 52:22 = 26:11 verwandeln, womit die Identität eines neuen abstrakten Gegenstandes, einer Proportion definiert wird. Der Unterschied von 26:11 und 52:22 verschwindet, wird negiert durch Betrachtung der Invariante [2, 2, 1, 3]. Größenpaare, die zu gleichen Vielfachheitsfolgen in der Wechselwegnahme führen, heißen proportionsgleich und benennen alle, wie die Folge der Vielfachheiten selbst auch, dieselbe *Proportion*.

Dass das anthyphairetische Verfahren in der voreudoxischen Mathematik zu einer Definition von Proportion benutzt wurde, verteidigte in der Nachfolge von Zeuthen[4] zum ersten Mal systematisch Oskar Becker[5] und später auch David Fowler.[6] Der Zusammenhang der pythagoräischen und der heutigen Definition der Proportion und der rationalen und reellen Zahl ist aus den oben angeführten Gleichungen leicht abzuleiten, wenn man von der Schreibweise, die als *Kettenbruch* bekannt ist, Gebrauch macht:

$$N_1 + \cfrac{1}{N_2 + \cfrac{1}{\ddots + \cfrac{1}{N_{m-1} + \cfrac{1}{N_m}}}}.$$

Bei einer direkten Identifikation des Begriffs der reellen Zahl mit dem griechischen Begriff der Proportion muss man jedenfalls sehr vorsichtig sein. Zu einer Bestimmung des Gegenstandes gehört nämlich nicht nur die Festsetzung der *Gleichgültigkeit* der ihn benennenden Repräsentationen, sondern auch des *Satzkontextes*, also des Bereichs der zulässigen Prädikate (Eigenschaften, Beziehungen, Operationen). Dieser Satzkontext ist dabei in beiden Fällen sehr verschieden. Das zeigen die folgenden Punkte:

(1) Für die griechischen Proportionen A, B sind zwar, wie wir gleich sehen werden, wie für reelle Zahlen eine Größenordnung $A < B$ und auch eine Multiplikation nA mit natürlichen Zahlen definiert, und zwar weil $n(A:B) = (nA):B$ ist, aber im Unterschied zu den reellen Zahlen ist keine allgemeine Addition und Multiplikation festgelegt. Die Operation des ‚Zusammensetzens',[7] wie wir sie früher im Abschnitt 2.4 im Kontext einer Addition von Intervallen erwähnt haben, entspricht offensichtlich der heutigen Multiplikation der Brüche. Für die *verglichenen* Größen, also die Größen, welche in den proportionalen Verhältnissen oder Größenpaaren vorkommen, ist zwar im Allgemeinen eine Addition (und über diese die n-fache Multiplikation) definiert, sie hat aber primär eine *geometrische Deutung*. Die Multiplikation zweier Strecken führt zu einer Fläche eines Rechteckes und ändert damit die *Dimension*. Die Multiplikation einer Fläche mit einer Strecke führt entsprechend zu einem Volumen, dem eines Quaders. Demzufolge konnte man die Multiplikation von Proportionen, wie Euklids *Elemente* zeigen, nur für den Basisfall $(A:B) \times (B:C)$ als $A:C$ ohne Probleme bestimmen.[8] Den allgemeineren Fall $(A:B) \times (C:D)$ konnte man zwar durch die Erweiterung $(AC:BC) \times (BC:BD)$ auf diesen Basisfall übertragen,[9] doch das geschah um den Preis einer Dimensionsänderung, also einer Ersetzung einer Proportion von Längen durch eine Proportion von Flächen.

(2) Im Gegensatz zur Geometrie hat die Ordnung (<) der Proportionen in der Harmonielehre eine ‚natürliche' Deutung, wenn man z. B. eine Proportion als die relative Höhe des hergestellten Tones erfasst. Die Wechselwegnahme ermöglicht es aber nicht, diesen Vergleich direkt durchzuführen, da man, dem Verfahren nach, zwischen den geraden und ungeraden Stellen des anthyphairetischen Ausdrucks unterscheiden muss. So erhält man z. B. in dem durch die kanonische Saite (z. B. des Monochordes) definierten Kontinuum die folgende Reihe von Zusammenklängen, welche sich zwischen dem absoluten Einklang 1:1 =[1] und der Oktave 2:1 = [2] befinden:

[1] < [1,3] < [1,2,2] < .... < [1,2,3] < [1,2] < [2].

(3) Die griechische Mathematik kannte dabei weder die Zahl 1, noch rechnete sie mit einem Symbol für die Null. Gemäß Euklids Definition der (natürlichen) Zahl ist die Einheit selbst noch gar keine Zahl, sondern nur ein *Prinzip des Zählens und Messens*, das als solches unteilbar bleiben muss.[10] Damit wird auch klar, warum man zunächst auf die Wechselwegnahme setzte und nicht, wie wir, die gewählte Einheitsgröße n-fach weiter teilte, um den Rest ausmessen zu können. Die Einführung der Null übernimmt eine ganze Reihe von Funktionen. Sie ist zuerst Marke für die Stellen, an denen eine p-adische Teilung der Einheit nicht zu einer Größe führt, die kleiner als der zu messende Rest ist. So steht z. B. der Ausdruck 2,03 für den Fall, in welchem der Rest R nach der doppelten Abtragung von B aus A kleiner als das Zehntel von B ist, und wo erst das Hundertstel von B in ihn passt, und zwar in unserem Beispiel dreimal und nunmehr ohne Rest.

Im Einklang damit wurde das Zeichen 0 tatsächlich zuerst rein synkategorematisch im Rahmen der so genannten *Positionssysteme* eingeführt, welche die beliebig großen natürlichen Zahlen mit einem endlichen (und konventionell gewählten) Vorrat von Zahlzeichen darzustellen erlauben, indem man die Potenzen einer Basis nicht explizit aufschreibt, sondern implizit durch die Ziffernstelle andeutet. Die Null bezeichnet die Potenzen, welche auszulassen sind, z. B.:

$1703 = 1 \times 1000 + 7 \times 100 + 0 \times 10 + 3 \times 1$.

Die Griechen, so wie später die Römer, verfügten über das so genannte *Additionssystem*, bei dem man den Wert einer Zahl einfach durch das Addieren der Zahlzeichen berechnet, wie z. B. im Falle von MDCCII, wo die Abwesenheit einer Potenz direkt durch die Auslassung des betreffenden Symbols ausgedrückt wird. Der Nachteil dieses Darstellungssystems besteht erstens in der Notwendigkeit, immer neue Symbole für höhere Schichten des Zählens einzuführen, zweitens in seiner

Umständlichkeit für das praktische Rechnen. Die Positionssysteme wurden in Babylonien und Indien genau aus diesen rechenpraktischen und rechentheoretischen Gründen eingeführt. Die Null und die Eins als fürsichseiende arithmetische Gegenstände wurden erst wesentlich später explizit reflektiert, obwohl natürlich in Vielfachheitsfolgen die 1 auftauchen durfte und im Grunde die reine 1 mit [1] zu identifizieren ist und wohl auch so identifiziert wurde. In dem Moment, in dem man die Zahlen als Werte einer Variablen auffasst, wird das alles besonders wichtig.

3.3 Widersprüche des Messens

Die obigen Punkte (1)-(3) weisen insgesamt auf die praktischen Nachteile hin, die mit der Wechselwegnahme verbunden sind. Der interne Grund, warum die Griechen mit der anthyphairetischen Definition der Proportionen offenbar unzufrieden waren und sie sie durch eine andere ersetzt haben, betrifft die Grundlagen des Messens selbst. Für das Verfahren, wie wir es beschrieben haben, sind nämlich zwei implizite Voraussetzungen wesentlich:

(I) Wenn man A mit B misst, unterstellt man, A werde durch wiederholtes Abtragen von B in endlich vielen Schritten übertroffen. Denn sonst wäre im relationalen Vergleich von A und B das A *unendlich groß* oder das B *unendlich klein*, und das A in diesem Sinne nicht durch das B messbar. Diese Forderung gehört am Ende sogar zu einer Definition des üblichen Begriffs einer Größe und ist unter dem Namen *Archimedisches Axiom* bekannt.

(II) Wenn man A durch B misst, z. B. mit der Absicht, eine Antwort auf die Frage „wie lange?" zu erhalten, erwartet man, dass das Verfahren nach endlich vielen Schritten endet. Im Falle von Wechselwegnahme ist diese Erwartung klar mit der Voraussetzung verbunden, dass man im Verfahren zu einem gemeinsamen Maß (Teiler) beider Größen gelangen kann.

Wir wollen mit der Voraussetzung (II) beginnen. Dieses Prinzip ist offensichtlich im Falle von positiven ganzen Zahlen erfüllt: die Folge $R_1 > R_2 > ... R_{m+1} > 0$ der Reste ist nämlich eine streng monotone Folge dieser Zahlen, die sicher nach endlich vielen Schritten endet. Im Falle der kontinuierlichen Größen der Geometrie ist die Sache nicht so klar, da diese im Unterschied zu diskreten Größen unbegrenzt teilbar sind und daher ‚im Prinzip' eine ‚unendliche' Fortsetzung der Wechselwegnahme zulassen.

Nun würde eine solche unendliche Fortsetzung bedeuten, dass es für die gemessenen Größen keine Proportion (*logos*) gibt. Das Wort „logos" steht dabei nicht nur für Proportion und Zahl, sondern auch für Wort, Ausdruck, sprachlicher Text, Theorie und Vernunft. Die lateinische Übersetzung „ratio" lässt dabei sogar noch mehr an das Rechnen und die Zahlen denken und passt zum Motto des Pythagoräismus „alles ist Zahl". Es mag nahe gelegen haben, sich in hoffender Erwartung mit einem Glauben an ein ‚Axiom' oder ‚Postulat' zufrieden zu geben, wie es in (II) enthalten ist: „Es muss immer ein gemeinsames Maß geben, sonst wäre für manche Größenpaare ihre Proportion nicht bestimmt. Das aber kann nicht sein." In durchaus analoger Weise hat später Wittgenstein angenommen, dass es eine endgültige logische Analyse von sinnvollen Sätzen durch eindeutig aufgebaute Wahrheitsbedingungen „geben müsse".[11]

Es ist aber durchaus fraglich, ob es einen solchen Glauben an eine ‚rationale' Erschließung der Welt durch endliche ‚logoi' wirklich in dem Maße gab, wie antike Quellen und moderne Interpretationen dies behaupten. Größen, welche Punkt (II) nicht erfüllen, treten nämlich schon im Rahmen einfachster Formen wie der Seite und der Diagonale eines Quadrats oder der Seite und der Diagonale eines regelmäßigen Fünfecks auf. Die Inkommensurabilität des zweiten Falls ist sogar sehr leicht einzusehen. Die Frage, ob das Pentagramm – das Pentagon mit eingezeichneten Diagonalen – gerade deswegen als das Erkennungszeichen der Pythagoräer galt, oder ob es eine Ironie in der Sache war, dass ihr Symbol den Glauben an das ‚Axiom' ganzzahliger Messbarkeit widerlegte, sollte man wohl offen lassen.

Die Überlegung ist folgende: Die Diagonalen D erzeugen ein kleineres Fünfeck, dessen Seite mit A und dessen Diagonale mit B bezeichnet werden. (Siehe Abbildung 10.) Beachtet man, dass jede Diagonale zu irgendeiner Seite parallel ist, sieht man gleich, dass $D = A + B + B$ und $S = A + B$. Durch einfache Substitutionen und Umformungen erhält man dann die unten stehende Gleichung:

$$\frac{D}{S} = \frac{A+B+B}{A+B} = 1 + \frac{B}{A+B} = 1 + \frac{1}{\frac{A+B}{B}} = 1 + \frac{1}{1+\frac{A}{B}} = 1 + \frac{1}{1+\frac{1}{\frac{B}{A}}}.$$

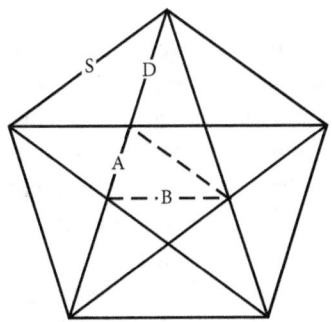

Abb. 10

Nun ist aber das proportionale Verhältnis der Strecken *D* und *S dasselbe* wie das der Strecken *B* und *A*. Daher findet man in der Gleichung einen (*endlichen*) Ausdruck für den *unendlichen* Kettenbruch und damit die anthyphairetische Folge [1, 1, 1, 1, ...]. Das Verfahren der Suche nach einem gemeinsamen Maß für Seite und Diagonale des Pentagons kann in diesen Fällen offensichtlich nie enden.

Man kann das Argument auch so verstehen, dass das gesuchte gemeinsame Maß der Seite und Diagonale des größeren Fünfecks auch die Seite und die Diagonale des kleineren Fünfecks messen muss. Daraus folgt aufgrund einer einfachen Iteration, dass es kein solches Maß geben kann, wenn man nicht in einen Widerspruch zum Archimedischen Axiom, also dem Prinzip (I), geraten soll: Da die Seite des kleineren Fünfecks kleiner als die Hälfte der Seite des größeren ist, entsteht in diesem Verfahren sicher eine gegen 0 konvergierende Folge, das heißt, jede gegebene kleine Größe $\frac{1}{n}$ wird nach endlich vielen Schritten unterboten. Gäbe es also ein gemeinsames Maß, so müsste es unendlich klein sein.

Ich schlage jetzt vor, das Problem der Inkommensurabilität als eine Artikulation des wichtigen Konflikts zwischen einer *Praxis* des Teilens oder des Zusammenfassens und einer theoretischen *Reflexion* über die Form dieser Praxis zu deuten, also auch zwischen *doxa* und *episteme*: Auf der einen Seite steht so die ‚praktische' Tatsache, dass jeder reale Progress nach endlich vielen Schritten endet und so auch immer nur zu einer endlichen Anzahl von Teilen führt. Auf der anderen Seite hat man die ‚theoretisch' vermittelte Überzeugung, dass man durch weitere Wiederholungen des Progresses zu jeder gegebenen Anzahl von Teilen einen neuen Teil hinzufügen kann. Paradoxien, wie sie in der Nachfolge der Überlegungen des Parmenides zum Verhältnis allgemeiner Sätze und der empirischen Wirklichkeit u. a. von Zenon von Elea diskutiert werden, machen diese Situation in ihrer Komplexität ganz explizit.

3.4 Widersprüche als ‚regula veri'

Die berühmten ‚Lösungen' oder Aufhebungen der Antinomien und Paradoxien der Antike bestehen gewissermaßen in einer Akzentuierung des praktischen oder prä-theoretischen Problems des Kontinuierlichen, des Ursprungs der Unendlichkeit und der Stetigkeit. So existieren nach Aristoteles die Teile eines Ganzen nur der Möglichkeit nach, rein potentiell. Die Strecke bzw. Dauer darf also nicht ‚wirklich' als Menge oder Zusammensetzung von unendlich vielen punktartigen Stellen oder Momenten verstanden werden. Sie ist als räumliches bzw. zeitliches Kontinuum zu verstehen, in welchem sich als Grenzen, in der Geometrie als Schnittpunkte mit anderen Linien, solche punktartige Stellen ergeben.[12] Kant, welcher ähnlicher Ansicht war, systematisierte überdies die Widersprüche, indem er sie nicht als zufällige Aberrationen, sondern als Produkte einer allgemeinen Neigung der reflektierenden Vernunft beschrieb, einer Vernunft, die sich selbst zum Gegenstand macht. Man versucht, zu jedem Bedingten – z. B. einer Schrittfolge in einem Progress – etwas Unbedingtes – den Progress als Ganzes – zu finden und als etwas Existierendes anzunehmen. Kant spricht hier auch von *Antinomien der reinen Vernunft*.[13]

Nimmt man zum Beispiel die Totalität aller Gegenstände (also die ganze Welt selbst) und platziert sie in die Welt, so erhält man, wie Kant meint, Widersprüche, nach welchen die Welt z. B. sowohl endlich als auch unendlich, sowohl eine diskrete Menge als auch ein Kontinuum, sowohl ein System von Substanzen als auch substanzlos sein müsste. Kant zufolge sind diese Widersprüche aber bloß scheinbar, stammen nur aus der unerlaubten Anwendung der Prinzipien der sinnlichen Erfahrung auf nicht-empirische Unterscheidungen, welche die reine Vernunft in ihrer vergegenständlichenden Neigung irrtümlicherweise für empirisch ausweisbare Gegenstände hält. In der Erfahrungswelt allein finden die Antithesen keinen Halt. Die reale, empirische Welt sei nämlich weder endlich, noch unendlich, weder diskret, noch kontinuierlich usw. Das Unendliche gibt es in der Tat nur als *Form* eines iterativen Prozesses, z. B. eines rekursiven Addierens von 1, das zwar in jedem Schritt 1, 1 + 1, 1 + 1 + 1, 1 + 1 + 1 + 1, ... zu endlich vielen Gegenständen, Zahlen, führt, zugleich aber jede gegebene Anzahl oder Zahl immer überschreiten kann.

Die Idee, als einzig berechtigte Form der Unendlichkeit das bloß potentiale Unendliche anzunehmen, hat Hegel später als unzureichendes Argument und als bloß dogmatische Lösung kritisiert. Ihr liegt nämlich eine willkürliche Entscheidung zu Grunde, gewisse Möglichkeiten der Vernunft, etwas explizit zu machen, schlicht zu *verbieten*. Aus welchem Grunde könnte aber die Vernunft uns als denkenden, als urteilenden und schließenden Wesen, etwas, was wir selbst spontan tun, schlicht verbieten? Das ist wohl auch der Sinn von Hegels Rede von einer „Zärtlichkeit für die Welt, von ihr den Widerspruch zu entfernen, ihn dagegen in den Geist, in die Vernunft zu verlegen und darin unaufgelöst bestehen zu lassen". Denn „in der Tat ist es der Geist, der so stark ist, den Widerspruch ertragen zu können, aber er ist es auch, der ihn aufzulösen weiß".[14]

Es ist falsch, sagt Hegel, hier der *Doxa* oder dem sinnlichen Anschein den Vortritt zu lassen und zu erklären, alle allgemeinen Wahrheiten seien ‚eigentlich' falsch, weil es ‚eigentlich' keine vollkommenen Kreise oder vollkommenen Dreiecke, schon gar kein vollkommenes Wissen gäbe. Recht verstandene Reflexion macht Implizites, das oft mystisch als Inneres hypostasiert oder als Inhalt allzu naiv vorausgesetzt wird, in unseren Anschauungs-, Denk- und Redeweisen explizit und ‚entäußert' es in eben diesem Sinn. Eine höherstufige Reflexion wird dann auch von der Welt als Ganzer oder von dem Gesamtbereich der natürlichen Zahlen oder auch von allen Punkten einer Gerade sprechen wollen. Diese Redeformen sind nicht nur ein legitimer Bestandteil, sondern in der Tat Motor jeder Praxis wissenschaftlichen und logischen Selbstbewusstseins. Konsequenterweise ist ein Widerspruch, besonders wenn er in einer Spannung zwischen theoretischer Rede in Formmodellen einerseits und Normalerwartungen in besonderen empirischen Fällen andererseits besteht, kein Hindernis, sondern am Ende eine ‚regula veri', ein Wegweiser für das Wahre, wie das Hegels berühmte Habilitationsthese „contradictio est regula veri, non-contradictio falsi"[15] ausdrückt.

Dies zeigt sich übrigens darin, dass die basale Spannung, wie sie die Antithesen der reinen Vernunft explizit machen, schon in dem zugrunde liegenden Prozess des Denkens steckt:
(1) Es wird eine Grenze *gesetzt* und diese wird, *ipso facto*, also schon in der Setzung
(2) als die von uns selbst gezogene Grenze denkend überschritten.

Wenn also der Prozess der Grenzziehung erlaubt ist – und er muss erlaubt werden, da er mit der Bewegung des Denkens selbst koinzidiert –, muss man auch den Widerspruch erlauben, um ihn dann mit Hegel nicht dogmatisch, sondern auf dialektische Weise aufzulösen. Dieser Widerspruch liegt dann auch der Konstitution aller abstrakten und konkreten Gegenstände zugrunde. Denn die abstrakten Gegenstände gibt es nicht ohne empirische Repräsentationen, Zahlen nicht ohne Zahlterme oder wenigstens hinreichend stabile Dingmengen als Repräsentanten von endlichen Anzahlen. Andererseits ist unsere empirische Erfahrung längst schon formal, theoretisch und begrifflich vorinformiert oder vorgeprägt, wie nicht nur unser Beispiel aus der Musik zeigt (siehe Abschnitt 2.4), sondern auch das Sehen und Wahrnehmen von Formen überhaupt.

Die in der Verneinung bestehenden qualitativen Differenzen (im Sinne von Spinozas „omnis determinatio est negatio"), welche einen Gegenstand in einer Reihe von Bestimmungen wie
(1) dieses hier ist A, und auch B, aber nicht C
und
(2) dieses hier ist A, und auch jenes da ist A, aber jenes dort ist nicht A

entwickeln, kann man *indefinit* fortsetzen, also ohne zu einer bestimmten Grenze dieses Prozesses zu gelangen. Die Setzung einer Grenze besteht dabei in der (impliziten) Entscheidung, dass die stets endliche Reihe der Instanzen ‚gut' genug sei, um als Etalon, Kanon oder Muster für alle weiteren Fälle zu dienen, also in der Emanzipation einer endlichen Bestimmung gegenüber ihren potentiell unendlich vielen Instanzen. Genau darin, also in der (zweiten) Verneinung einer immer bestehenden Möglichkeit, fortzufahren, besteht die oben geschilderte Konstitution eines Gegenstandes als einer für gewisse Differenzen (Akzidenzen) gleichgültigen ‚Substanz', welche in ihrem Fürsichsein zugleich endlich und unendlich ist, also ein Beispiel der *wahrhaften* Unendlichkeit im Sinne Hegels darstellt. Schon die ‚endlichen' Wesen wie Menschen, Bäume oder Katzen *sind* immer beides, endlich und unendlich, in dem Sinne, in welchem ich weiß, (1) Murr ist eine Instanz des Katers genauso wie Mikesch, aber nicht wie Ponto usw., und (2) er ist identisch mit dem Tier, das ich gestern, aber nicht heute usw. gesehen habe.

3.5 Schlechte und wahrhafte Unendlichkeit

Diese dialektische Natur der Wirklichkeit zeigt sich an den Gegenständen der Arithmetik besonders klar. Wir haben diesbezüglich schon gesehen, wie die natürlichen Zahlen in ihrem Für-sich-sein immer einen Aspekt des Für-anderes-seins oder des Anders-seins haben, dass sie also als Gegenstände immer aus Beziehungen zu allen – unendlich vielen – natürlichen Zahlen *bestehen* und diese ihnen in gewissem Sinne *innewohnen*. Das Fürsichsein eines Gegenstandes im Unterschied zu seinem Ansichsein beruht dagegen darauf, dass man weiß, was die *relevanten* anderen, also die voneinander scharf abgesonderten Gegenstände, in diesem Falle die natürlichen Zahlen, sind. Ihre Reihe 1, 2, 3, 4, ... kann in diesem Sinn nicht *ad indefinitum*, sondern nur *ad infinitum* fortschreiten. Diese Unterscheidung, die sich in Kants *Dialektik* findet,[16] ist hier so zu begründen, dass man im zweiten Fall, der mit Hegels Fall einer *wahrhaften* Unendlichkeit zusammenfällt, wissen muss, was die drei Punkte „..." oder das „usw." bedeuten. Zuerst, in der Breite aller möglichen Differenzen, sind wir immer mit einer unmittelbaren Unendlichkeit konfrontiert, die nur in einer einfachen, schlichten (= schlechten, im Sinne einer schlechtweg vollzogenen)[17] Verneinung des Endlichen besteht und so grob dem Begriff eines unvollendeten Prozesses wie bei Kant und Aristoteles (*ad indefinitum*) entspricht.

Das Problematische dieser Unendlichkeit ist nicht ihre Unvollkommenheit, sondern die Unbestimmtheit, die in dem „usw." der drei Auslassungspunkte einer Reihe *A*, *B*, *C*, ... besteht, wenn man nämlich nicht weiß, *wie* es weiter, sondern nur, *dass* es irgendwie weiter gehen soll. In diesem Sinn kann auch das so genannte Aktuell-Unendliche ‚schlecht' sein, wenn es nämlich ‚an sich' postuliert wird, wie in der naiven oder axiomatischen Mengenlehre (siehe Kap. 8, 9 und 11), ohne dass man sich genügend klar macht, wie diese von uns selbst gesetzten Postulate zu verstehen und wie sie kompetent zu behandeln bzw. in Argumenten und Beweisen zu gebrauchen sind. Das wahrhaft Unendliche erreicht man erst dann, wenn man die noch unbestimmte Unendlichkeit, die sich in einer schlichten Iteration kundgibt, durch die *zweite Negation* zu einer Endlichkeit des zu definierenden Ausdruckes bringt, also zu einer vermittelten Unmittelbarkeit einer Reihe, die in jedem ihrer Glieder bestimmt ist, wie es Hegel anhand der Ausdrücke 0,285714... und $\frac{2}{7}$ demonstriert.[18] Nur durch den zweiten Ausdruck, oder durch die mit ihm verbundene endliche Vorschrift, wird der erste Ausdruck zu einem Namen der (wahrhaft) unendlichen Reihe, durch welche die entsprechende rationale Zahl benennbar wird.

Dass es sich im Falle der *anthyphairetischen* Folgen, die man als [1, 1, 1, ...] am Pentagon und als [1, 2, 2, ...] am Quadrat bestimmen kann, um das wahrhafte, in sich geschlossene, fürsichseiende Unendliche handelt, wird schon dadurch ersichtlich, dass man den ganzen Prozess im Rahmen eines einzigen Bildes – des Pentagons oder des Quadrates – einsehen kann.[19] Im Prinzip sind es aber die *begrifflichen*, nicht die *anschaulichen* Gründe, die entscheiden, wann man eine Differenz für ‚schlecht' im Sinne von ‚schlicht', und wann für ‚wahrhaft' halten kann. Im Falle der Entwicklung eines ‚Bruches' oder eines proportionalen Verhältnisses, sei es die *anthyphairetische* oder *p*-adische Entwicklung, gerade auch im Sinne einer Bestimmung der reellen Zahl, ist es erstens wichtig, dass man in jedem Schritt einer Reihe deren nächstes Glied bestimmt – was wiederum durch die Natur, das Wesen, die Form des zugrunde liegenden Algorithmus festgelegt ist. Das Fürsichsein des so erhaltenen Gegenstandes erreicht man, indem man bestimmt, wie sich die Reihen bzw. die diese Reihen bestimmenden endlichen Ausdrücke zueinander verhalten.

Das ist im Falle von *anthyphairetisch* beschriebenen Proportionen sehr einfach. Vergleicht man diesen Fall mit unserer dekadischen Schreibweise, wo z. B. die Ausdrücke 0,4999... und 0,5000... dieselbe Proportion oder Zahl benennen, definiert jede anthyphairetische Folge [M_1, M_2, M_3, ...] eine *einzige* Proportion, wobei die endlichen Folgen den rationalen Zahlen und die unendlichen Folgen den irrationalen Zahlen entsprechen. Eigentlich gibt es in dieser rein arithmetischen Form eine Vieldeutigkeit, welche aus der geometrisch aufgefassten Wechselwegnahme nicht entstehen kann, und zwar für die endlichen Folgen vom Typus [M_1, M_2, ..., M_k, 1] = [M_1, M_2, ..., M_k + 1]. Es ist nämlich klar, dass man M_k + 1 arithmetisch als $M_k \times 1 + 1$, aber auch als $(M_k + 1) \times 1$ repräsentieren kann, geometrisch – im Sinne der Wechselwegnahme – aber nur die zweite Möglichkeit besteht.

Die Mehrdeutigkeit der dekadischen oder *p*-adischen Schreibweise ist dem Umstand zuzuschreiben, dass man die Einheit in eine konventionell gegebene Anzahl von Teilen gliedert, und die Punkte der Teilung dann in zwei möglichen Weisen bestimmt, nämlich direkt (0,5 bedeutet „der fünfte Punkt") und durch die sich wiederholende untere Approximation (0,4999...). Auch den anthyphairetischen Ausdruck kann man dabei als eine Beschreibung der rationalen Approximation ansehen, wenn man die erwähnte wechselseitige Natur des Prozesses erwägt, wie im Falle von

$[1] < [1,3] < [1,2,2] < ... [1, 2, 2, 2, ...] .... < [1,2,3] < [1,2] < [2]$.

Es ist eine historische Tatsache, dass die Griechen das Rechnen mit den *anthyphairetischen Folgen* nicht explizit kommentierten und entwickelten, obwohl praktisch z. B. die Bedeutung ihrer Ordnung bekannt war. Tatsächlich war es sogar schon möglich, das noch lange nicht ‚endlich benennbare', weil ‚transzendente', Verhältnis des Umfangs und des Durchmessers eines Kreises – als die unendliche Folge [3, 7, 15, 1, 292, ...] – exakt zu erfassen.

Zusammen mit den vorigen Beiträgen zur Entwicklung der ersten Leitlinie unserer Darlegung, welche die ‚vermittelte' Struktur des mathematischen Wissens und der ‚Wirklichkeit' überhaupt verfolgt, sehen wir hier sozusagen eine ‚methodologische' Ausarbeitung des zweiten Leitmotivs, d. h. der Gründegeschichte des Zahlbegriffs. Diese besagt, dass auch eine *praktisch* beherrschte Form noch nicht impliziert, dass man sich ihrer Leistungen und Grenzen explizit bewusst wäre. Dazu braucht man erst *eine Theorie*, welche die Darstellung der externen Grenzen und internen Möglichkeiten etwa einer Sprachtechnik entwickelt. So wird z. B. Kurt Gödel in seinem Beweis des Unvollständigkeitssatzes einen wahren Satz der allgemeinen Arithmetik produzieren, der etwas hinsichtlich der Möglichkeiten und Grenzen gewisser berechenbarer Funktionen bzw. rekursiv aufgezählter Folgen und dann auch der Grenzen einer rein axiomatischen Artikulation arithmetischer Beweise explizit macht, und zwar im Rahmen einer so begründeten *Metamathematik*, welche über die bisherigen arithmetischen Methoden wesentlich hinausgeht (siehe Kap. 11). Eine solche theoretische ‚Entäußerung' der Form(en) einer Praxis kann die ursprüngliche Praxis wesentlich transformieren, wie das auch schon das nächste Kapitel zeigen wird, in welchem die ‚analytische' Geometrie als Explikation der Gegenstände, Relationen und Wahrheiten der ‚synthetischen' Geometrie eingeführt wird.

4 Algebraische Zahlen

Auf dem Weg des Zahl- oder Quantumsbegriffs haben sich anschauliche und diskursive, formentheoretische und sprachtechnische, geometrische und arithmetische Aspekte sozusagen abgewechselt. Das *Symbolische* reicht dabei durchaus immer in die Sphäre des *Phänomenalen* hinein und umgekehrt. Ebenfalls setzen die *quantitativen* Bestimmungen *qualitative Unterscheidungen* voraus, wenn auch nur auf der Ebene der Repräsentationen. Das zeigt sich schon daran, dass mit *benannten Zahlen* zu beginnen ist, oder an der Tatsache, dass die Zahlwörter die syntaktische Form eines (in manchen Sprachen nicht gebeugten) *Adjektivs* annehmen: Wir sprechen von zwei Kühen formal wie wir von braunen Kühen sprechen, obwohl das Wort „braun" distributiv ist (jede braune Kuh ist braun), während das für das Numerale „zwei" nicht gilt (es ist grammatischer Unsinn zu sagen, eine Kuh sei zwei).

Einen wesentlichen Fortschritt bedeutete die Übernahme von Entwicklungen der indischen und arabischen Mathematik, welche im Gegensatz zu den zumindest zunächst vorzugsweise *geometrisch* denkenden Griechen eher *algebraisch* vorging, also die Gleichungen nicht nur als ‚Beschreibungen' einer von ihnen unabhängig existierenden Konstruktion, sondern als in sich selbst gerechtfertigte symbolische Objekte ansah. Auf einer allgemeinen Ebene sieht man hier den Übergang von einer *anschaulichen* Unmittelbarkeit der Geometrie zu einer Unmittelbarkeit, welche durch die *symbolischen* Mittel der Arithmetik vermittelt wird. Damit wurde der gegebene Zahl- und Größenbegriff teils in seiner Gegebenheit infrage gestellt, teils überschritten, also in der Konsequenz grundsätzlich erweitert. Dabei geht es im Grunde um die erste Erweiterung des Größen- und damit des Gegenstandsbereichs der Mathematik nach Euklid.

4.1 Was ist eine Größe?

Fängt man mit elementaren Gleichungen der Form (1) $AX = BC$ und (2) $X^2 = BC$ an, sind diese zunächst, wenn man der geometrischen Methode Euklids folgt, als Aufforderung zu deuten, zu einem gegebenen Rechteck mit den Seitenlängen B, C im Fall (1) ein flächengleiches Rechteck zu konstruieren, dessen Seite die Länge A hat. Im Fall (2) ist es ein flächengleiches Quadrat. Diese Aufgaben entsprechen den Konstruktionen einer vierten Proportionale $A:C = B:X$ bzw. einer mittleren Proportionale $C:X = X:B$, wie sie nach Euklids *Elementen* mit Hilfe des *Strahlensatzes*[1] bzw. *Höhensatzes*[2] durchführbar sind. (Siehe Abbildung 11.) Nach dem Strahlensatz verhalten sich die Abschnitte zweier durch denselben Punkt verlaufenden Geraden, die von zwei Parallelen geschnitten werden, so, dass die

Verhältnisse $X:Y = U:V$, $(X + Y):Y = (U + V):V$ und $K:L = (X + Y):Y$ gelten. Der Höhensatz besagt, dass in einem rechtwinkligen Dreieck das Quadrat über der Höhe H flächengleich dem Rechteck aus den Hypotenusenabschnitten A und B, also $AB = H^2$ ist.

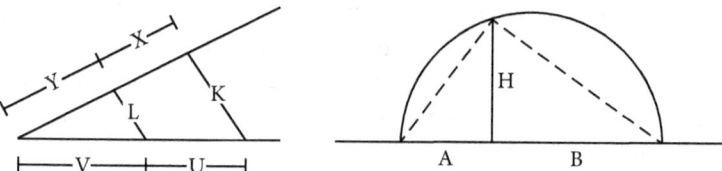

Abb. 11

Wenn man weiß, dass das Verhältnis der Diagonale zur Seite des (Einheits-)Quadrats ($D:E$) nicht rational ist (wie wir das im vorigen Kapitel erwähnt haben, ohne es für diesen Fall zu begründen), und dass ein Quadrat mit einer doppelten Fläche diese Diagonale (D) als seine Seite hat (wie es z. B. Sokrates in Platons *Menon* mit Hilfe eines Sklaven demonstriert),[3] zeigen Gleichungen wie $X^2 = 2EE = 2$, dass man hier auch mit Größen operieren kann, welche den Bereich der elementaren Arithmetik überschreiten. Andererseits ist man in der Betrachtung von Längen, Flächen und Volumina auf die drei Dimensionen des anschaulichen Raumes beschränkt. D. h., man muss bei einer Belegung der Variablen immer die Dimension der zugehörigen Größen berücksichtigen. Es gibt dann aber auch schon anschaulich deutbare Gleichungen wie $X^3 = 2EEE = 2$, welche ‚geometrisch' *unausführbar* sind und in *diesem* Sinn keine ‚existierende Größe' benennen. Das klingt zunächst paradox. Denn die Frage nach der Existenz einer Seite des Quaders mit dem doppelten Volumen, wie es das der Gleichung entsprechende *Delische Problem* einer Würfelverdoppelung formuliert, sieht auf den ersten Blick unproblematisch aus. Man könnte sich z. B. die gesuchte Seite als durch allmähliche Verlängerung der Einheitsseite zu ihrem Zweifachen, also die auf dem Weg vom Einheitsquader zum Quader mit achtfachem Volumen entstehende Länge vorstellen. Diese ‚Stetigkeits'-Überlegung repräsentiert aber eben nur eine abstrakte Rede, in welcher man noch in einem indefiniten, also vorerst nur schlecht unendlichen Bereich ‚aller' Möglichkeiten einer Größe-, bzw. Punktbenennung oder Konstruktion arbeitet.

Die antike griechische Mathematik ist, wie gerade auch Oskar Becker betont, deswegen im höchsten Maße *exakt*, weil sie – wie wir es am Beispiel der anthyphairetisch definierten Proportionen demonstriert haben – auf der *ausdrücklichen* Gegebenheit der Gegenstände und Wahrheiten durch Zahlterme oder *logoi* oder, im Falle der geometrischen Formen, durch *Diagramme* und Konstruktionsbeschreibungen (Abbildungen) besteht. Sie erlaubt also nicht, über bloß mögliche Sachen oder Formen zu sprechen, die sich einerseits nicht *dingfest* machen lassen, andererseits aber als Formen (*eide*) nicht überall und immer *repräsentierbar* sind. Das gerade bedeutet es nämlich, dass sie in ihren Gegenstandsbezügen immer eine klare und deutliche Konstitution des Fürsichseins fordert. Damit wird jede Appellation an die schlechte Unendlichkeit, an ein bloß vages ‚Und-so-weiter' oder auch an ein indefinites Ganzes ‚aller' Punkte einer Linie, Ebene oder des Raumes ausgeschlossen.

Mit der Entdeckung der Inkommensurabilität musste allerdings von der allzu radikalen Idee Abstand genommen werden, nur solche Gegenstände als Thema zuzulassen, welche in jedem Betracht endliche Benennungen erlauben. Denn die Proportionen, welche sich durch endliche arithmetische Folgen oder *logoi* darstellen lassen, sind nur die rationalen Zahlenverhältnisse $m{:}n$, die später zu rationalen Zahlen werden. Hieraus ergibt sich die passende Bezeichnung „*alogoi logoi*" für irrationale, inkommensurable, Größenverhältnisse. Es handelt sich um uneigentliche Ausdrücke, wobei das Wort „*alogos*" auch „unnennbar", „stumm" bedeutet, wie das englische Wort „*surd*", „stimmlos", das auch schon mal für „*irrational number*" steht. Sie *sind* ja etwas, was den ursprünglichen, ‚exakten', Kriterien gemäß *nicht* existieren sollte.

In den üblichen Darstellungen werden die Folgen der Einsicht, dass man in Formen mit irrationalen Verhältnissen zwischen geometrischen Größen wie Längen zu rechnen hat, wohl überdramatisiert. Man sagt etwa, die Griechen hätten sich jetzt erst besonders der Geometrie zugewandt und dabei besonders einer konstruktiven Planimetrie der Konstruktion von ebenen Figuren mit einfachen kanonischen *Mitteln* wie *Lineal* und *Zirkel*. Wahrscheinlicher ist, dass die Reihenfolge ganz anders ist, dass also der älteste Beweis der Inkommensurabilität am Pentagon längst schon Folge dieser Praxis und der Diskussion der Konstruktionen und Konstruierbarkeiten ist. Erst später werden gelegentlich auch andere Instrumente für Konstruktionen benutzt oder studiert. Die Beschränkung auf die klassischen Mittel hatte immerhin den Vorteil, dass die Konstruktionsbeschreibungen einfach rekursiv als bedingte Handlungsanweisungen normierbar waren und damit allgemeine komplexe Formen definierten. Das schließt alle bloß *ad hoc* oder nur in Sonderfällen anwendbaren Methoden wie etwa eine beliebige Wahl von Punkten oder die Betrachtungen der Spur einer komplexen Bewegung aus.[4]

Im V. Buch von Euklids *Elementen* finden wir nun die Alternative zur altpythagoräischen Definition der Proportion in der Form, wie sie auf Eudoxos zurückgeht.[5] Voraussetzung ist die *Konstruierbarkeit* der betreffenden Größen (wie Längen, Winkel und Flächen) mit *Zirkel* und *Lineal* in komplexen Formen. Diese Konstruierbarkeit definiert den Gegenstandsbereich der Größen. Solche Größen

A, B und C, D, die paarweise von gleicher Art sein müssen, stehen nach der Definition des Eudoxos im gleichen proportionalen Verhältnis $A:B = C:D$ dann und nur dann, wenn für alle natürlichen Zahlen m, n das Folgende gilt:

Entweder	$mA > nB$	und zugleich	$mC > nD$,
oder	$mA = nB$	und zugleich	$mC = nD$,
oder	$mA < nB$	und zugleich	$mC < nD$.

Die Bedingung besagt also, dass die entsprechenden Vervielfachungen „einander entweder zugleich übertreffen oder gleichkommen oder unterschreiten", also archimedisch in dem oben erwähnten Sinne sind. Die Grundidee dieser wohl komplexesten Definition bei Euklid wird sich in ihrer Vollkommenheit erst später, im Zusammenhang mit der modernen Definition Dedekinds (im Abschnitt 7.2), erschließen. Für den Moment reicht es zu sehen, dass sie einen klaren begrifflichen Anspruch erhebt, nämlich eine allgemeine und zugleich sachlich zutreffende Definition von Proportionen a, b als Gegenständen durch Festlegung der Wahrheitswerte für Gleichungen $a = b$ (und implizit auch für Ungleichungen $a < b$) zu geben.

4.2 Unlösbarkeit und Unmöglichkeit

Warum die eudoxische Definition nicht nur sachlich genial, sondern auch philosophisch wichtig ist, kann man an den berühmten antiken Problemen der Quadratur des Kreises, der Dreiteilung des Winkels und der Verdoppelung eines Würfels *ex negativo* erklären. Ähnlich wie im Falle von Gödels Sätzen (siehe Kap. 11) pflegt man hier leicht zu vergessen, dass man nie mit absoluten, ‚an sich' seienden, Differenzen und Problemen arbeitet, dass man also nie über die Existenz eines Punktes, einer Größe, oder, ganz allgemein, über die Lösung (also Unlösbarkeit) eines Problems im *absoluten* Sinne reden kann. Im Gegenteil, um einen realen Unterschied zu machen, ist man immer auf die schon vollzogenen Entscheidungen einer Gegenstandskonstitution angewiesen. Ohne sie haben die angegebenen Probleme, welche auch in der Gemeinsprache als Paradigmen für eine angebliche Unlösbarkeit einer Aufgabe gelten, keinen Sinn, da man sie dann eigentlich immer – wenn auch mit Methoden von anderer Form – doch wieder lösen kann. Was nicht möglich ist, ist eine für alle Fälle taugliche und ‚exakte' Lösung durch eine Konstruktion bloß mit Zirkel und Lineal.

So haben z. B. Hippias und später Archimedes das Problem der Quadratur des Kreises, die mit der Frage nach der Konstruierbarkeit der Kreislänge zusammenfällt, und Archytas das Problem der Würfelverdoppelung mit Hilfe der ‚mechanisch' erzeugten Kurven (Quadratrix, Spirale usw.) gelöst. Archimedes' Lösung der Winkeldreiteilung benutzte die Technik einer ‚Einschiebung', die in der Möglichkeit besteht, zu einem gegebenen Punkt *P* und den Geraden (oder Kurven) *g*, *h* eine Gerade *l* durch *P* so zu bestimmen, dass *l* die Geraden *g*, *h* schneidet und der Abstand der Schnittpunkte gleich der voraus gegebenen Strecke ist. Auf diese Weise kann man, wie Abbildung 12 zeigt, den Winkel *AOB* in drei gleiche Winkel α teilen, und zwar durch die Einschiebung der zweifachen Länge *DE* einer Strecke *AO* (mit einem beliebig gewählten Punkt *A*) zwischen die Senkrechten *AC* und *AE* durch *O*. Die Überlegung, dass es sich wirklich um eine Dreiteilung des Winkels handelt, ergibt sich relativ direkt aus den eingezeichneten Beziehungen.[6] Die Bedeutung dieses Beispiels besteht darin, dass hier die Durchführung der nur in einem gewissem Sinn ‚unmöglichen' Konstruktion, besonders im Unterschied zu Lösungen der Kreisquadratur, kinderleicht ist. Ein Kind beherrscht ja die dabei nötige Verschiebung eines markierten Lineals.

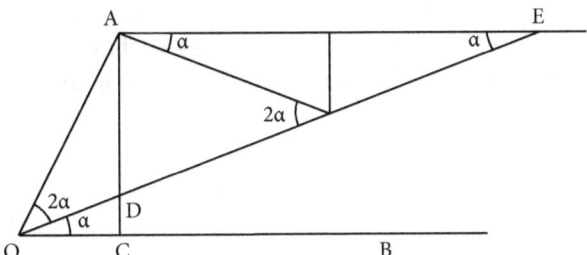

Abb. 12

Die angebliche ‚Inexaktheit' solcher Konstruktionen, von welchen sich die Konstruktionen mit Zirkel und Lineal angeblich unterscheiden, ist also – so wie die Differenz zwischen einem rationalen und einem irrationalen Verhältnis – nicht empirischer, sondern begrifflicher Natur: im empirischen Sinn sind ja *alle* Konstruktionen als reale Ausführungen von Diagrammen mehr oder weniger *inexakt*. Und manche Verwirrungen hinsichtlich der Frage, was Exaktheit sei, resultieren einfach daraus, verschiedene Bedeutungen oder kontextabhängige Gebrauchsweisen ein und desselben Wortes zu konfundieren oder zu verwischen, wie das besonders der spätere Wittgenstein zum Thema seiner Vorstellung von Philosophie gemacht hat. So differenziert man häufig nicht genug zwischen verschiedenen Gebrauchsweisen des Wortes „können". Ein Satz der Form „ich *kann* ein regelmäßiges Fünfeck zeichnen" ist im Unterschied zum Satz „ich *kann* diesen Tresor öffnen"[7] nicht nach dem (einzelnen) Ergebnis, sondern nach der (wiederholbaren) Durchführung, der Methode, zu beurteilen. Man kann also jeden empirischen Winkel in drei gleiche Winkel teilen, aber eben nicht immer mit den *erlaubten* Methoden.

Der Kontrast oder Gegensatz von mechanischen und geometrischen Methoden, von Praxis und Theorie, von Empirie und allgemeinem Formwissen ist genau der *Gegensatz*, auf den es uns in diesem Buch systematisch ankommt. Denn dass man, um ein mathematisches oder ein beliebiges anderes Wissen artikulieren zu können, sich immer auf einen beschränkten Fundus von Methoden und *Mitteln* beziehen muss und dass es eben deshalb keinen *direkten* Zugang zur ‚Wirklichkeit' gibt, entfaltet die erste Leitlinie unseres Buches. Und dass man mit gewissen Mitteln etwas *nicht* erreichen *kann*, dass z. B. im Bereich der *euklidischen*, mit Zirkel und Lineal konstruierbaren, Größen, die Würfelverdoppelung *nicht* ausführbar ist, entfaltet die zweite. Der Inhalt derartiger negativer Sätze gehört offensichtlich nicht zur schlechten, sondern zur wahren Unendlichkeit. Es wird ja konkret gesagt, dass etwas mit Hilfe gewisser begrenzter Mittel *nicht* ausführbar ist. Die Methoden der ‚Objekttheorie' und das durch sie Erreichbare müssen in Gegenstände der Untersuchung verwandelt werden. Diese sind dann mit anderen Methoden zu untersuchen. Eben darin besteht die Fortsetzung des dialektischen Prozesses der Reflexion auf die Grenzen bestimmter Bereiche von Gegenständen mit ihren Relationen oder von Methoden der Darstellung, des Rechnens oder Beweisens, wie das z. B. auch Ladislav Kvasz in seinem Buch *Patterns of Change*[8] systematisch untersucht hat.

4.3 Streckenalgebra

Der artikulations- und beweistechnische Erfolg der analytischen Geometrie von Descartes wird ironischerweise nur dadurch möglich, dass er auf eine scheinbare ‚Exaktheit' verzichtet und außerdem den Kontrast zwischen der geometrischen Tradition des antiken Griechenlands und der algebraischen Tradition aufhebt, wie sie über (Indien und) Arabien (zurück) nach Europa gekommen war. Der arabischen Tradition verdankt Descartes den Gedanken, durch die algebraischen Gleichungen nicht nur die Objekte, z. B. Zahlen, in einem schon konstituierten Bereich zu benennen, sondern diesen Bereich auch zu erweitern. Man spricht z. B. von den *Wurzeln* von Gleichungen zunächst ganz allgemein, wenn wie im Fall $x + 3 = 1$, $3x = 2$ oder $x^2 = 2$ in einer begrenzten Zahlenart wie den positiven Zahlen, den ganzen Zahlen oder den rationalen Zahlen keine Lösung existiert.

Die Idee einer rein ‚fiktiven' oder ‚kalkulatorischen' Lösung von Gleichungen führte im Mittelalter nur allmählich zu diesen Ausweitungen von Zahlsystemen, so dass man neben der Null und Eins auch *rationale* und *negative* Zahlen (Fibonaccis Schulden und Stifels ‚fiktive' Zahlen) und *imaginäre* (Cardanos ‚sophistische') Zahlen einführte. Den Status ‚wirklicher' Zahlen erhielten diese ‚algebraischen' Erweiterungen von Zahlsystemen zunächst nicht. Und das war rein formal auch durchaus berechtigt: Die sich in den gewählten Ausdrucksformen zeigenden Unsicherheiten rühren von der Ahnung her, dass das Rechnen mit den neuen Termen, unbestimmt andeutenden Vertreten von Gegenständen und Gegenstandsvariablen in quantifikationellen Ausdrücken wie „es gibt ein x, so dass ..." in seinem logischen Status noch nicht klar verstanden ist, so lange nicht für alle möglichen Repräsentanten der Einzelgegenstände ihr Fürsichsein definiert ist.

Wenn man von Diophants Rechnen mit Brüchen als Vertreter von rationalen Zahlen absieht, schaffte erst Descartes die erste und zugleich wichtigste explizite Erweiterung des Zahlbegriffs nach Euklid, respektive Wallis, der allerdings seine ‚Neudefinition' der Zahl Descartes zuschrieb. Newton und Leibniz haben sie wahrscheinlich von Wallis übernommen. Der Definition liegt die geometrische Deutung von Gleichungen zugrunde, wie sie die Griechen erstmals aufgestellt hatten und wie sie Descartes unter dem Einfluss der algebraischen Tradition in eine *Streckenalgebra* fortentwickelt hatte. Die algebraische Möglichkeit, die *expressive* Beschränkung der synthetischen Geometrie durch die Einführung von Potenzen beliebiger Ordnung (also auch größer als 3) zu überwinden, ist hier durch eine geometrische Veranschaulichung begründet, in welcher man die arithmetischen Basisoperationen des Addierens, Multiplizierens, Quadrierens und ihre Umkehroperationen geometrisch so interpretieren kann, dass man den eindimensionalen Raum des Streckenbereiches nicht verlassen muss.

Wenn man nämlich ganz konventionell eine der Strecken als Einheitsstrecke festsetzt, sind wegen des Strahlensatzes und des Höhensatzes, also über die bekannten Konstruktionen einer vierten Proportionale und einer mittleren Proportionale, sowohl Produkt AB und Quotient $A:B$ als auch Quadratwurzel $\sqrt{A}$ repräsentierbar, wie dies Abbildung 13 demonstriert. Am Ende gelangte man so zur Vorstellung einer *Zahlengerade* und damit auch zur Identifikation der *reellen* Zahlen mit den Punkten einer *reellen Achse*, was übrigens auch die erwähnte Definition von Wallis suggeriert, nach welcher die Zahlen Strecken sind, die zu einer angenommenen Einheitsstrecke das gleiche Verhältnis haben, also in diesem Sinn ‚gleich-gültig' oder äquivalent sind.[9]

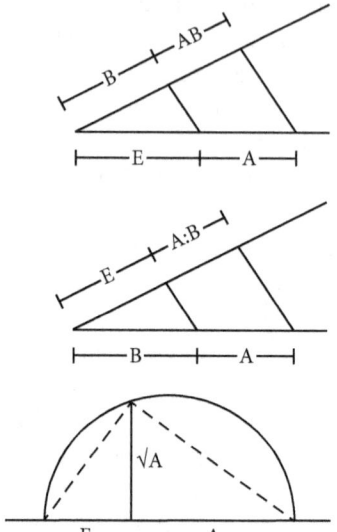

Abb. 13

4.4 Von den pythagoräischen zu den cartesischen Zahlen

Unter Berücksichtigung der vorigen Diskussion ist dabei wesentlich, dass die betreffenden Größen nicht mehr durch die Konstruierbarkeit mit Zirkel und Lineal, sondern in einer ganz neuen Weise durch die analytischen Ausdrücke im Rahmen eines von Descartes eingeführten *Koordinatensystems* definiert sind. Das expressive Potential von Algebra kommt dabei in der folgenden Beobachtung zum Zug: Man kann mit ihrer Hilfe, im Unterschied zur synthetischen Geometrie der Diagrammkonstruktionen, nicht nur die Resultate, sondern auch die Struktur der Konstruktionen wiedergeben. So sind z. B. durch die Gleichung $X^2 + Y^2 = R^2$ die Konstruktion des Kreises und durch die Substitution von $Y = 0$ auch seine Schnitte $X^2 = R^2$ mit der Abszisse repräsentierbar, welche für $R^2 = 2$ zu einer Benennung der irrationalen Zahl $\sqrt{2}$ führen. (Siehe Abbildung 14.) In diesem Falle geht es selbstverständlich noch nicht um eine Erweiterung des *euklidischen* Größenbereichs, da man zu diesem Ergebnis leicht mit Zirkel und Lineal, und sogar nur mit dem Lineal mit einem fest markierten Punkt, gelangen kann, wie dies die Abbildungen 15 (a) und (b) direkt zeigen. Bei (b) muss man überdies wissen, dass die benutzten Konstruktionen einer Senkrechte und Parallele (durch den gegebenen Punkt) mit dem markierten Lineal durchführbar sind.[10] In diesem Fall gelangt man zu den u. a. von Paul Lorenzen *pythagoräisch* genannten *Zahlen*, welche – mit einer in (b) vorgeführten Technik der Winkelhalbierung – ganz allgemein zur

Konstruktion von Quadratwurzeln aus den Quadratsummen der konstruierbaren Größen führen, also bereits den Bereich der rationalen Zahlen wesentlich erweitern.[11] Die *euklidischen Zahlen* sind eine Erweiterung der pythagoräischen Zahlen. Das zeigt Abbildung 15 (a). Dass es sich um eine echte Erweiterung handelt, folgt aus dem Höhensatz und aus der auf ihn zurückgehenden Möglichkeit, *beliebige* Quadratwurzeln aus den konstruierbaren Größen zu ziehen.

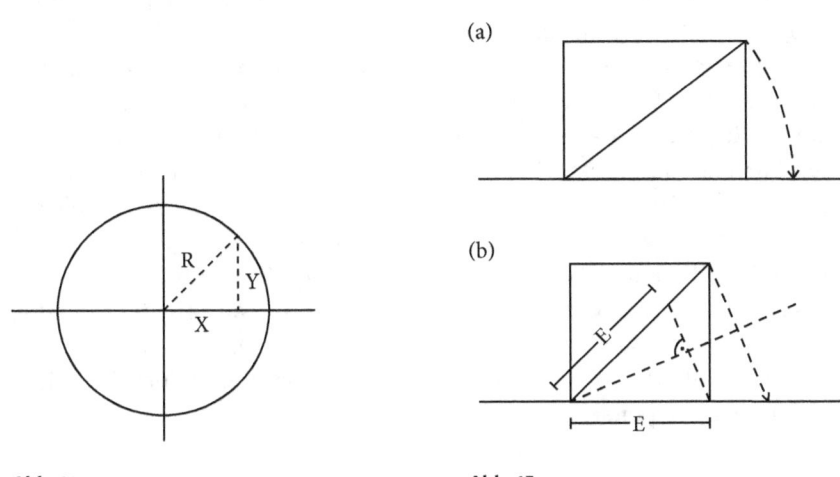

Abb. 14   Abb. 15

Wir sehen also eine Reihe ‚dialektischer Widersprüche', auf deren Grundlage man den Zahlenbereich allmählich erweiterte, indem man zuerst Zahlen als geometrische Proportionen deutete, um dann wieder die Strecken wie Gegenstände der Algebra zu behandeln. Das alles findet seine (wenn auch zunächst erst einstweilige) ‚Aufhebung' in der *cartesischen* Vorstellung von Zahlen auf der Abszisse oder *x*-Achse in einem zweidimensionalen Koordinatensystem, in das man Euklids geometrische Konstruktionen (stillschweigend) platziert. Die Punkte auf der Achse sind dann zwar als Wurzeln von (polynomialen) Gleichungen, also algebraisch definiert. Aber die Polynome haben als Operationen eine geometrische Deutung, zunächst für die pythagoräischen oder euklidischen Punkte auf der Abszisse. Ihre Werte liegen dann auf der *y*-Achse oder Ordinate. Die Nullstellen der Polynome auf der *x*-Achse können dann selbst als Werte für die Variablen gelten, für welche das Polynom dann ebenfalls wieder einen Wert auf der *y*-Achse liefert.

Die kanonische Form eines *rationalen Polynoms n*-ten Grades ist $a_n x^n + a_{n-1} x^{n-1} + \ldots a_0 x^0$, wobei $a_0, a_1, \ldots, a_n$ rationalzahlige Koeffizienten sind und $a_n \neq 0$ sein muss. Terminologisch und praktisch pflegt man das rationale Polynom mit der polynomialen Gleichung

$$a_n x^n + a_{n-1} x^{n-1} + \dots a_0 x^0 = 0$$

gleichzusetzten und in diesem Sinn von den Wurzeln oder Nullstellen von Polynomen zu sprechen. Mit der Hinzunahme der Nullstellen ist die Begrenztheit des Punktbereichs der synthetischen Geometrie überwunden. Die algebraische Erweiterung lässt also als Zahlen auch die Wurzeln der Gleichungen größerer Ordnung zu, womit über das Polynom $x^3 - 2 = 0$ z. B. auch das Problem der Würfelverdoppelung ‚algebraisch' gelöst wird.

Die größere expressive Kraft der analytischen gegenüber der synthetischen Geometrie hängt selbstverständlich damit zusammen, dass viele analytische Gleichungen Konstruktionen repräsentieren, welche nicht mit Zirkel und Lineal durchführbar sind. Im Unterschied zur Algebra kann die analytische Geometrie, dank ihres *geometrischen* Aspekts, überdies zeigen, warum gewisse Probleme, wie z. B. Cardanos *casus irreducibilis* – also der Fall einer Gleichung, welche zu einer nichtakzeptierbaren Wurzel aus einer negativen Zahl führt – ‚unlösbar' sind. Aus der Visualisierung der Kurve, welche z. B. die formal korrekte Gleichung $x^2 + 1 = 0$ beschreibt, folgt, dass sie nicht die Abszisse schneidet.[12] Die Existenz eines ‚Schnitts mit der Abszisse' wurde also jetzt zum allgemeinen Kriterium einer Wurzelexistenz gemacht.

4.5 Die Grenzen der analytischen Geometrie

Man sieht schon an einfachen Visualisierungen, dass die Polynome als potentielle Benennungen ihrer Wurzeln in der Regel diese *nicht eindeutig* bestimmen: Die entsprechenden polynomialen Gleichungen können ja mehrere Lösungen oder eben gar keine Lösung haben. Bereits seit Girard und Descartes verfügte man aber schon über den so genannten *Fundamentalsatz der Algebra*, nach welchem jedes rationale Polynom n-ten Grades höchstens n Wurzeln besitzt. Gauß hat später eine elegante Verallgemeinerung bewiesen, welche besagt, dass jedes Polynom n-ten Grades im Bereich der komplexen Zahlen genau n Wurzeln hat. Bei genauer Betrachtung des Beweises ist dieser eine gute *Begründung* für die Entscheidung, den bestehenden Größenbereich ‚auf algebraische Weise' zu erweitern. Er führt zum Konzept der so genannten *imaginären Zahlen* und damit der *komplexen Zahlen*, formal in ganz analoger Weise, wie wir zum Konzept der *algebraischen* oder auch *cartesischen Zahlen* als Nullstellen von Polynomen gelangt waren. (Siehe Abbildung 16.)

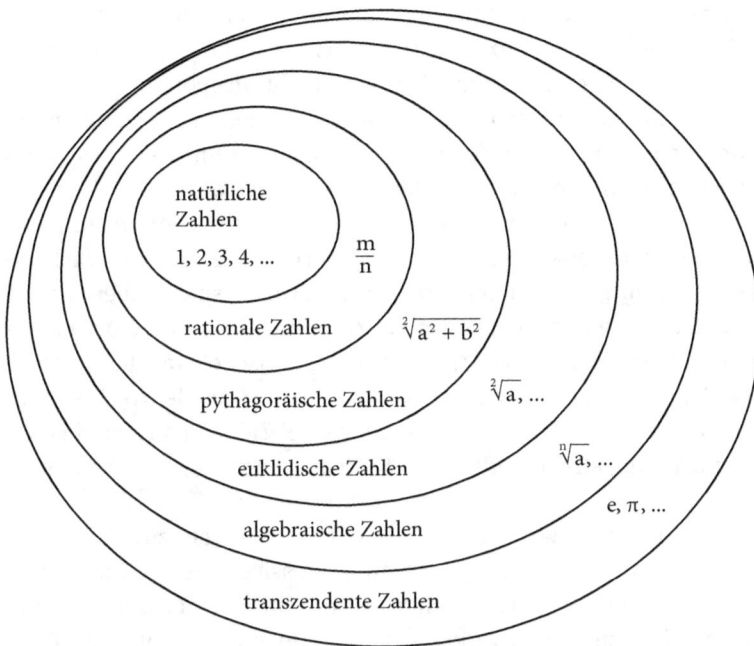

Abb. 16

Die Tatsache, dass man im Rahmen einer algebraisierten Geometrie die Größen als Wurzeln gewisser Gleichungen bzw. als Schnitte der vermittels dieser Gleichungen repräsentierten Kurven darstellen und demgemäß auch klassifizieren kann, hat sich als entscheidend für die endgültige Beantwortung der angegebenen klassischen Konstruktionsprobleme herausgestellt. Es ist jetzt möglich zu beweisen, dass die euklidischen Konstruktionen (Schnitte von Kreisen und Geraden) immer zu Lösungen von ‚irreduziblen' Polynomen (die sich nicht als Produkt zweier Polynome darstellen lassen) vom Grade 2^n führen. Zu dieser Klasse gehören die Wurzeln des Delischen Polynoms $x^3 - 2 = 0$ gerade nicht. Auch bei der Winkeldreiteilung, z. B. für den konkreten Fall des Winkels 60°, kommt man zu Wurzeln einer ‚irreduziblen' kubischen Gleichung.[13] Die analytische Geometrie zeigt sich hier also nicht nur in ‚expressiver', sondern auch ‚erklärender' Hinsicht allen ihren Vorgängern überlegen. Logisch und philosophisch interessant ist dabei, dass die Ausweitung der Gegenstandsbereiche eine Ausweitung von Unterscheidbarkeiten und damit von Artikulierbarkeiten samt expliziten Beweisbarkeiten bedeutet.

Um die neuen expressiven Grenzen kennenzulernen, die zeigen, dass es sich bei den algebraischen Zahlen nur um eine weitere Stufe in der Entwicklung des Zahlbegriffs handelt, erwähnen wir noch einmal das letzte unserer drei ‚unlösbaren' Probleme. Lindemanns (1882) Beweis, dass die Kreiszahl π auch diese algebraischen Methoden *transzendiert*, also nicht *algebraisch* sein kann, löst nach Bereitstellung der für den Beweis nötigen Methoden das Problem der Kreisquadratur *negativ*. Er bestätigt überdies – zusammen mit Hermites (1873) früherem Beweis der Transzendenz der Eulerschen Zahl e – die These, dass jede Begrenzung der reellen Zahlen auf ein festes System ihrer Benennungen (etwa auch durch berechenbare konvergente Folgen) wegen der indefiniten Möglichkeiten der Weiterentwicklung des Zahlenbereichs früher oder später überwunden werden muss. Diese These wird sich später, im Zusammenhang mit Cantors Diagonalkonstruktion (Kap. 7), als eine Art ‚innermathematische' Wahrheit herausstellen, nach welcher man zu jedem System von Benennungen der (reellen, z. B. algebraischen) Zahlen eine (reelle, z. B. transzendente) Zahl konstruieren kann, welche in der Aufzählung aller innerhalb des Systems benennbaren Zahlen nicht auftreten kann.

Im nächsten Kapitel entwickeln wir diese Bemerkungen zur Gründegeschichte des Zahlbegriffs aus der umgekehrten, regressiven, Perspektive, wenn wir zeigen, dass nicht alles, was historisch als eine Weiterentwicklung irgendeines Begriffs vorgeschlagen wurde, wirklich anerkannt werden konnte. Die Rede ist konkret vom Begriff der *infinitesimalen* Größen, und im Allgemeinen von der Idee, *das Unendliche* für eine Größe zu erklären.

5 Infinitesimale Größen

Das Problem der Quadratur des Kreises und dann auch der Längen- und Flächenberechnung gekrümmter Kurven führt zur Erfindung der mathematischen Analysis, also zur Differential- und Integralrechnung durch Leibniz und Newton. Wie die Bezeichnung sagt, ging es bei *Quadraturen* um eine Flächenbestimmung durch Angabe eines flächengleichen Quadrats bzw. Rechtecks. Grundsätzlich reduziert man in der Flächenrechnung komplexere Fälle auf einfachere: Das allgemeine Dreieck wird zerlegt in zwei rechtwinklige Dreiecke. Das rechtwinklige Dreieck ist ja ein diagonal halbiertes Rechteck. Zu einem Rechteck kann man nach dem Höhensatz als einem Korollar des Satzes des Pythagoras ebenso wie zu zwei Quadraten ein flächengleiches Quadrat sogar schon durch eine einfache Konstruktion der synthetischen (euklidischen) Geometrie finden usw. Die Analysis löst das Problem für ‚alle' Flächen, die durch ‚integrierbare' Kurven begrenzt sind.

Die Geschichte verschiedenster Quadraturen ist jedenfalls sehr alt und mannigfaltig. In der Antike schaffte Hippias eine Quadratur des *Kreises* mit Hilfe seiner kinematisch erzeugten *Quadratrix*. Archimedes erfand neben den Quadraturen von *Parabel-* und *Spiralen*segmenten die berühmte Berechnung des *Kugel*volumens mit Hilfe des *Hebelgesetzes*. Darin hatte er die aufgehängten Körper – nämlich Kugel, Kegel und Zylinder – ins Gleichgewicht gebracht, und zwar unter der Leitidee, dass sie aus ‚unendlich' vielen ‚infinitesimalen' Scheiben zusammengesetzt wären, die man in der Vorstellung separat ‚wiegen' könnte. Damit wird das grundsätzliche Verfahren schon grob erahnbar: Man sucht nach beliebig genauen Flächenäquivalenzen ‚im Kleinen', die man auf verschiedene Weise ‚aufsummiert'.

Trotz der genialen Idee hatte man zu Recht Bedenken gegen die archimedische Beweismethode und zuvor schon gegen Hippias vorgebracht. Dabei war nicht bloß die Benutzung ‚mechanischer' Vorstellungen und die Idee ‚unendlich dünner' Flächen kontrovers. Man war auch unzufrieden damit, dass man weder eine allgemeine Methode für solche Quadraturen zur Verfügung hatte, noch mit Gewissheit sagen konnte, ob oder wann unendliche Additionen unendlich kleiner Größen zu einem vernünftigen endlichen Wert führen. Demgegenüber hatte die vorab festgesetzte *kanonische* Methode der Konstruktion mit Zirkel und Lineal klare Vorteile, besonders auch mit Blick auf die allgemeine Reproduzierbarkeit der Ergebnisse und die Sicherheit demonstrativer Beweise als zwei Momenten von Exaktheit.

Wegen der Unsicherheit, ob das Verhältnis des Umfangs zum Durchmesser im Kreis als Proportion in das System der Längenverhältnisse der Euklidischen Formen passte, wurde dann auch die *Kreiszahl* lange Zeit nicht im Sinne eines selbständigen Gegenstandes oder eben als Zahl anerkannt. Seit Archimedes wusste man aber, dass dieses Verhältnis größeninvariant ist und damit die wichtigste Bedingung formentheoretischer Respektabilität erfüllt. Überdies konnte man die Kreisfläche durch innere und äußere Vielecke mit regelmäßigen Polygonzügen als Grenzen und damit auch die Kreislinie in beliebiger Genauigkeit approximieren.

5.1 Differentiation und Integration

Die Beiträge von Isaac Barrow, dem mathematischen Lehrer Newtons, und dann auch von Leibniz und Newton selbst zur Entwicklung der mathematischen Analysis liegen weniger in der (unbezweifelbaren) Originalität der von ihnen durchgeführten Quadraturen, als vielmehr in einer Art *Kanonisierung* oder *Standardisierung* der Methode. Von einem logischen Standpunkt betrachtet ist dabei die Idee zentral, zu den Systemen der geometrischen Proportionen der Antike und der algebraischen Längen oder Zahlen des Descartes noch zwei weitere Größenarten hinzuzunehmen, welche später als Erweiterung der reellen Zahlen einerseits und als Einführung von infinitesimalen Größen oder Fluxionen andererseits erkennbar werden. Die Kanonisierung der Methode besteht dabei in folgenden ‚Eckpunkten':
(1) Zunächst werden die Probleme der Bestimmung von Quantitäten auf zwei Basistypen reduziert. Der erste Falltyp (a) betrifft die Bestimmung der Steigung der Tangente und ihre Begründung über die *Methode der infinitesimalen Differenzen*. Kalkülmäßig durchgeführt wird dies über das Verfahren der *Differentiation*. Der zweite Falltyp (b) betrifft die Flächenbestimmung unter einer Kurve, ihre *Integration*, deren kalkülmäßiges Ergebnis begründet wird durch die (im Grunde archimedische und auch schon etwa bei Kepler zu findende) *Methode der unendlichen Summierung infinitesimaler Größen*.
(2) Man kann dann sehen, dass die Operationen der Integration und Differentiation von Kurven in einem gewissen Sinn *invers* sind, und zwar besonders auch im Hinblick auf die Änderung der Dimensionen – ähnlich wie die Multiplikation, die zu einer Flächengröße führt, und die Division, die zu einer Proportion, Zahl oder Länge führt.

Die Grundidee hinter den Punkten (1) und (2) lässt sich im Einklang mit den ursprünglichen Überlegungen bei Leibniz kurz wie folgt wiedergeben: Eine Kurve k wie in Abbildung 17 gezeichnet bestimmt eine Reihe von Ordinatenwerten $y_1, y_2, \ldots$, die alle denselben Abstand Δx haben. Das Verhältnis eines Unterschiedes Δy zweier benachbarten Ordinatenwerte, z. B. von $y_2, y_3, \ldots$, zum Abstand Δx, also das Verhältnis der Seiten des so genannten *charakteristischen Dreiecks PQR*, entspricht ‚annähernd' dem Verhältnis der Seiten des Dreiecks *ABP*, das von den Segmenten der Tangente *t* von *k* in *P*, der Subtangente *AB* und der Ordinate y_2 begrenzt wird. Die Steigung der Linie *PR* stellt eine *Approximation der Steigung* von *t* dar. Gleichzeitig approximiert die Summe aller Rechtecke $y_i \Delta x$ die Fläche zwischen der Kurve *k* und der Abszisse *x* mit einer Genauigkeit, die von der Differenz Δx zwar abhängt, die aber beliebig klein wählbar ist.

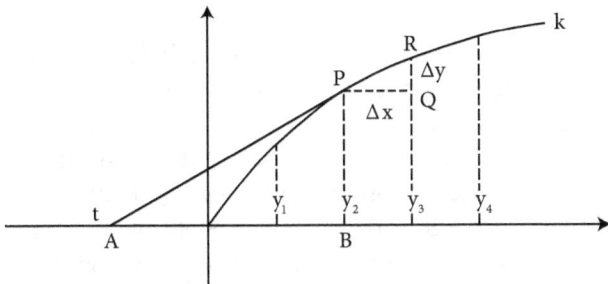

Abb. 17

Stellt man sich jetzt eine Art Situation des Übergangs vor, in welcher zwar noch ein Abstand Δx vorhanden ist, der jedoch *kleiner als jede endliche* Größe $\frac{1}{n}$ und in diesem Sinn als ‚unendlich klein' vorgestellt wird, dann scheint es, dass unter diesen Umständen die ‚quadratischen' Annäherungen durch die geradlinig begrenzten Flächen oder Polygonzüge in ihre ‚gekrümmte' Ur-Bilder übergehen ‚müssen'. Im Fall der Flächenberechnung führt daher Leibniz folgende ‚sprechende' oder auch konnotativ ‚suggestive' Notation ein:

$$\int y dx.$$

Sie erinnert an die archimedische Summation von unendlich vielen unendlich kleinen Flächen $y dx = y(x)dx = f(x)dx$ mit *y* als Funktionswert der Kurve $y = y(x) = f(x)$. Im Fall der Tangentenbestimmung wird dieselbe ‚Gleichsetzung' einer ‚infinitesimalen' Annäherung an die anzunähernde Tangente bzw. den ‚numerischen' Zahlenwert ihrer Steigung vorgenommen. Der Zusammenhang beider Probleme wird auf diese Weise völlig klar, samt der basalen Approximationsidee.[1] Diese findet ihren – zunächst leider bloß mnemotechnischen – Ausdruck in der Notation des *infinitesimalen Verhältnisses* $\frac{dy}{dx}$ bei Leibniz.

Im Unterschied zur heutigen Praxis, die eher auf die Arbeiten von Barrow, Leibniz und Euler zurückgeht, macht Newton vom Konzept einer *abhängigen* Größe keinen Gebrauch, so dass unsere obige Notation einer Funktion $y = f(x)$ sozusagen über das hinausgeht, was bei Newton zu finden ist. Stattdessen behandelt er die Variablen *x*, *y* und ihre Zuwächse *dx*, *dy* so, als wären sie selbständig oder als wären beide abhängig von einer dritten Grösse, welche bei Newton die Zeitvariable *t* darstellt. Das führt zur Benennung seiner infinitesimalen Größen als ‚*Fluxionen*' und zur Rede von unendlich kleinen ‚Inkrementen' oder ‚Zuwächsen'.

5.2 Von Fluenten (und Fluxionen) zu Grenzwerten

Die kinematischen Vorstellungen Newtons, welche, wie Alberto Coffa meint,[2] für Kants berüchtigte, also umstrittene, Verankerung der Arithmetik in einer mystischen transzendentalpsychologischen *inneren* Form der Anschauung, nämlich der Zeit, verantwortlich sein könnten, obwohl Kant viel wahrscheinlicher einfach an die Prozesse des Zählens dachte, kann man ganz allgemein im Rahmen der aristotelischen Antwort auf Zenons Paradoxien verstehen: Stellt man sich die Linien als sortale Mengen (oder *Aggregate*) von Punkten vor, so muss ein Objekt, das sich auf einer gewissen Bahnkurve bewegt, alle Punkte durchlaufen, wie das im Fall eines Pfeiles, der von Punkt *A* zu Punkt *B* fliegt, klar sein sollte. Stellt man sich die Bewegung als Sprung von einem diskreten Punkt zum anderen vor, so wie Zenon die Bewegung des Achilles beim Einholen der Schildkröte sozusagen als Folge von ruckartigen Bewegungen von einem Punkt zum nächsten schildert, denen eine Folge zeitlicher Takte entspricht, so scheint es nötig, dass der Pfeil ebenfalls unendlich viele Ruckbewegungen machen müsste, um überhaupt von *A* nach *B* zu gelangen. Wenn man daher weder ein Konzept der Stetigkeit der Linie noch der Zeit hat, dann scheint Bewegung offensichtlich unmöglich zu sein.

Nun ist aber Bewegung nicht nur *möglich*, sondern auch empirisch *wirklich*. Daher dürfen die Teilpunkte der durchlaufenen Strecken und die Takte als Teilmomente der Zeitdauer nicht als ‚wirkliche', empirische, Stellen oder Augenblicke aufgefasst werden, da diese selbstverständlich alle eine positive Ausdehnung haben.[3] In der realen Welt gibt es keine reinen, unausgedehnten Punkte oder Momente. Diese existieren nur in der idealen, mathematischen, Vorstellung und stellen hier bloß eine allgemeine Form potentieller Teilungen einer Linie oder einer Dauer dar. Henri Bergson[4] kennt und kritisiert in diesem Zusammenhang schon unsere *kinematographische* Neigung, die Wirklichkeit als eine schnelle Folge diskreter Bilder etwa eines Filmstreifens aufzufassen, oder, wie in modernen Versionen des antiken Pythagoräismus, als Folge digitaler Pixel, die man ihrerseits wieder numerisch durch Zahlen kodieren kann, so dass in populären Fernsehsendungen für ein breites Publikum die Formel „alles ist Zahl" ebenso naiv verbreitet wird wie die Mystifizierung der ‚Geheimnisse' der Mathematik.

Eine gewisse Parallele zwischen dem Denken Newtons und Bergsons ergibt sich daraus, dass Newton ebenfalls mit der Stetigkeit von Zeit und Bewegung kämpft. Er fasst geometrische Gebilde wie eine Linie als Bahn der Bewegung eines Punktes auf. Eine Fläche erscheint so als durch eine Bewegung von Linien und ein Volumen als durch eine Bewegung von Flächen erzeugt. Die Variablen x, y stellen dabei selbst schon eine Art ‚fließender Quantität' oder *Fluente* dar, welche in der Zeit an ‚Geschwindigkeit' zunehmen oder abnehmen können soll. Diese Vorstellungen sind zu gleichen Teilen wichtig und unausgegoren. Erst die späteren Notationen (für die am Ende doch Leibniz verantwortlich zeichnet) machen einigermaßen klar, wie sie zu lesen sind. Die momentane Geschwindigkeit von x, in dem unendlich kleinen Augenblick, nennt Newton eine *Fluxion* $\dot{x}$, die man in der schon beschriebenen Weise der leibnizschen Notation als Verhältnis $\frac{dx}{dt}$ verstehen kann, in welchem dx ein unendlich kleiner Zuwachs (also eine Art Bewegungs-*Moment*) in einem unendlich kleinen Zeitabschnitt dt ist. Die Aufgabe des Fluxionenkalküls ist es, die Fluxion aus einer gegebenen Fluente und *vice versa* zu berechnen. Stellt man sich also die Kurve k als durch das kontinuierliche Fließen des Punktes P erzeugt vor, so ist die inverse Beziehung einer Tangenten- und Flächenberechnung daraus zu ersehen, dass mit der Bewegung von P auch die Fläche zwischen der Kurve, Abszisse und Ordinate von P fließt. Als solche stellt sie also eine *Fluente z* dar, deren Zuwachs dz ein unendlich kleines Rechteck ydx bildet. In Bezug auf die momentane Geschwindigkeit $\dot{x}$ von x ist die momentane Geschwindigkeit $\dot{z}$ dieses Fließens durch das Verhältnis $\frac{dz}{dt} = \frac{ydx}{dt} = y\dot{x}$ gegeben.

Durch den Übergang zur expliziten funktionalen Darstellung der Kurve k als $y = f(x)$ kann man den Hinweis auf die Zeitkoordinate weglassen und das Problem der Tangentenberechnung als Bestimmung des Steigungsfaktors a im analytischen Ausdruck einer Geraden $y = ax + b$ auffassen. Mit der Zunahme von x um den Wert Δx verändert sich die (funktional abhängige) Variable y um den Wert $\Delta y = f(x + \Delta x) - f(x)$ und das Verhältnis $\frac{\Delta y}{\Delta x}$ bestimmt die so genannte mittlere Steigung von f im Intervall $[x, x + \Delta x]$, den so genannten *Differenzenquotienten*. Im Fall der Tangente in P erhält man so die Steigung der Sekante s von f durch P und R. Für die kleiner werdenden Differenzen Δx strebt die Sekante s gegen die Tangente t, ihre Steigung ist somit als $\frac{dy}{dx} = \frac{f(x + dx) - f(x)}{dx}$ gegeben. (Siehe Abbildung 18.) Diesen Ausdruck betrachtet Newton als ‚das letzte Verhältnis der verschwindenden Größen', in welchem der *Differenzenquotient* zu einem *Differentialquotienten* wird (oder werden soll).

5 Infinitesimale Größen

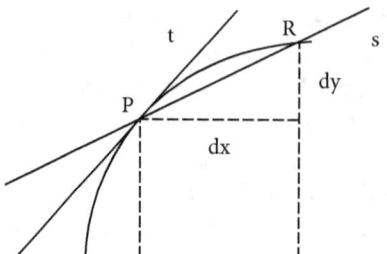

Abb. 18

Newton selbst spielt dabei auf die Möglichkeit an, solche Ausdrücke nicht als „Summen und Verhältnisse bestimmter Teile, sondern die Grenzwerte von Summen und Verhältnissen"[5] zu deuten, also die Rede vom unendlich Kleinen in den modernen Limesbegriff $\lim_{\Delta x \to 0} \frac{\Delta y}{\Delta x}$ zu überführen (obwohl diese Notation so nicht auftritt):

> Jene letzten Verhältnisse, mit denen die Größen verschwinden, sind in der Wirklichkeit nicht die Verhältnisse der letzten Größen, sondern die Grenzen, denen die Verhältnisse fortwährend abnehmender Größen sich beständig nähern, und denen sie näher kommen, als jeder angebbare Unterschied beträgt, welche sie jedoch niemals überschreiten und nicht früher erreichen können, als bis die Größen ins Unendliche verkleinert sind.[6]

Daraus ergibt sich, dass sich Newton anscheinend, wie übrigens auch Leibniz, mancher Restprobleme der jeweils vorgeschlagenen Kalküle bzw. der beweisenden Denkformen zumindest partiell bewusst war. Andererseits erfüllt sein Begriff der Grenze, des Annäherns usw., weil er stets kinematisch, also anschaulich, von der Zeit abhängig und eben damit empirisch bestimmt ist, die Bedingungen formentheoretischer Rede keineswegs.

5.3 Infinitesimalrechnung

Als Funktion von x aufgefasst, nennt man heute den (reellzahligen) Wert $\frac{dy}{dx}$ als Grenze oder Limes einer unendlichen Annäherung die *erste Ableitung* $f'(x)$ von $f(x)$, woraus sich die bis heute gebrauchte Schreibweise $dy = df = f'(x)dx$ ergibt. Ist die Fläche unter der Kurve $f(x)$ als die Funktion $G(x)$ von x gegeben, gelangt man aufgrund der Überlegung im Abschnitt 5.2, nach welcher die Differenz $G(x + dx) - G(x)$ dem unendlich kleinen Rechteck $f(x)dx$ entspricht, zur Gleichung $f(x) = \frac{G(x+dx) - G(x)}{dx}$. (Siehe Abbildung 19.) Dieser Gleichung zufolge wird f als die Ableitung von G dargestellt. G heißt die *Stammfunktion* von f, symbolisch $G'(x) = f(x)$. Daraus ergibt sich zunächst eine vorerst bloß *symbolische* und noch keineswegs ‚exakte' Begründung des so genannten *Fundamentalsatzes der Analysis*

$$G(x) = \int f(x)dx = \int G'(x)dx = \int \frac{dG}{dx} dx = \int dG,$$

in welchem die Komplementarität beider Methoden ausgedrückt wird, wenn man die notierte Gleichheit abstrakt als Satz über die Stammfunktion G und nicht über ihre Werte liest.

In einer Rekonstruktion des entsprechenden Algorithmus der infinitesimalen Methode, zuerst für Polynome und Potenzreihen $y = f(x)$, steht der *binomische Lehrsatz* am Anfang der Potenzentwicklung von $f(x + a)$. Er lautet für die n-te Potenz:

$$(a+x)^n = a^n + \frac{n}{1}a^{n-1}x + \frac{n(n-1)}{1 \times 2}a^{n-2}x^2 + \ldots x^n.$$

Mit seiner Hilfe kann man am Fall eines einfachen Polynoms, sagen wir $f(x) = x^3$, die einzelnen Schritte des Kalküls folgendermaßen erläutern und dann schematisieren:
(1) Man berechnet die Differenz $f(x + dx) - f(x)$, was für $f(x) = x^3$ nach dem Binomium den Ausdruck $(x + dx)^3 - x^3 = 3x^2dx + 3xdx^2 + dx^3$ liefert.
(2) Man transformiert diese Differenz in die Form $dx(A(x) + B(x, dx))$, wobei dx in B immer als Faktor vorkommt, in unserem Fall also $dx(3x^2 + 3xdx + dx^2)$.
(3) Man dividiert die Differenz durch dx, um $3x^2 + 3xdx + dx^2$ zu erhalten.
(4) Man vernachlässigt die Glieder mit dx als Faktor, also das ganze $B(x, dx)$, als unendlich klein, so dass nur der Ausdruck $A(x)$, also $3x^2$, übrigbleibt.
(5) Damit ist der Quotient $\frac{dy}{dx}$, d. h. die Ableitung $f'(x) = A(x)$ der Funktion f, bestimmt, was man durch die Gleichung $dy = A(x)dx$, also $d(x^3) = 3x^2dx$, symbolisieren kann.

Durch direkte Verallgemeinerung des obigen Verfahrens gelangt man zunächst zum Verhältnis $d(x^n) = nx^{n-1}dx$ und durch Anwendung des Fundamentalsatzes, also durch die Umkehrung der Differentiation, zur Gleichung

$$\int x^n dx = \frac{x^{n+1}}{n+1}.$$

Die eigentliche Stärke des Kalküls und seine begrifflich-historische Bedeutung erweisen sich aber eigentlich erst mit Newtons Verallgemeinerung des Binomiums für den Fall negativer und rationaler Koeffizienten. Das ermöglichte ihm, den Lehrsatz auf die Gleichung des Einheitshalbkreises $y = \sqrt{1-x^2} = (1-x^2)^{\frac{1}{2}}$ anzuwenden, um dann über die Potenzreihenentwicklung

$$(1-x^2)^{\frac{1}{2}} = 1 - \frac{1}{2}x^2 - \frac{1}{8}x^4 - \frac{1}{16}x^6 - \ldots$$

durch schrittweises Integrieren zum Ausdruck

$$\int (1-x^2)^{\frac{1}{2}} dx = 1x - \frac{1}{2 \times 3}x^3 - \frac{1}{8 \times 5}x^5 - \frac{1}{16 \times 7}x^7 - \ldots$$

zu gelangen, der die Kreisfläche beliebig genau approximiert. Uns geht es hier aber nicht um diese Gleichungen selbst (der wirkliche Verlauf der Entwicklung des Kalküls vollzog sich übrigens in genau umgekehrter Richtung, also von einer Potenzentwicklung der Kreisfläche zur Verallgemeinerung des Binomiums),[7] sondern um den Umstand, dass man jetzt anfing, mit *unendlichen* Polynomen, also Potenzreihen, systematisch zu operieren. Damit erweiterten sich die Methoden der analytischen Geometrie ganz wesentlich, ohne dabei die Vorteile ihrer Übersichtlichkeit zu verlieren. Im Prinzip wusste man, wie mit solchen Ausdrücken arithmetisch operiert wird, also wie sie übersichtlich, kalkülmäßig, zu behandeln sind. In diesem Sinn stellen sie einen wichtigen Meilenstein auf dem Weg zu einem guten Verständnis des wahrhaft Unendlichen in der Mathematik dar.

Das ‚Unendlichkleine' der infinitesimalen Größen oder Zahlen lässt sich aber zunächst nicht in dem Sinne ‚aufheben', dass diese Gegenstände und ihre Ausdrücke in akzeptablen Beweisen der mathematischen Analysis auftreten könnten, jedenfalls nicht im Rahmen dessen, was der Mathematik im damaligen Denk- und Argumentationsrahmen auch nur im Prinzip zur Verfügung stand. Ein Problem des rechnenden Beweisens mit Differentialformen zeigt sich z. B. schon an der newtonianischen ‚Herleitung' der Multiplikationsregel der Form $d(xy) = xdy + ydx$. Man schreibt: $d(xy) = (x+dx)(y+dy) - xy = xdy + ydx + dxdy = xdy + ydx$. Dabei tritt sofort die Frage auf, welche auch Hegel stellt,[8] warum man zwar das unendlich kleine Quadrat $dxdy$, nicht aber das unendlich dünne Rechteck xdy *einfach streichen* können soll. (Siehe Abbildung 20.) Das aber bedeutet, dass die Größen und Zahlen, welche zumindest dem Namen nach die theoretische Basis der *Infinitesimal*rechnung auszumachen scheinen, infrage stehen.

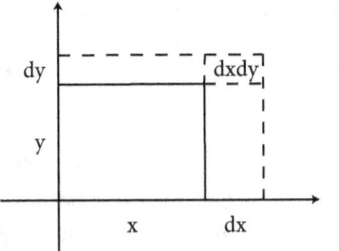

Abb. 20

5.4 Genie und Wahnsinn

Diese und viele andere theoretische Lücken in den grundlegenden Redeweisen, Beweisen und dann auch Rechenverfahren der mathematischen Analysis hat George Berkeley in seinem scharfsinnigen Essay *The Analyst* kritisiert. Im Anschluss an seine frühere Kritik an Newtons Kraftbegriff, den er als obskure Ursache eines materialistischen Okkultismus angreift, bezweifelt Berkeley auch die selbständige Existenz von Newtons infinitesimalen Größen:

> Und was sind diese Fluxionen? Die Geschwindigkeiten von verschwindenden Zuwüchsen. Und was sind diese verschwindenden Zuwüchse? Sie sind weder endliche Größen, noch unendlich kleine Größen noch auch nichts. Dürfen wir sie nicht die Gespenster abgeschiedener Größen nennen?[9]

Es ist wohl reine Ironie, wenn Berkeley diesem doppelten Charakter der noch bestehenden und zugleich verschwindenden Größen zuschreibt, dass der Kalkül am Ende doch auch oft zu richtigen Ergebnissen führt. Positiv gelesen, gesteht er ihm eine heuristische Rolle zu. Die ‚Fehler', welche sich aus sich widersprechenden Voraussetzungen ergeben, z. B. aus der Möglichkeit, mit dx zu dividieren, wie im Schritt (3) im obigen Beweis, in dem gerade davon Gebrauch gemacht wird, dass $dx \neq 0$, sollen sich am Ende gegenseitig kompensieren, etwa in der Vernachlässigung von Summanden, in denen dx als Faktor vorkommt, wie im Schritt (4). Offen ist ‚nur', wann man sozusagen $dx = 0$ setzen darf, und wann nicht.[10]

In seiner *Wissenschaft der Logik* übernimmt Hegel Berkeleys Kritik, ohne den Autor zu nennen, obwohl er sich ganz offensichtlich inhaltlich auf diese Kritiktradition stützt. Er geht allerdings über die Kritik insofern hinaus, als er das methodisch Haltbare und Wichtige retten bzw. in einer genauen Begriffsanalyse aufheben möchte. Das logische Hauptproblem identifiziert er ganz korrekt in einer zu ‚schlichten', naiven, Annahme eines Gegenstands- oder Variablenbereichs infinitesimaler *Größen*.

> Eine Größe wird in der Mathematik definiert, dass sie etwas sei, das vermehrt und vermindert werden könne, – überhaupt also eine gleichgültige Grenze. Indem nun das Unendlichgroße oder -kleine ein solches ist, das nicht mehr vermehrt oder vermindert werden könne, so ist in der Tat *kein Quantum* als solches mehr.[11]

Die Differentialformen dx, dy, ... sind keine Größen, weil sie weder addiert oder subtrahiert werden können noch sich in die archimedische Ordnung der rationalen und reellen Zahlen einfügen. D. h., Aussageformen wie $dx = dy$, $dx < dy$ oder $dz = dx + dy$ sind gar nicht definiert. Die bloße indefinite Verneinung der Endlichkeit liefert noch keinen positiven Begriff des *Un*endlichen. Die fiktive Rede von einem Quantum, also einer Größe oder Zahl v, die *größer* als jede (endliche) Größe oder Zahl n sei, und dann auch einer Größe $\frac{1}{v}$, die größer als Null, aber kleiner als jede endliche Größe $\frac{1}{n}$ sein soll, ist zunächst bloß sinnleer, ein Kategorienfehler:

> Das Unendlichkleine bedeutet zunächst die Negation des Quantums als eines solchen, d. i. eines so genannten *endlichen* Ausdrucks, der vollendeten Bestimmtheit, wie sie das Quantum als solches hat.[12]

Der Fall ist analog dazu, dass die bloße Verneinung der allgegenwärtigen Ungerechtigkeit oder Unvollkommenheit der Menschen keine *höhere* oder *höchste Gerechtigkeit* bzw. kein *höchstes Gut* definieren kann. Hegel sieht dabei klar, dass zwischen einem schlechten Unendlichen und einem wahren Unendlichen zu unterscheiden ist:

> Nur das Schlecht-Unendliche ist das *Jenseits*, weil es *nur* die Negation des als *real* gesetzten Endlichen ist [...]; festgehalten als nur Negatives, *soll* es sogar *nicht da*, soll unerreichbar sein. Diese Unerreichbarkeit ist aber nicht seine Hoheit, sondern sein Mangel, welcher seinen letzten Grund darin hat, dass das Endliche als solches *als seiend* festgehalten wird.[13]

Denn wenn eine Rede über etwas Unendliches bloß durch die Negation einer Endlichkeit definiert wird, wie zum Beispiel in der Angabe, man solle die endliche Folge 0, 1, 1, 2, 3, 5, 8, 13, ... bis ins Unendliche fortsetzen, so ist noch gar nichts über die Richtigkeit einer Fortsetzung bestimmt, so wenig wie in Arthur Conan Doyles Romanen etwas über den Beruf des Urgroßvaters von Sherlock Holmes bestimmt wäre. Erst wenn wir das explizite Folgengesetz, die allgemeine Rechenregel, für die interessante Fibonacci-Folge (a_n) betrachten, ist deren ‚wahre' Unendlichkeit in einem endlichen Ausdruck festgelegt, etwa so: $a_0 = 0$, $a_1 = 1$, $a_{n+1} = a_{n-1} + a_n$. Die schwierige Aussage in Hegels letztem Halbsatz des obigen Zitats widerspricht dem nicht, wenn wir sie so lesen: Jedes Fürsichsein ist schon seiner Entstehung nach *indefinit*. Es gibt immer indefinit-unendlich viele verschiedene Präsentationen oder Repräsentationen eines Gegenstandes, auf den wir uns gemeinsam beziehen können, sei er ein physisches Ding oder eine mathematische Form oder reine Zahl. Der Fehler, das „Endliche als solches *als seiend* festzuhalten", besteht also darin, naiv Entitäten als unmittelbar gegebene Redegegenstände anzunehmen oder zu unterstellen, ohne ihre logische Konstitution zu bedenken.

Das logische Problem der von Hegel so genannten schlechten Unendlichkeit hängt eng zusammen mit einer Analyse des *unendlichen* Urteils. Angewendet auf Einzelnes nennt und kommentiert Hegel in der *Enzyklopädie* folgende Beispiele:[14]

> der Geist ist kein Elephant, ein Löwe ist kein Tisch usf. – Sätze, die richtig aber widersinnig sind, geradeso wie die identischen Sätze: ein Löwe ist ein Löwe, der Geist ist Geist.

Denn wir können mit ihnen keine Aussagen machen, sondern nur an kategoriale Voraussetzungen der Bestimmungen von Gegenstandsbereichen oder ‚Gattungen' von ‚Dingen' erinnern. Tautologien erinnern entsprechend an unsere Definitionen. Dabei kann man den allgemeinen Charakter von Hegels ‚Dialektik' vernünftiger Entwicklung durch Aufhebung von Kategorienüberschreitungen gerade am Beispiel der Mathematik, der Zahlen und Mengen, gut erläutern. Besonders plastisch wird das, wenn wir noch das Sprichwort heranziehen, dass *Genie und Wahnsinn* nahe beieinander liegen. Das bezieht sich nicht etwa darauf, dass die betreffenden Menschen besonders feinfühlig wären, sondern dass ein geniales ‚*framebreaking'* durchaus nahe beim reinen Unsinn eines bloßen Kategorienfehlers liegt, wenn man z. B. wie Descartes die reinen Proportionen gegen alles Wissen von den kategorialen Dimensionen und der Dimensionslosigkeit reiner Zahlen mit Längen identifiziert. Doch nicht jeder Kategorienfehler lässt sich als geniale Überschreitung allzu enger Grenzen des Denkens und Redens oder als Revolution wissenschaftlicher Paradigmen im Sinne von Thomas Kuhn begreifen und als dialektische Aufhebung im Sinne Hegels verteidigen. Manche sind nur falsch oder gar verrückt. Entsprechend nahe liegen die genialen Leistungen von Newton und Leibniz an kategorial falschen, ‚schlechten', Anwendungen.

Das Problem der infinitesimalen Zahlen besteht also, wie wir jetzt sehen, nicht etwa darin, dass sie irgendwie *unendlich* sind, was gewissermaßen für jeden Gegenstand gilt, sondern dass sie allzu *einfach* (= zu schlicht) *definiert* oder postuliert werden. Außerhalb des holistischen Kontextes in Ausdrücken wie $\frac{dy}{dx}$ haben die *synkategorematischen* Ausdrücke dx und dy keine Bedeutung. Die Variablen in ihnen erinnern z. B. daran, nach welcher Variable ‚differenziert' oder ‚integriert' wird, wenn man etwa $\frac{df}{dx}$ oder $\int f dx$ schreibt.

5.5 Kalkülmäßige Begründung des Kalküls

Hegel selbst folgt angesichts der Probleme der Begründung des Infinitesimalkalküls grundsätzlich dem Lösungsansatz von Lagrange. In seinem Reformversuch der Analysis schließt Lagrange nicht nur den Begriff des unendlich Kleinen, sondern auch alle Bilder etwa zum ‚charakteristischen Dreieck' bei der Tangentenbestimmung, und auch die damals noch allzu vagen, weil bislang lediglich anschaulichen Annährungs- und Limesbegriffe aus. Der Satz in der Einführung zu seiner *Mécanique analytique*: „man wird in diesem Buch keine Abbildung finden,"[15] ist bezeichnend und wird entsprechend häufig zitiert.

Lagranges Vorschlag geht von der Idee aus, das Grundproblem des Kalküls der Differentiation als Frage nach der Möglichkeit zu verstehen, die gegebene Funktion f in Bezug auf die Veränderung h von x in die Form

$$f(x + h) = f(x) + ph + qh^2 + rh^3 + \ldots$$

zu übersetzen. Die Ableitung $f'(x)$ ist dann einfach als der Koeffizient p ihres linearen Gliedes definiert. Lagranges Idee steht dabei im Einklang mit der Entscheidung, den Kalkül zunächst für Polynome und Potenzreihen zu entfalten. Wenn Lagrange dabei von ‚Entwicklungen' spricht, verweist er auf nichts anderes als die so genannte *Taylor-Reihe*, in welcher die weiteren Koeffizienten mit Hilfe der höheren Ableitungen von f bestimmt werden (und umgekehrt).

Der Vorwurf einer gewissen ‚Zirkelhaftigkeit' liegt nahe. Man könnte sagen, dass Lagrange beides, einen Unendlichkeits- und einen Grenzwertbegriff, in der Potenzreihenentwicklung längst schon voraussetzt. Die Kritik ist in einem gewissen Sinne berechtigt, geht allerdings an der Pointe seiner Reform vorbei. Es ging nicht darum, diese Begriffe überhaupt zu eliminieren, was der Sache nach unmöglich ist, sondern nur darum, ihre allzu schlichte, naiv-anschauliche, Begründung begrifflich zu verbessern. Grob gesagt, anerkennen Lagrange und der ihm folgende Hegel zumindest die folgenden zwei ‚harmlosen' Prinzipien der Limesbetrachtung: Erstens sind wegen des archimedischen Prinzips zwei Größen a und b identisch genau dann, wenn für jede natürliche Zahl n gilt, dass $-\frac{1}{n} < a - b < \frac{1}{n}$.

Zweitens sind stetige Ergänzungen von Funktionen unproblematisch. So ist zwar *pro forma* die Funktion $g(h) = \frac{f(x+h) - f(x)}{h}$ als Funktion in h an der Stelle $h = 0$ *prima facie* gar nicht definiert, da man durch Null nicht teilen kann. Aber für ein Beispiel der Art $f(x) = x^2$ ist völlig klar, dass der Wert der stetigen Ergänzung dieser Funktion an der Stelle $h = 0$ gleich $2x$ ist.[16]

Man hat so zwar noch keine korrekte allgemeine Definition des Grenzwerts oder Limes zur Verfügung, wie sie später von Cauchy entworfen und bei Karl

Weierstraß quantorenlogisch klar und deutlich expliziert wurde (nämlich im Rahmen der so genannten ‚Epsilontik'). Aber man sieht sofort, dass Lagrange den gesunden Kern der Differentialrechnung erkennt und alle ‚infinitesimalen Rechnungen' einfach entmystifiziert: Es geht darum, die gegebene Funktion f in der Umgebung $x + h$ von x mit Hilfe einer Geraden $f(x) + ph$, d. h. einer Tangente von f in x, *linear* zu approximieren, und zwar mit dem Fehler $r(h) = qh^2 + rh^3 + ...$, welcher so klein ist, dass er auch nach Division durch h gegen 0 geht, sofern h gegen 0 geht. Die höheren Ableitungen sind dann *polynomiale* Approximationen des entsprechenden Grades. Man sucht also nach einer Gleichung $f(x) + ph + qh^2 + rh^3 + ... th^n$, deren Restfunktion $r_n(h) = uh^{n+1} + vh^{n+2} + ...$ auch nach Division durch h^n gegen 0 geht, wenn h gegen 0 geht.

Dabei unterscheidet sich für allgemeine Funktionen das Restproblem, in welchem Variablenbereich der zu ergänzende Wert landet, auf keine Weise von der Frage, wie der Zahlenbereich ggf. zu erweitern ist, um für alle erlaubten Folgen einen Limes oder Grenzwert als Wert im Bereich, also als Zahl, zur Verfügung zu stellen. Damit bleiben auch Hegels Korrekturen an Newtons Methode und seine Reaktion auf die Kritik von Berkeley richtig:

> [so] zeigt sich das Differential von x^n durch das erste Glied der Reihe, die durch die Entwicklung von $(x + dx)^n$ sich ergibt, gänzlich erschöpft. Dass die übrigen Glieder nicht berücksichtigt werden, kommt so nicht von ihrer relativen Kleinheit her; – es wird dabei nicht eine Ungenauigkeit, ein Fehler oder Irrtum vorausgesetzt, der durch einen anderen Irrtum *ausgeglichen* und *verbessert* würde [...].[17]

Die Frage ist, ob man, im Gegensatz zur Meinung Hegels, nicht doch auch unendlich kleine und große Größen als Gegenstände oder *Nichtstandard*-Zahlen einführen kann. Und in der Tat ist dies möglich, wie Abraham Robinson in seiner ‚nonstandard analysis' auf der Basis des Auswahlaxioms (bzw. des Ultrafiltersatzes) der Cantorschen Mengenlehre hat zeigen können. Methodisch geht das aber weit über das hinaus, was zu Hegels Zeit auch nur denkbar war. Hegel hat daher folgendes Urteil, das er zunächst nur referiert, selbst geteilt:

> Was unendlich sei, [...] sei nicht *vergleichbar* als ein Größeres oder Kleineres; es könne daher nicht ein Verhältnis von Unendlichen zu Unendlichen, noch Ordnungen oder Dignitäten des Unendlichen geben, als welche Unterschiede der unendlichen Differenzen in der Wissenschaft derselben vorkommen.[18]

Georg Cantor hat in seiner Mengenlehre den Versuch unternommen, solche Vergleiche für den Begriff des *unendlich Großen* zu ermöglichen. Der Aufbau einer Hierarchie der „Dignitäten des Unendlichen" war dabei aber nur ein Teil des Planes, zusammen mit der Absicht, die These abzulehnen, dass es bloß potentiell Unendliches und kein innermathematisch Aktuell-Unendliches geben solle. Cantor widerspricht daher nicht etwa nur Aristoteles, sondern einem fast universalen Konsens der Mathematiker und Philosophen. Sie alle meinten, dass man eine Linie (Gerade) oder Ebene sowie ein Volumen *nicht* als *Punktmenge* repräsentieren kann, da doch jede Menge von Punkten oder Elementen diskret und sortal sei und Punkte kategorial nur Grenzen von Linien, Linien nur Grenzen von Flächen und Flächen nur Grenzen von Volumina seien.

Cantors Idee einer ‚rein quantitativen' Grundlegung der gesamten Mathematik durch Schilderung des *umfänglichsten* Bereiches *reiner Gegenstände*, nämlich der reinen Mengen, werden wir in den nächsten drei Kapiteln besprechen. Wir beginnen mit Cantors und Dirichlets radikaler Liberalisierung des Funktionsbegriffs, welche dann auch zu einer neuen Definition des Begriffs der reellen Zahl führte. Schon jetzt sei aber darauf hingewiesen, dass auf einen solchen *allgemeinsten* Variablenbereich für *alle* mathematischen Gegenstände die berühmte Formel des Anselm von Canterbury zutrifft: *quo maius cogitari non potest*,[19] nur dass es sich nicht um Anselms Definition Gottes handelt, sondern um eine Definition ‚aller' Mengen und damit sekundär auch ‚aller' reellen Zahlen, die beide so gefasst werden, dass sie durch keine widerspruchsfreie Erweiterung in einen größeren Bereich mit denselben Basisrelationen und Eigenschaften einbettbar sind.

6 Der Funktionsbegriff

Zusammen mit der analytischen Geometrie und ihrer Erfassung der Zahlen als Nullstellen von Polynomen gehört zur Entwicklungsgeschichte des (reellen) Zahlgriffs die mit ihr eng verbundene Entwicklung des Begriffs einer (stetigen) Funktion. Analog zum Zahlbegriff hat sich dabei nämlich auch der *Funktionsbegriff* von seinen anschaulichen Wurzeln emanzipiert, um am Ende sogar, im Logizismus Freges, zur Grundlage einer ‚rein begrifflichen' Begründung der Arithmetik zu avancieren.

In diesem Kapitel möchte ich einige Meilensteine dieser Emanzipation des Funktionsbegriffs vorstellen, um im nächsten Kapitel die Resultate dieses Prozesses beurteilen zu können. Dabei ist stets zu betonen, dass es uns hier nicht um *zufällige* Ereignisse in der Geschichte der Wissenschaft geht, sondern dass wir hier an den ‚logischen' Zusammenhängen und ‚Notwendigkeiten' einer Erweiterung der Gegenstandsbereiche und damit der Explikation ihrer Konstitution interessiert sind. Die erwähnten Begriffe der *Funktion* oder *Stetigkeit* darf man in diesem Sinn nicht lediglich ‚eng' mathematisch, sondern man muss sie auch ganz allgemein lesen, als Oberbegriffe einer Wissenschaft der Logik, wie dies auch Hegel in seinem gleichnamigen Buch vorführte. Im ersten Abschnitt dieses Kapitels führen wir diesen wichtigen Punkt aus.

6.1 Diskretion und Kontinuität

Trotz den anfangs erwähnten Beobachtungen von Wittgenstein und William James, nach denen man am Ende für den Zahlbegriff, und die Begriffe überhaupt, kein gemeinsames *Wesen* bestimmen oder eine allgemeine Definition angeben, sondern nur verschiedene *Familienähnlichkeiten* beschreiben kann, bietet Hegels logische Analyse eine Möglichkeit, ‚das' Prinzip des *quantitativen* Denkens explizit zu machen. Dieses Prinzip, welches die Einheit von *diskreten* und *stetigen* Aspekten der Wirklichkeit garantiert und sich im Begriff des reinen Quantums, also der Zahl und Größe bzw. des Größenverhältnisses, äußert und in diesem entwickelt wird, ist dabei im Innersten des Begriffs der Wirklichkeit, in ihrem Entstehen aus den entgegensetzten Bewegungen einer *Setzung* und einer *Überwindung* von Grenzen zu finden. Ein solcher Prozess ist nirgends so klar darzustellen wie einerseits anhand der Fortsetzung der Grundzahlreihe 1, 2, 3, 4, ... und andererseits am Prozess der beliebig fortsetzbaren Teilung einer Strecke. Abstrakt oder systematisch betrachtet, sieht man hier die beiden logischen ‚Kräfte' am Werk, nämlich die *Attraktion* als für die *Stetigkeit*, und die *Repulsion* als für die *Diskretheit* oder Sortalität der Gegenstände verantwortlich:

> Die Stetigkeit ist Sichselbstgleichheit, aber des Vielen, das jedoch nicht zum Ausschließenden wird; die Repulsion dehnt erst die Sichselbstgleichheit zur Kontinuität aus. Die Diskretion ist daher ihrerseits zusammenfließende Diskretion, deren Eins nicht das Leere, das Negative, zu ihrer Beziehung haben, sondern ihre eigene Stetigkeit, und diese Gleichheit mit sich selbst im Vielen nicht unterbrechen. Die Quantität ist die Einheit dieser Momente, der Kontinuität und Diskretion, aber sie ist dies zunächst in der *Form* des einen derselben, der *Kontinuität*, als Resultat der Dialektik des Fürsichseins, das in die Form sichselbstgleicher Unmittelbarkeit zusammengefallen ist.[1]

Kants Antinomien, besonders die zweite, welche die *Zusammengesetztheit* und zugleich die *Einfachheit* der Substanz betrifft, also aus der Tendenz der reinen Vernunft entspringt, auf die Existenz der kleinsten Weltteile – der Atome, die man aber wie alles in der Welt weiter teilen kann – zu schließen, bauen genau auf diesem doppelten Aspekt der Wirklichkeit auf. Die Wirklichkeit ist so ihrem Ursprung in der doppelten Verneinung gemäß *per definitionem* widersprüchlich. Demzufolge hat es keinen Sinn, die beiden Seiten des Widerspruchs vereinzelt und noch dazu indirekt zu beweisen, da man dann eigentlich das zu Beweisende voraussetzen muss. Das Fehlerhafte der Kantischen und Aristotelischen Antworten auf die Antinomien besteht also nicht darin, dass sie den Widerspruch inkorrekt analysieren, sondern dass sie bei jenen Aspekten einfach *stehen bleiben*, ohne sie in einer entwicklungstheoretischen Beschreibung der Wirklichkeit aufzuheben, wozu die folgende Beobachtung Hegels herausfordert:

> Nach der bloßen *Diskretion* genommen sind die Substanz, Materie, Raum, Zeit usf. schlechthin geteilt; das Eins ist ihr Prinzip. Nach der *Kontinuität* ist dieses Eins nur ein aufgehobenes; das Teilen bleibt Teilbarkeit, es bleibt die *Möglichkeit* zu teilen, als Möglichkeit, ohne wirklich auf das Atome zu kommen.[2]

Ihrer Entstehung aus der *Attraktion* gemäß sind also alle Gegenstände, einschließlich der natürlichen Zahlen, immer *kontinuierlich*, und als solche erfüllen sie unmittelbar die berühmte Definition von Aristoteles:

> [...] es sei dann etwas kontinuierlich, wenn die Grenze eines jeden von zwei Dingen, mit welcher dieselben sich berühren, Eine und die nämliche wird [...].[3]

Aus der Sicht der logischen *Repulsion* sind alle Gegenstände als Elemente in sortalen ‚Mengen' immer *diskret*, und zwar aufgrund ihres Für-sich-seins, also der Gleichheit und Identität in ihrer Rolle für die gegenstandsrelevanten Relationen des Für-anderes-seins, wie die für Zahlen m, n wichtigen ‚Ungleichungen' der Größenordnung $m < n$. Bei Personen ist durchaus auch die wechselseitige Anerkennung für den personalen Selbstbezug mitentscheidend, ansonsten sind personale Relationen durch die Teilnahme an institutionellen Praxisformen und Kooperationen bestimmt.

Das Gesamtsystem der *reellen* Zahlen stellt der Idee oder Absicht gemäß die *Stetigkeit* der Zahlengerade dar. Dabei soll auch der stetige Aspekt der Wirklichkeitskonstitution explizit gemacht werden, was vielleicht auch die dialektische ‚Hauptaufgabe' der reellen Zahlen sein mag. Um das zu verstehen, müssen wir nicht nur das *abstrakte Fürsichsein* dieser Zahlen betrachten, welches ihre Diskretheit in einer sortalen Menge von einzelnen Zahlen begründet, sondern auch nach dem Artunterschied der reellen Zahlen zunächst im Vergleich zu den natürlichen und rationalen Zahlen fragen. Dazu gehören auch die verschiedenen Weisen, wie diese Zahlenbereiche aus qualitativen Reden entstanden sind. Man muss also nicht nur die vereinzelten Phasen einer Gegenstandskonstitution (der Attraktion und Repulsion der phänomenalen Repräsentationen, der Bestimmung der relevanten Repräsentanten, der Gleichheit und der Ungleichheit) betrachten, sondern auch den größeren begrifflichen Rahmen, in welchem die Entwicklungsgeschichte des Zahlbegriffs zusammenhängt, d. h. einen einzigen Begriff formt.

6.2 Archimedisch angeordnete Körper

Die Dialektik von Diskretion und Stetigkeit gehört klar in die von uns explizierte Wechselwirkung einer diskursiven, symbolischen, und anschaulichen, geometrischen, Begründung des Zahlbegriffs. Die natürlichen (auch die rationalen und negativen) Zahlen stellen dabei einen Prototyp einer rein *symbolisch*, also sprachlich begründeten Begriffsbildung für Zahlen über die Laut- und Schriftzeichenreihen 1, 2, 3, ..., –1, –2, –3, ..., oder z. B. auch $\frac{1}{5}$ oder $\frac{7}{13}$ dar. In den zunächst pythagoräischen und euklidischen Größen und Proportionen finden wir dagegen, wie in den durch entsprechende Erweiterungen definierten reellen Zahlen, eine genuin *geometrische* Konstitution vor. Addition, Multiplikation, Subtraktion und Division sind hier über einfache formentheoretische geometrische Operationen der ‚Streckenrechnung' im zweidimensionalen geometrischen Koordinatensystem definiert, die sich auf die algebraischen Zahlen als Wurzeln von Polynomen ausdehnen. Die anschauliche Bedingtheit der reellen ‚Zahlengerade' besteht also darin, dass sie in allen Phasen ihrer Entwicklung einen geometrischen Erklärungsgrund hat. Im Unterschied dazu kann man die unbeschränkte Ausführbarkeit gewisser algebraischer Operationen als Grund der ‚symbolischen' Ausweitung der Zahlenbereiche angeben.

In den natürlichen Zahlen (N) führen Addition, Multiplikation und Potenzierungen nicht aus dem Bereich heraus. Die ganzen Zahlen kommen hinzu, um die

Subtraktion, die rationalen, um die Division (mit Ausnahme der Division durch Null) unbeschränkt ausführbar zu machen, wobei man die *ganzen Zahlen* als Paare (m, n) natürlicher Zahlen auffassen kann mit einer Äquivalenzrelation bzw. Zahlgleichheit der folgenden Art: $(m, n) = (p, q)$ genau dann, wenn $m + q = p + n$ ist, so wie Paare ganzer Zahlen die *rationalen* (Q) definieren über die Festsetzung ihres ‚Fürsichseins': $(m, n) = (p, q)$ genau dann, wenn $mq = pn$ ist. Es ist leicht zu sehen, dass im ersten Fall (m, n) für $m - n$ steht, im zweiten Fall für $\frac{m}{n}$, und wie Addition, Multiplikation, Subtraktion und Division für die Paare zu definieren sind. Von den *reellen* Zahlen (R) kommt man in analoger Weise durch Paarbildung zu den *komplexen* Zahlen, in denen die Operation des Wurzelziehens – wenn auch nicht immer eindeutig – unbeschränkt ausführbar gemacht wird. Hier muss man die Operation der Multiplikation $(r, s) \times (p, q)$ über die Multiplikation $(r + is) \times (p + iq)$ mit $i^2 = -1$ definieren, nämlich so, dass das Ergebnis $(rp - sq, rq + sp)$ ist. Die Addition definiert man als $(r, s) + (p, q) = (r + p, s + q)$.

Die Abgeschlossenheit eines Größenbereichs unter zwei Grundoperationen (+, ×) und ihren Umkehrungen (–, :) führt zum (der Form nach algebraischen) Begriff eines *Körpers* mit den rationalen Zahlen als einfachstem Beispiel. Für die komplexen Zahlen ist im Unterschied zu den rationalen und reellen offenbar keine lineare Ordnung definiert. Eine solche ist in ihrem Bereich B (1) antireflexiv, (2) transitiv und (3) total. Es gilt also für beliebige a, b, c aus B das Folgende: (1) es ist nicht wahr, dass $a < a$, (2) aus $a < b$ und $b < c$ folgt $a < c$ und (3) entweder $a < b$ oder $b < a$ oder $a = b$. Rational- und reellzahlige Größen sind linear angeordnet und überdies auch archimedisch, in dem Sinne, dass die Folge der natürlichen Zahlen unbegrenzt wird, also dass es für jedes Element a des Körpers ein n aus N gibt, für welches $a < n$ gilt. Man sagt, die rationalen und reellen Zahlen bilden einen *archimedisch angeordneten Körper*. Alle bisher behandelten Entwicklungsphasen des Zahlbegriffs sind Fälle von solchen Körpern, was man übrigens geometrisch mit Hilfe des Strahlensatzes leicht beweisen kann. Die rationalen Zahlen liegen wegen des archimedischen Prinzips schon *dicht* beieinander, das heißt, man findet zwischen je zwei rationalen Zahlen $\frac{m}{n} < \frac{p}{q}$ mindestens eine ‚mittlere', so dass also $\frac{m}{n} < \frac{r}{s} < \frac{p}{q}$ gilt.

Die Frage nun, worauf der *geometrische* Ursprung der *reellen* Zahlen im Gegensatz zu den *algebraisch* begründeten *rationalen* Zahlen beruht, kann jetzt, wie üblich, vor dem Hintergrund der Struktur eines archimedisch geordneten Körpers, die beide Zahlenarten teilen, beschrieben werden. Im Blick auf die aristotelische Definition der Kontinuität kann man den Mehrwert der Struktur der reellen Zahlen darin sehen, dass der Zusammenhang zwischen dem Moment der Kontinuität einer Menge und dem Moment der Stetigkeit unter Bezugnahme auf die Nullstellen stetiger Funktionen klar artikulierbar wird. Die Existenz einer gemeinsamen Grenze wird aus einer relativ vagen Vorstellung in die qualitative

Bedingung überführt, dass jede Zweiteilung der Geraden einem Punkt entspricht. Eine Gerade ist so immer noch ein kontinuierlicher, qualitativer Raum für potentielle Schnitte mit beliebigen anderen stetigen Linien.

6.3 Bolzanos Zwischenwertsatz

Die Bedeutsamkeit eines allgemeinen Funktionsbegriffs und eines allgemeinen Begriffs einer stetigen Funktion oder Linie für die weitere Entwicklung des Zahlbegriffes, über die Polynome hinaus, zeigt sich besonders klar in der folgenden Überlegung zu Bernard Bolzanos berühmtem *Beweis des Zwischenwertsatzes*. Dieser nimmt einen wichtigen Platz nicht nur in der Geschichte der mathematischen Analysis ein, sondern auch im so genannten Logizismus, also der Idee, die höhere Arithmetik nicht anschaulich, sondern rein begrifflich, also nur mit *logischen Mitteln* zu (re)konstruieren.

Nach einer Art kanonischen Legende besteht die Bedeutung von Bolzanos Theorem darin, dass er anschaulich evidente Aussagen durch einen analytischen Beweis ersetzt. Der Zwischenwertsatz besagt, dass jede stetige Funktion $f(x)$, welche eine stetige Linie in der Ebene analytisch repräsentiert und welche im Intervall $[a, b]$ sowohl positive als auch negative Werte annimmt, in diesem Intervall die Abszisse schneiden muss, also eine Nullstelle $f(x) = 0$ für eine reelle Zahl x hat. (Siehe Abbildung 21.) Angeblich stärkt Bolzanos Beweis dieses Satzes die reine mathematische Methode, und das auch noch im Einklang mit Lagranges Reform und seinem Bilderverbot und im Gegensatz zu Kants Verankerung der Mathematik in den anschaulichen Konstruktionen in Raum und Zeit.

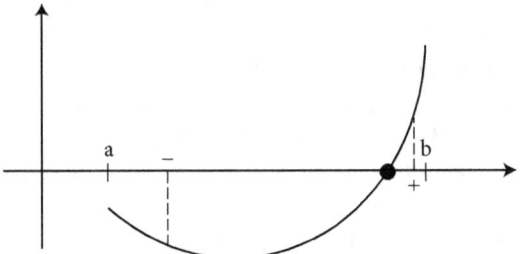

Abb. 21

Diese Legende ist in mehrfacher Hinsicht unbegründet: (1) Der Zwischenwertsatz ist seinem Inhalt nach durchaus nicht selbstverständlich. Denn er benutzt gar keine ‚anschauliche', sondern die von Cauchy eingeführte explizite, also ‚verbalisierte' Definition der Stetigkeit einer Funktion. (2) Da nun aber weder der Bereich der stetigen Funktionen schon ‚exakt' definiert war, noch der Bereich der reellen

Zahlen auf der x-Achse, war es keineswegs klar, ob bzw. in welchem Zahlenbereich Bolzanos Zwischenwertsatz für ‚alle' neu und ‚unanschaulich' definierten stetigen Funktionen überhaupt gilt. (3) Es ist zwar verständlich, dass man sich wie im Fall der algebraischen Nullstellen für Polynome eine Art Harmonie wünscht zwischen den stetigen Funktionen und den Punkten auf der Abszisse oder ‚Zahlengerade'. Es ist aber nicht klar, wie man zu einer Definition ‚aller' Punkte, die hier nötig sind, kommen kann. Und in der Tat kann es sein, dass der Satz *gar nicht* gilt.

Was die ‚analytische' Natur von Cauchys Definition der Stetigkeit betrifft, wurde sie zwar noch mit Hilfe von infinitesimalen Größen formuliert. Cauchy machte aber explizit klar, dass diese Größen im synkategorematischen Sinn einer Variable gebraucht werden sollen, deren „Werte beliebig so abnehmen, dass sie kleiner als jede gegebene Zahl werden". Seine Definition lautet dann wie folgt:

> Die Funktion $f(x)$ wird zwischen den gegebenen Grenzen stetig in Beziehung auf x sein, wenn zwischen diesen Grenzen ein unendlich kleiner Zuwachs der Veränderlichen stets einen unendlich kleinen Zuwachs der Funktion bewirkt.[4]

Den weiteren Ausführungen Cauchys gemäß kann man eine Funktion f als stetig im Intervall $[a, b]$ genau dann bezeichnen, wenn für jeden von dessen Punkten c gilt, dass es für eine beliebige Umgebung V von $f(c)$ eine Umgebung U von c gibt, so dass alle Werte von f für beliebige Argumente aus U in V liegen. Wenn man unter der Umgebung U von x alle Punkte versteht, die in einem gewissen fixen Abstand a von x oder näher liegen, könnte man auch von einer a-Umgebung reden, was direkt zu einer modernen ε-δ-Formulierung führt, die auf Weierstraß (und Hankel) zurückgeht. Man kann jedenfalls die Umgebung von a auch allgemeiner definieren, als ein offenes Intervall, dem a angehört, was den Vorteil hat, dass man nicht über eine Metrik, also eine Entfernung zweier Punkte, verfügen muss und nur mit der Beziehung der Ordnung < operieren kann.

Dass solche Redeweisen als eine ‚Vermittlung' des zunächst bloß unmittelbar und naiv gegebenen Begriffs der Stetigkeit Folgen für die Gültigkeit gewisser Theoreme, einschließlich des Zwischenwertsatzes, haben können, lässt sich am folgenden Beispiel zeigen:

(1) Die Funktion $f(x) = x^2 - 2$ scheint der Abbildung (22) nach sicher stetig zu sein. Man weiß aber schon (siehe Abschnitt 4.1), dass man aus der schlichten Visualisierung einer Zahlengerade nicht schließen kann, welche Größen es gibt und welche nicht. Die Frage, ob die Gleichung $f(x) = 0$ eine Wurzel hat, ist nicht auf dieser unmittelbaren Ebene zu entscheiden. Unterstellt man mit den Pythagoräern, dass die Abszisse nur rationale Punkte hat, dann ‚schneidet' die durch die Funktion beschriebene Kurve die Abszisse nicht in dem Sinn, dass sie einen der

zulässigen Punkte auf der Linie trifft, auch wenn sie Cauchys Definition gemäß unzweifelhaft stetig ist.

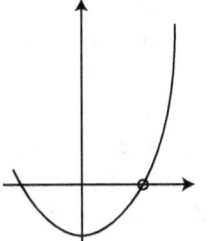

Abb. 22

(2) Das folgende Beispiel einer Sprungfunktion stellt dieselbe Pointe wesentlich drastischer dar:

$$f(x) = - \begin{cases} -1 \text{ falls } x^2 \leq 2 \text{ oder } x \leq 0 \\ +1 \text{ falls } x^2 > 2 \text{ und } x > 0 \end{cases}$$

Auch diese Funktion ist der Definition gemäß im Bereich der *rationalen* Größen ‚stetig', auch wenn sie diesmal weder anschaulich noch begrifflich den Zwischenwertsatz erfüllt. (Siehe Abbildung 23.) Der Grund dafür liegt hier klar in der ‚Lückenhaftigkeit' der entsprechenden ‚Punkte' auf der Zahlengerade, nämlich in Bezug auf den analytischen Ausdruck $x^2 - 2 = 0$, dessen Wurzel $\sqrt{2}$ irrational ist. Eben infolge dieser Lücke *ist* die beschriebene Funktion *stetig*: Würde die Wurzel auf der Zahlengerade existieren, würde sie den eventuellen ‚Punkt der Unstetigkeit' darstellen in dem Sinn, dass es für ihn, wenn man die ε-Umgebung V von $f(\sqrt{2})$ klein genug ($\varepsilon < 2$) wählt, keine δ-Umgebung U von $\sqrt{2}$ geben kann, für welche alle Werte in diesem Intervall liegen, also gleich -1 sind. Analoge Überlegung kann man auch für den Fall der euklidischen, algebraischen usw. Zahlen mit Hilfe von $\sqrt[3]{2}$, π usw. wiederholen.

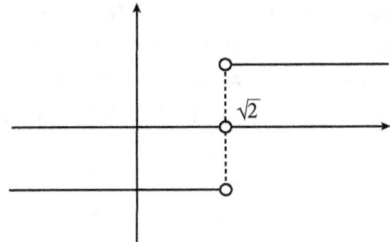

Abb. 23

Das Problem liegt offenbar darin, dass sowohl der Begriff der Stetigkeit der Funktion als auch der der Linie selbst davon abhängt, was alles man als ‚Schnitt' zulässt. Da Bolzano diese Abhängigkeit vom Gegenstandsbereich nicht erfasste, war es für ihn grundsätzlich nicht möglich, einen wirklich rigorosen Beweis im Sinne einer Demonstration einer schon vorab definierten *Wahrheit* zu führen. Wie im Grunde auch noch in den Definitionen Cauchys finden wir also bei Bolzano nur eine prototheoretische Begründung dafür, wie die Begriffe der reellen Zahl und der reellen Funktion zusammenhängen *sollen*: Um der neu definierten *Stetigkeit* und einer indefiniten Ausweitung der betrachteten *Funktionen* willen muss der Bereich der reellen Zahlen gewisse strukturelle Eigenschaft haben, nämlich die ‚Lückenlosigkeit' im oben skizzierten Sinne.

Richard Dedekind wird den Gedanken einfach so formulieren: Jedes Paar von nicht leeren und disjunkten Mengen (A, B) rationaler Zahlen, so dass die Vereinigung von A und B alle rationalen Zahlen enthält, definiert einen reellzahligen ‚Punkt' auf der Geraden: Punkte sind Schnitte und Schnitte sind Punkte.[5] Was aber alles ‚zulässige' Mengen und was alles ‚zulässige' Funktionen sind, ist damit noch keineswegs klar. Immerhin liefert Dedekinds Idee den *Satz vom Supremum*. Dieser Satz besagt, dass jede nach oben beschränkte Menge A rationaler oder auch algebraischer Zahlen in den reellen Zahlen ein *Supremum* besitzt. Die nach oben beschränkte Menge A ist dabei die Menge, für welche es eine obere Schranke g gibt, und g ist eine obere Schranke von A, wenn $x \leq g$ für alle x aus A gilt. Ein Supremum s von A ist die kleinste aller oberen Schranken, d. h., es ist die obere Schranke von A, für welche immer $s \leq g$ gilt, wenn g obere Schranke von A ist. Die ‚Dedekindschen Schnitte' und der Supremumsatz explizieren in gewisser Weise die Vollständigkeitsbedingung der aristotelischen Definition der Kontinuität auf eine schon präzisere Weise, besonders wenn man in Betracht zieht, dass die ‚Schnitte' oft durch irgendwie gegebene Funktionen erzeugt werden. Damit liefern sie, was Bolzanos Zwischenwertsatz fordert.

Der Zusammenhang der klassischen (anschaulichen) und modernen (diskursiven) Vorstellungen wird überdies durch die logische Äquivalenz beider Theoreme – des Zwischenwertsatzes und des Satzes vom Supremum – bestätigt, also durch die beweisbare Tatsache, dass der Größenbereich, in welchem einer der Sätze gilt, auch den anderen erfüllt, und *vice versa*. Der Beweis ist in aller Allgemeinheit für eine total angeordnete Menge zu führen, welche dicht ist und keine Endpunkte hat.[6]

6.4 Zur Mannigfaltigkeit des Funktionsbegriffs

Wir haben bisher den Begriff der Funktion oft benutzt, ohne ihn zu erklären. Das hat aber einen guten Grund. Denn außer der trivialen Feststellung, dass es sich bei einer Funktion um eine eindeutige Zuordnung handelt, schwankte man im Laufe der Entwicklung der modernen Analysis zwischen zumindest drei zu unterscheidenden Betrachtungsweisen – und man schwankt bis heute:

(1) Auf der einen Seite steht die *operative* Vorstellung von einer Vorschrift, welche aus einer begrenzten Anzahl elementarer Operationen aufgebaut sein soll. (2) Verwandt damit ist die Idee Eulers von einer durch eine *Formel* wie einer polynomialen Gleichung definierten Funktion, wobei häufig sogar Eigenschaften wie Stetigkeit, Differenzierbarkeit oder Integrierbarkeit unterstellt oder als erfüllt verlangt werden. (3) Freges Verallgemeinerung dieses Konzepts durch eine logisch komplexe (rechts)eindeutige Relation $R(x_1, ..., x_n, y)$ führt zu einem *prädikativen* Funktionsbegriff, für den keineswegs mehr alle Werte über ein operatives Verfahren berechnet werden können. (4) Am Ende steht das ganz und gar liberale Konzept Dirichlets, welcher *beliebige* (rechts)eindeutige Korrespondenzen zwischen Objekten als Funktionen zulassen will, also keine weitere Spezifikation fordert, sondern eine solche schlicht ablehnt.

Fängt man mit Eulers Konzeption an, d. h., behandelt man ein Polynom als Paradigma einer Funktion, wie es auch die auf der analytischen Geometrie beruhende Analysis in ihren Anfängen machte, gilt der Zwischenwertsatz *per definitionem* für alle algebraischen Zahlen. Sie stellen in diesem Sinn ein ‚minimales' Modell eines Kontinuums dar, das *eine gewisse Vollständigkeit* hat. In gewisser Weise als Lehre aus der Geschichte der schrittweisen Erweiterung des Größen- oder Zahlenbereichs orientiert sich die weitere Entwicklung des Zahlbegriffs an einer größtmöglichen Liberalisierung und der Idee, einen umfassenden Bereich finden zu wollen, in dem sich alle besonderen Größen oder Zahlen wie die euklidischen oder algebraischen durch aussondernde Eigenschaften definieren lassen. Noch in Hilberts *Grundlagen der Geometrie* werden die reellen Zahlen in diesem Sinn als ‚größtmögliche' Erweiterung der rationalen Zahlen mit archimedischer Ordnung und mit den vier klassischen Zahloperationen definiert, und zwar so, dass kein weiteres Element ‚konsistent' hinzugenommen werden kann, nämlich ohne eines der Prinzipien falsch zu machen.[7] Ein völlig analoges Konzept steht hinter Dirichlets Begriff der Funktion.

Dass es hier ein Problem gibt, wird zunächst verdeckt durch einen vermeintlich notwendigen Kampf gegen problematische Appelle an die Intuition oder Anschauung, also auch an subjektive Vorstellungen und bildhaft-empirische Diagramme in der Mathematik. Während Kants Begriff des Analytischen – dessen Formulierungen sicher verbesserbar gewesen wären – noch ganz eng auf konventionelle Aussonderungsdefinitionen eingeschränkt war, wird der Begriff im Logizismus, zu dem man Bolzano und Frege zählen kann, diffuser, gerade indem man erklärt, dass die Mathematik – wenigstens die Arithmetik – durchgängig *analytisch* sei. Für die logizistische Auffassung des Zahlbegriffs war dabei die Bestimmung des Funktionsbegriffs im Rahmen des so genannten *Rekursionstheorems* von wesentlicher Bedeutung, welches von beiden, Dedekind und Frege, auf je spezifische Weise bewiesen wurde.

Ähnlich wie der Zwischenwertsatz artikuliert das Rekursionstheorem *prima facie* eine *anschauliche* Selbstverständlichkeit. Es besagt, dass jede Funktion, die *rekursiv* definiert ist, *existiert* und nur *eine* ist. Unter einer rekursiven Definition einer Funktion f versteht man dabei ein Verfahren, das festsetzt, (1) welchen Wert die Funktion f für 1 (oder 0) annimmt und (2) wie man aus der Festsetzung des Wertes für x den Wert für $x + 1$ erhalten kann. Zur Bestimmung eines konkreten Wertes braucht man also immer einen ‚Rekurs' oder ‚Rückgang' auf eine *finite* Anzahl schon festgesetzter Werte und macht von der Tatsache Gebrauch, dass jede (echte) natürliche Zahl n in endlich vielen Schritten von der Null oder Eins her als Nachfolger erreichbar ist. So ist z. B. die Funktion $x!$ durch die Rekursion

(1a) $0! = 0$,
(1b) $1! = 1$,
(2) $(x + 1) = x! \times x$

eingeführt, mit Hilfe einer schon unterstellten Multiplikation. Diese ist als eine zweistellige Funktion z. B. in Bezug auf die zweite Variable wie folgt zu definieren:

(1) $x \times 0 = 0$,
(2) $x \times (y + 1) = (x \times y) + x$.

Die rekursive Definition von + folgt:

(1) $x + 0 = x$,
(2) $x + (y + 1) = (x + y) + 1$.

Das Symbol + ist dabei ersichtlich in *zwei* verschiedenen Bedeutungen gebraucht, und zwar für die einzuführende zweistellige Funktion des Addierens, und als Teil des Ausdruckes für die undefinierte einstellige Funktion $x + 1$. Diese artikuliert dabei die Herstellung der dem ganzen Verfahren zugrunde liegenden Zahlenreihe:

1, 1 + 1, 1 + 1 + 1, 1 + 1 + 1 + 1, ...

Die Zahlenreihe spielt hier also eine doppelte Rolle. Sie ist selbst Ergebnis des geschilderten Verfahrens, zunächst auf der Ausdrucksebene der Zahlterme, der Systeme zur Benennung von Zahlen, deren Form etwa so skizzierbar ist:

(1) 1 ist ein Zahlzeichen („eine Zahl"),
(2) wenn x ein Zahlzeichen ist, so auch $x + 1$.

Diese Einsicht in die rekursive Natur der Zahlen und arithmetischen Begriffe entspricht gerade Kants Idee, mathematische Sätze als Aussagen über Formen von uns ausgeführter Konstruktionen in Raum und Zeit zu verstehen. Erst beim Versuch, von dieser Auffassung Abstand zu nehmen, wird klar, warum Frege und Dedekind trotzdem noch einen ‚Beweis' für das Rekursionstheorem forderten. Sie wollten nämlich, wie schon Bolzano in der *Geometrie* und *Analysis*, jetzt auch in der *Arithmetik* jeden Appell an eine ‚Anschauung' tilgen, wie er mit der oben skizzierten *operativen* Auffassung des Funktionsbegriffs verbunden ist, und zwar zu Gunsten *rein begrifflicher Unterschiede* im Sinne rein prädikativer Aussonderungsdefinitionen. Damit wird auch klar, in welchem Sinne es sich gar nicht um einen ‚Beweis' im Normalsinn des Wortes handelt, sondern vielmehr um eine Herausforderung an ein Programm eines globalen *Perspektivenwechsels*.

Während Dedekind dabei zur maximal liberalen Seite von Dirichlet neigte, will Frege über Funktionen sprechen, ohne an die algorithmische Natur von Operationen gebunden zu bleiben, aber auch ohne bloß vage von Zuordnungen zu reden, die nicht *explizit* durch symbolische Gleichungen der Form $F(x_1, ..., x_n) = y$ oder rechtseindeutige Relationen der Form $R(x_1, ..., x_n, y)$ definiert sind. In beiden Fällen versteht sich von selbst, dass die iterativen Prozesse nicht mehr zum Wesen einer in den Zahlen definierten Funktion gehören, sondern höchstens als Teil einer prädikativen *Beschreibung* vorkommen – so als ob man z. B. rekursive Funktionen (siehe Kap. 10 für Details) aus ‚allen' Funktionen durch ihre ‚angenehme' Eigenschaft der effektiven Berechenbarkeit aussondern könnte. In der ‚aussondernden' Lesart ist in der Tat ohne ‚Beweis' keineswegs klar, ob das Rekursionstheorem gültig ist.

Diesen Perspektivenwechsel drückt Frege explizit in seiner ‚Kritik' an Grassmanns rekursiver Definition des Addierens (1) $x + 0 = x$, (2) $x + (y + 1) = (x + y) + 1$ aus.[8] Nach Frege stellen diese Gleichungen keine korrekten Definitionen dar, denn (i) müsse man, um den Ausdruck „$x + (y + 1)$" zu verstehen, schon den Ausdruck „$x + y$" verstehen, und (ii) zeige Grassmann nicht, dass „$x + y$" kein leeres Zeichen ist, d. h., dass es eine und nur eine Zahl gibt, welche durch dieses Zeichen bezeichnet ist. Freges erster Einwand ist nicht schwer zu verstehen, wenn man zusätzlich noch seine allgemeinen semantischen Prinzipien kennt, in diesem Fall das so genannte Prinzip der *Kompositionalität*. Wenn ich den Ausdruck „$x + (y + 1)$" verstehen will, muss ich schon seine Bestandteile, d. h. die Ausdrücke „x", „y" und „+", verstehen. Daher kann Frege die Addition *nicht* wie Grassmann definieren. Denn man muss, so scheint es ihm, schon für alle x und y wissen, was „$x + y$" heißt. Das aber würde bedeuten, dass man die Gleichungen „$x + (y + 1) = (x + y) + 1$" als wahr beweisen muss und eben daher nicht in einer Definition verwenden kann. Die Ausdrücke (1), (2) sind also keine *expliziten* Definitionen der Funktion +. Frege *unterstellt* aber in (ii) einfach, dass Grassmann eine solche hätte geben sollen. Dasselbe unterstellt auch das Rekursionstheorem.

6.5 Explizite Definitionen

Frege wünscht sich eine *explizite* definitorische Aussonderung aller rekursiv definierten Funktionen und Relationen und dabei zunächst der natürlichen Zahl in der Form: x ist eine natürliche Zahl genau dann, wenn $A(x)$, wobei $A(x)$ eine logisch komplexe Formel sein soll mit einem gegebenen Gegenstandsbereich als Variablenbereich. Es soll also non-A oder $\neg A(x)$ unter anderem für die rationale Zahl $\frac{2}{7}$, aber auch für Katzen, für Cäsar oder für Autobusse gelten. (Siehe Abbildung 24.) Dieser Wunsch ergibt sich dabei aus seiner Polemik gegen die Vorstellung, es ließen sich die Zahlen durch die Reihe der von ihm abschätzig so genannten ‚Kleinkinderzahlen' 1, 2, 3, 4, ..., 9, 10, 11, ..., also über die Zahlterme, erläutern, in welcher für die Verlängerungen der Ausdrücke die ominösen „drei Punkte" in der Tat eine zentrale Rolle spielen. Er meint sogar, es sei ein definitionstheoretischer bzw. *semantischer* Fehler, wenn man eine Funktion f durch schrittweise Festsetzung ihrer Werte für 1, und dann für $x + 1$, aus x definiert. Und er versucht, diesen ‚Fehler' durch eine Definition des Nachfolgers zu beheben, wie er sie schon in der *Begriffsschrift* vorstellt.[9] Diese Definition ist in der Tat ein erster Erfolg für das Programm einer logizistischen Arithmetik, das damit als grundsätzlich erfolgversprechend erscheint.[10]

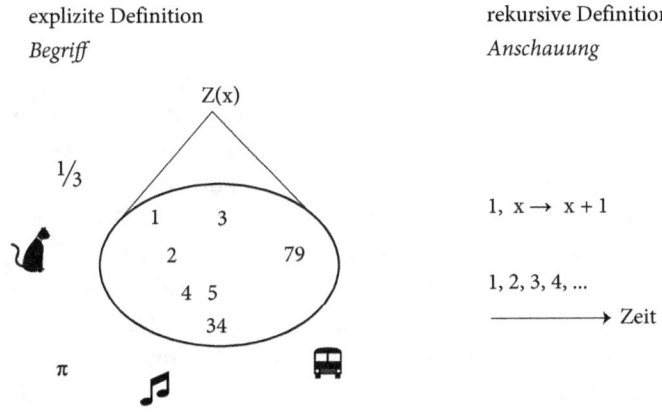

Abb. 24

Freges Grundgedanken wollen wir am Beispiel der Definition der Beziehung des (genetischen) Nachkommen aus der als gegeben vorausgesetzten Relation eines unmittelbaren (genetischen) Nachkommen demonstrieren. Die Frage ist, wie diese (relationale) Eigenschaft von y, Nachkomme von x zu sein, mit einer einzigen Formel $A(x, y)$ ausgedrückt werden kann. Heuristisch beginnen könnte man dabei mit einer indefiniten ‚Adjunktion' der Art: y ist ein Nachkomme Gottlobs genau dann, wenn y ein Kind Gottlobs ist oder y ein Kind von z_1 ist, das Kind Gottlobs ist, oder ein Kind von z_2, das Kind von z_1, das Kind Gottlobs ist ... usw. Im Fall der Zahlen ist n natürlich direkter Nachfolger von m genau dann, wenn $n = m + 1$ ist, so dass es zunächst so scheint, als könne eine prädikative Definition der Eigenschaft, Nachfolger von 0 oder 1 zu sein, die natürlichen Zahlen in gewisser Weise in dem von Frege gewünschten Format definierbar machen. Man muss nur den Ausdruck „usw." – und damit die von Kant angedeutete Rolle der Zeit in einer Konstruktion – aus der Definition beseitigen.

Dieses Ziel meinte Frege durch einen logischen Aufstieg zum (meta-prädikativen) Begriff einer *erblichen* Eigenschaft zu erreichen. Von einer Eigenschaft F zu sagen, sie vererbe sich in einer Reihe der unmittelbaren Nachfolger, bedeutet zu sagen, dass wir von $F(x)$ auf $F(y)$ schließen können, wann immer y ein direkter Nachfolger von x ist (wenn also im Spezialfall der Zahlen $y = x + 1$ gilt). Die explizite Definition dafür, dass y Nachfolger von x ist, besteht dann darin, dass y *alle* (entsprechenden) erblichen Eigenschaften von x hat, wie sie sich in der entsprechenden Reihe vererben. Das stellt die folgende Formel für die Definition der Zahlen als Nachfolgern von 0 dar:

(Z) $Z(x) = (\forall X)((X(0) \land (\forall y)(X(y) \to X(y+1))) \to X(x))$.

Die benutzte Notation ist nicht von Frege, sondern modern. Der Ausdruck „$(\forall X)A$" vertritt die von Frege eingeführte logische Quantifizierung und ist als „für alle X gilt, dass A" zu lesen; die Verbindung „$A \to B$" steht für das Konditional „wenn A, dann B", „$A \land B$" für die Konjunktion „A und B". Man benutzt heute überdies auch das Symbol „$A \lor B$" für die nicht-ausschließende Adjunktion „A oder B", „$A \leftrightarrow B$" für das Bikonditional „A genau dann, wenn B" und „$(\exists X)A$" für die Existenzquantifizierung „es gibt ein X, sodass A", obwohl Frege nur mit dem Allquantor $\forall$, dem Konditional $\to$ und dem Negationszeichen $\neg$ operierte.

Als Teil von Freges ‚Begriffsschrift' hat die Formel (Z) nicht nur die Bedeutung einer konkreten Antwort auf die Frage, wie man die Zahlen explizit definieren kann, sondern spielt allgemeiner auch die Rolle eines Beispiels dafür, wie Frege innovativ und im Gegensatz zur aristotelischen Logik die ‚logische' Struktur des Satzes, und so auch die ‚logisch' gültigen oder ‚analytischen' Beziehungen, erfasste. Die allgemeine Motivation geht dabei unbestreitbar auf die Entwicklung der expliziten Analyse der Ausdrücke zurück, wie sie Lagrange, Cauchy und Weierstraß in ihren Reflexionen auf die Methoden und Beweise der Analysis hinsichtlich der Frage nach der Bestimmung der Bereiche der Variablen geführt hatten. Frege selbst hebt dann noch hervor,[11] dass es erst seine Übersetzung in die Sprache seines Kalküls

(P) $(\forall \varepsilon)(\forall x)(\exists \delta)(\forall y)(|x - y| < \delta \to |f(x) - f(y)| < \varepsilon)$

ist, die es erlaubt, die damals übliche Verwechslung[12] des Begriffs der so genannten *punktweisen* Stetigkeit mit dem verwandten Begriff der *gleichmäßigen* Stetigkeit zu beseitigen, und zwar durch die transparente Markierung der Reihenfolge der Quantoren:

(G) $(\forall \varepsilon)(\exists \delta)(\forall x)(\forall y)(|x - y| < \delta \to |f(x) - f(y)| < \varepsilon)$.

Im Fall der gleichmäßigen Stetigkeit hängt das δ nur vom ε, nicht auch noch vom Punkt x ab, so dass (P) aus (G) ganz allgemein folgt. Eine analoge Situation sehen wir auch im Fall der Konvergenz und anderer Begriffe, welche eine mit der Stetigkeit gemeinsame ‚logische' Form haben. Die Schlussregel

(H) $(\exists x)(\forall y)T \,/\, (\forall y)(\exists x)T$

ist also allgemein – unabhängig von einer konkreten Wahl von T – gültig und in Freges Logik explizit gemacht. Demgegenüber kann man für die Umkehrung von (H) klarerweise Gegenbeispiele finden, wie z. B.: „Zu jeder Zahl gibt es zwar eine größere, *aber* es gibt keine größte Zahl." Damit ist eine ganze Klasse von Fehlschlüssen sichtbar gemacht und in diesem Sinn ‚erklärt', etwa der Schluss von „jedes Ereignis hat eine Ursache" auf „also gibt es eine erste Ursache aller Ereignisse"[13] (und das unabhängig davon, ob oder in welchem Sinn die Prämisse wahr ist).

Im Unterschied zu Redewendungen wie (P) oder (G) quantifizierte man in (Z) nicht nur über *Gegenstände*, sondern auch über alle möglichen *Eigenschaften* dieser Gegenstände. Auch darin besteht der Perspektivenwechsel der logizistischen Arithmetik. Er ist deswegen problematisch, weil die Eigenschaften gerade auch bei Frege selbst als prädikative Begriffe *per definitionem* keinen diskreten Gegenstandsbereich bilden, also *rein qualitativ* (gerade auch in Hegels Sinn) sind. Der Logizismus scheint also von Anfang an einen ähnlichen Fehler zu begehen wie die naive Rede von infinitesimalen Größen. Man nimmt Werte einer *Variable* in einem irgendwie gegebenen universalen Gegenstandsbereich ‚aller' (mathematischen) Entitäten an, ohne zu klären, wie ein solcher Bereich konkret konstituiert ist. Daher erinnern logizistische Definitionen auch ein wenig an algebraische Methoden: Die Araber adjungierten sozusagen stillschweigend ‚Wurzeln' von Gleichungen zu den Ausgangsbereichen. Diese kategoriale ‚Schlamperei' war es gerade, welche zu einem methodischen Fortschritt führte.

Frege scheint sich aber gegen solche ‚Schlampereien' zumindest auf zwei Weisen zu wappnen. Erstens binden seine Aussageformen alle definierten Gegenstände noch an explizit in der Anschauung kontrollierbare Repräsentationen. Die Frage ist nur, wie viel trotz aller scheinbaren Exaktheit implizit und unklar bzw. obskur bleibt. Zweitens unterscheidet er immerhin kategorial scharf zwischen Gegenständen und (prädikativen) Begriffen, unter die die Gegenstände fallen können, und damit auch zwischen Quantifikationen über Objekte und über Begriffe. Das kommt schon in seiner Revision der traditionellen Form des Elementarsatzes „*S* ist *P*" zum Ausdruck, welcher keine *Beziehung* zweier *Begriffe* artikuliert, sondern die Anwendung einer Funktion *P* auf das Objekt *S*. Der Satz „Platon ist klug" ist in dieser Analyse als Substitution des ‚gesättigten' Ausdrucks „Platon" in die ‚ungesättigte' Satzform (oder den Begriffsausdruck) „*x* ist klug" zu lesen. So wie die Ausdrücke *dx* und *dy* haben auch diese Formen zunächst kein eigenes Fürsichsein. Auch sie sind nur ‚Momente' im Kontext der Bildung ganzer Sätze oder Aussagen. Ein (erststufiger) Begriff ist bei Frege eine (für Gegenstände definierte) Funktion, die als Werte das Wahre und Falsche, also *Wahrheitswerte*, hat. Daraus entwickelt sich auch Freges allgemeine Auffassung der Funktionalität, die *äußerst liberal* sein soll, das aber in einem relativ eng begrenzten sprachanalytischen Rahmen.

Um über Begriffe, also Funktionen mit Wahrheitswerten, und über Funktionen überhaupt quantifizieren zu können, müssen für die entsprechenden Aussageformen klare und deutliche Gleichungen definiert sein, was aber nur geht, wenn die Bereiche der Variablen klar und deutlich fixiert sind. Daraus ergibt sich der Grund, aus dem sich Frege am Ende – nicht ohne Zaudern –[14] genötigt fühlte, den zugrunde liegenden Bereich aller Gegenstände, aus welchem er die Zahlen und arithmetische Funktionen begrifflich aussondern wollte, in seiner Konstitution doch noch näher zu beschreiben und nicht bloß einfach vorauszusetzen. Dazu sollten ihm die Kriterien der Gleichgültigkeit der so genannten *Wertverläufe* der Funktionen dienen, die er in klarer Ambiguität bloß als Kriterien der *Wiedererkennung* anspricht. Sein Zögern ergibt sich ganz offenbar auch daraus, dass es sich in diesem Falle offensichtlich um *keine explizite* Definition im von ihm selbst verlangten Format handelt!

Die Wertverläufe entsprechen prinzipiell dem traditionellen Begriff der *Vielheit* oder *Menge*, also der allgemeinsten oder reinsten Form eines Quantums, doch wieder in einer sprachlich bedingten Form eines Gesetzes, das für zwei Funktionsausdrücke $F(x)$, $G(x)$ festsetzt, wann sie dieselben Wertverläufe benennen. Nach Frege ist dies genau dann der Fall, wenn sie für dieselben Argumente dieselben Werte haben, symbolisch ausgedrückt:

$\acute{\varepsilon}F(\varepsilon) = \acute{\varepsilon}G(\varepsilon)$ genau dann, wenn $(\forall x)(F(x) \leftrightarrow G(x))$.

Im Spezialfall einer Funktion, welche als Werte die Wahrheitswerte annimmt, spricht man von Wertverläufen als *Begriffsumfängen*. In moderner Ausdrucksweise sind sie als $\{x: F(x)\}$ repräsentiert, womit die Menge aller x, welche $F(x)$ sind, gemeint wird. In dieser sprachlichen Bestimmung des Mengenbegriffs unterscheidet sich auch Freges Logizismus von Cantors Mengenlehre, welche die beschriebene Liberalisierung der Rede von den Funktionen, Aggregaten usw. radikalisiert. Diese Radikalisierung besteht in der Unterstellung, dass die *Gegenstände*, die Mengen und Funktionen, von den Ausdrücken ganz unabhängig sein müssen, so dass es paradoxerweise geschehen kann, dass es für viele von ihnen keine ‚Ausdrücke' gibt.

7 Diagonalisierung

Beginnend mit diesem Kapitel wird die Idee ausführlich besprochen, Zahlen als reine Mengen aufzufassen. Obwohl in diesem Zusammenhang die dabei auftretenden Paradoxien mehrmals, aber je aus verschiedenen Perspektiven, betrachtet werden, geht es von Anfang an nicht darum, sie als Probleme oder auch nur als Ursachen desaströser Widersprüche darzustellen, sondern als wichtige Schritte für die logische Entwicklung der Begriffe der reinen Menge und der Zahl. Dazu ist ihr Platz in der Gründegeschichte des Zahlbegriffs genau zu lokalisieren. Cantors mengentheoretische Begründung der Zahlen liefert daher am Ende keine ‚abstrakte' Theorie, sondern stellt den ganz konkreten Versuch dar, auf der Grundlage einer *Rekapitulation* der Erweiterungen der Zahlenbereiche eine allgemeine Form aller derartigen Erweiterungen zu erkennen. Indem Cantor darauf reflektiert, wie die jeweils gesetzten Grenzen wieder zu überschreiten sind, erkennt er ein allgemeines Reflexionsprinzip – in der Form seiner *Diagonalkonstruktion*. Diese nutzt er selbstbewusst zu einer vermeintlich oder wirklich ‚ultimativen' Erweiterung des Zahlbegriffs. Wie im ganzen Buch geht es dabei um die ‚logischen' Möglichkeiten zu diesem Schritt der Bildung eines Totalbereichs aller reinen Mengen und Zahlen und der dabei auftretenden ‚reflexiven' Redeformen überhaupt.

7.1 Cantors reelle Zahlen

Die erste Vorform der reellzahligen reinen Größe ist, wie wir gesehen haben, die rationale oder kommensurable Proportion. Diese Proportionen sind gerade die rationalen Zahlen und sie liegen dicht, d. h., zwischen je zwei von ihnen liegt immer eine dritte. Die Entdeckung der Inkommensurabilität z. B. der Diagonale und Seite im Pentagon erzwingt für die Längen und Längenverhältnisse der formentheoretischen Geometrie eine Erweiterung des reinen Größen- und Zahlenbereichs. Ganz Analoges ergab sich als Antwort auf das Bedürfnis, Zahlen als Nullstellen von Polynomen zur Verfügung zu haben. Einen weiteren Schritt geht man schon bei Funktionen, die sich als Potenzreihen darstellen oder entwickeln lassen – wenn man deren Nullstellen hinzunimmt. Alle diese Schritte bedeuten jeweils echte Erweiterungen des Größen- oder Zahlbegriffs. Und alle diese Erweiterungen des Zahlbegriffs bedeuten zugleich *immer* eine gewisse *Liberalisierung* erstens des zugrunde liegenden Größenbereichs und zweitens des zugehörigen Bereichs der Zahlfunktionen – wobei der zuletzt erwähnte Schritt sogar schon zu einigen transzendenten Zahlen wie π oder e führt, welche nicht algebraisch sind und eben daher die expressive Kraft der ursprünglichen analytischen Geometrie überschreiten.

Vor dem Hintergrund dieser Ausweitungen der Zahlen als reinen reellen Größen drängt sich der Gedanke auf, sowohl alle bisherigen als auch alle zukünftigen Zahlenbereichserweiterungen in einem einzigen Schritt zusammenzufassen, und zwar so, dass über diesen ‚ersten und letzten Schritt' hinaus keine weiteren Schritte mehr nötig sind. Eine erste Anwendung dieses Gedankens findet man in Cantors Entscheidung, die reellen Zahlen mit den rationalen Cauchyfolgen zu identifizieren. Der bestimmte Artikel markiert zunächst nur das Problem: Es sollen *alle* Folgen und damit *alle* Zahlen sein. Die Parallele zu Dirichlets Liberalisierung des Begriffs der Funktion im Sinne einer *beliebigen* rechtseindeutigen Zuordnung wird in der Erläuterung dessen, was das heißt, offenkundig werden. Andererseits *rekapituliert* Cantors Definition der reellen Zahl gerade auch der Form nach die ganze Tradition der Entwicklung des Zahlbegriffs, indem sie in gewisser Weise zur antiken Wechselwegnahme zurückkehrt. Dabei sind zwei miteinander zusammenhängende Begründungsprobleme zu berücksichtigen:

(1) Wie verhält sich eine unendliche *Approximation* einer reellen Größe wie z. B. der Zahl π zu dieser Zahl selbst oder zu ihrer *Definition*, besonders dann, wenn sich diese – wie beim Problem der Kreisquadratur – noch nicht im Bereich wohldefinierter Größen (nämlich der pythagoräischen, euklidischen oder algebraischen) befindet?

(2) Wie ist die Approximationsfolge selbst definiert, z. B. angesichts der erheblichen Probleme einer zu großzügigen Behandlung der unendlichen Reihen, welche wie $1 - 1 + 1 - 1 + 1 - 1 + ...$ bei verschiedenen Klammerungen zu verschiedenen Ergebnissen führt, weil nämlich gilt: $(1 - 1) + (1 - 1) + ... = 0$, aber $1 + (-1 + 1) + (-1 + 1) + ... = 1$?

Was Punkt (2) betrifft, so hielt noch Euler den Vorschlag von Leibniz, den Wert einer solchen unendlichen Summe durch den arithmetischen Durchschnitt von 0 und 1, also als $\frac{1}{2}$ abzuschätzen, für akzeptabel. Grandis Belegung von x mit 1 in der Entwicklung

$$\frac{1}{1+x} = 1 - x + x^2 - x^3 + ...$$

hat dieses ‚Ergebnis' in einem gewissen Sinn ‚bestätigt'. Cauchys radikale Kehrtwende in seinem *Cours d'Analyse*, in welchem er erklärt, die divergenten Reihen hätten überhaupt keine Summe,[1] ist vor diesem Hintergrund zu verstehen. In diesem Zusammenhang einer unendlichen Summe entsteht auch ein terminologischer Unterschied, den wir der Einfachheit halber im weiteren Text nicht immer ganz konsequent anwenden, der aber sachlich ganz wichtig ist, und zwar zwischen einer ‚Folge' und einer ‚Reihe'. Kurz gesagt, unter einer Reihe $a_1 + a_2 + a_3 + a_4 + ...$ meint man die Folge $a_1, a_1 + a_2, a_1 + a_2 + a_3, a_1 + a_2 + a_3 + a_4, ...$ der Teilsummen.

So steht z. B. die dekadische Schreibweise 3,1415... für die Reihe 3 + 0,1 + 0,04 + 0,001 + 0,0005 + ..., und diese für die Folge der rationalen Zahlen 3; 3,1; 3,14; 3,141; 3,1415; ...

Im Falle (1) kann man zunächst an die Exhaustionsmethode durch innere oder äußere Polygone am Kreis erinnern. Durch eine entsprechende Folge ist die Kreislänge bestimmbar. Es handelt sich um einen Progress der Verfeinerung geradliniger Abschätzungen. Wenn dabei eine Folge ‚von innen' der Kreiszahl immer näher kommt, bedeutet das aber noch lange nicht, dass die Folge wirklich π – und zwar eindeutig – bestimmt. Mit anderen Approximationsfolgen könnte man ein besseres Ergebnis erreichen. (Siehe Abbildung 25.) Aber mit Hilfe einer Abschätzung durch äußere, den Kreis umfassende, Polygone, also durch eine fallende Folge von Größen, die alle größer sind als die Glieder der ersten Folge, kann man die Genauigkeit sozusagen messen, indem man zeigt, dass für jede Zahl n ab einem gewissen Index m die Unterschiede beider Folgen kleiner sind als $\frac{1}{n}$. (Siehe Abbildung 26.) Die Eigenschaft unserer Doppelfolge, welche Cauchy noch mit Hinweis auf das unendlich Kleine erklärte („die Unterschiede beider Folgen werden infinitesimal klein"), überträgt sich selbstverständlich auf die beiden Teilfolgen, welche demgemäß als *konzentrierte* oder *Cauchyfolgen* bekannt sind.

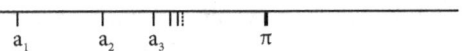

Abb. 25

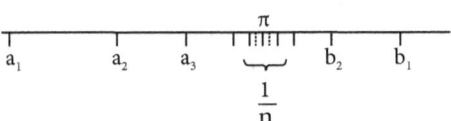

Abb. 26

Eine Folge (a_n) von (rationalen) Zahlen $a_1, a_2, a_3, ...$ ist konzentriert genau dann, wenn Folgendes gilt, wobei $(\forall p \geq m)F(p)$ usf. eine Verkürzung für $(\forall p)(p \geq m \to F(p))$ ist:

(Kz) $(\forall n)(\exists m)(\forall p \geq m)(\forall q \geq m)\left(|a_p - a_q| < \frac{1}{n}\right)$.

Ein triviales Beispiel einer konzentrierten Folge ist die mit dem allgemeinen Glied $a_n = \frac{1}{n}$, also die Folge $(1, \frac{1}{2}, \frac{1}{3}, ...)$. Nimmt man ihr negatives Spiegelbild $(-1, -\frac{1}{2}, -\frac{1}{3}, ...)$ hinzu, erhält man denselben Effekt wie im Falle der Kreiszahl, nur mit der Abweichung, dass diesmal die eingeschachtelte Zahl – die Null – leicht unabhängig von ihrer Doppelabschätzung bestimmbar ist. Die Null ist in diesem Beispiel zwar mit keinem Glied der Folgen identisch, doch beide Folgen streben gegen $b = 0$ im Sinne des oben beschriebenen Kriteriums:

(Kv) $\quad (\forall n)(\exists m)(\forall p \geq m)\left(|a_p - b| < \frac{1}{n}\right).$

Man sagt, dass die Zahl b *Limes* oder *Grenzwert* der Folge (a_n) ist, symbolisch „lim $(a_n) = b$", oder auch, dass die Folge (a_n) gegen b konvergiert. Es ist klar, dass nicht alle konzentrierten Folgen gegen eine rationale oder auch nur algebraische Zahl konvergieren. Die Zahlengerade bliebe daher als Punktmenge ‚unstetig', mit ‚Lücken' behaftet, wenn man nicht irgendwie ‚alle' konzentrierten Folgen selbst als neue Repräsentanten von Zahlen oder Punkten auffassen dürfte. Daher liegt es nahe, den Defekt einer Lückenhaftigkeit der Zahlengerade *ein für allemal* abzuschaffen. Es gibt zwar eine indefinite Fülle von Lücken. Diese scheinen aber *per definitionem* durch die konzentrierten Approximationen von rationalen Zahlen lokalisierbar zu sein. Am Ende sind sie mit diesen Approximationen *identisch*.

Offiziell arbeitet man hier immer noch mit einem Prinzip, nach dem es keinen Sinn hat, von Punkten oder Zahlen ‚an sich' zu sprechen, ohne eine Methode zu haben, sie ausfindig zu machen. Deswegen kann man einen Ausdruck wie lim (a_n) auch dann als einen Namen einer reellen Zahl auffassen, wenn (a_n) nur eine konzentrierte, also nicht notwendig schon gegen eine bekannte Größe konvergente Folge vertritt. Wie wir schon wissen, ist dieser Schritt erst dann ‚erlaubt', wenn man die Wahrheitsbedingungen für die Gleichheit lim $(a_n) = $ lim (b_n) feststellt, was gleichbedeutend ist damit, dass die Folge $(a_n - b_n)$ gegen die Null strebt:

$\lim(a_n) = \lim(b_n)$ gilt also genau dann, wenn $\lim(a_n - b_n) = 0$ ist.

In dieser Weise hat Cantor die konzentrierte Folge als Basis einer Bestimmung eines Quantums oder einer reellen Zahl benutzt, mit der einzigen Ausnahme, dass er nicht über konzentrierte Folgen oder Cauchyfolgen, sondern über *Fundamentalfolgen* spricht. Die schon erwähnten Dedekindschen Schnitte liefern eine ganz gleichwertige Erweiterung des reellen Größen- oder Zahlbegriffs, nur dass diese die Definition der Proportion des Eudoxos und nicht die einer Wechselwegnahme entfalten.

7.2 Dedekindsche Schnitte

Cantors Definition operiert fast mit zu vielen Repräsentationen für eine und dieselbe Zahl. So ist die Kreiszahl z. B. durch beliebige untere und obere Abschät-

zungen oder konzentrierte Folgen zu approximieren, wenn diese nur äquivalent sind, ihre Differenzen also Nullfolgen ergeben. Dedekinds Definition einer reellen Zahl erscheint zunächst als weit einfacher: Ist a_n ein Glied einer unteren Approximation (a_n) von b, so ist klar, dass auch eine beliebige rationale Zahl $r < a_n$ in einer unteren Approximation von b auftreten könnte. Nimmt man jetzt eine konzentrierte, monoton wachsende Folge (a_n) und alle $r < a_n$ für ein beliebiges n, so erhält man die so genannte *untere Menge* und zugleich den linken Teil des so genannten *Dedekindschen Schnittes*.[2] Ein solcher Schnitt ist als eine Zweiteilung der Klasse aller (rationalen) Zahlen definiert. Es handelt sich um ein Paar (A, B) zweier Mengen A, B (von Q), für welche die folgenden Bedingungen gelten:
(1) A, B sind nicht leer,
(2) für jedes a aus A und b aus B ist stets $a < b$, was insbesondere bedeutet, dass die Mengen A und B keine gemeinsamen Elemente haben,
(3) es gibt keine Elemente, welche außerhalb von A oder B liegen.

Ähnlich wie bei den konzentrierten Folgen können wir unter den Schnitten solche finden, welche nicht ‚(rational) konvergent' sind. Das heißt, dass es keine (rationale) Zahl r – die so genannte *Schnittzahl* – gibt, so dass $a \leq r$ für alle a aus A und $r \leq b$ für alle b aus B gilt. Ohne Schnittzahl befindet sich zwischen A und B eine *Lücke*.

Die Existenz einer Schnittzahl ist äquivalent zur Aussage, dass die Menge A ein Supremum hat. Nun kann aber dieses Supremum, wenn es existiert, entweder ein Element von A oder ein Element von B sein. Mit Hilfe einer Abbildung (27) können wir die Situation wie folgt darstellen: Man unterscheidet zuerst vier Schnittarten, wobei der Punkt „•" im Bild das Supremum repräsentiert. Die Fälle (1) und (2) sind äquivalent. Das ist aber zunächst auch die einzige Mehrdeutigkeit der Dedekindschen Definition. Fall (3) mit einer so genannten Sprungstelle kann es in Q gar nicht geben, weil der Bereich dicht ist. Der letzte Fall (4) stellt dann gerade eine Lücke, und demzufolge eine irrationale Zahl, dar. Als Beispiel für (4) geben wir z. B. den Schnitt $A = \{r : r^2 \leq 2 \vee r \leq 0\}$, $B = \{r : r^2 > 2 \wedge r > 0\}$ an, der die Zahl $\sqrt{2}$ ‚dedekindsch' repräsentiert. Retrospektiv kann man auch sagen, dass $\sqrt{2}$ den Schnitt (A, B) erzeugt.

(1) ....•] (.........   (2) ....) [•.........

(3) ....•] [•.........   (4) ....) (.........

Abb. 27

Erinnern wir uns jetzt an die komplizierte Definition der Proportionengleichheit von Eudoxos (siehe Abschnitt 4.1), dann können wir schnell demonstrieren, wie und warum sie eigentlich funktionierte. Sie besagt nämlich – wenn man die Bruchnotation benutzt –, dass die Größen A, B und C, D in denselben Verhältnissen ($A:B = C:D$) dann und nur dann stehen, wenn für alle ganzen Zahlen m, n gilt:

entweder $\quad \frac{m}{n} < \frac{A}{B} \quad$ und zugleich $\quad \frac{m}{n} < \frac{C}{D}$,

oder $\quad \frac{m}{n} = \frac{A}{B} \quad$ und zugleich $\quad \frac{m}{n} = \frac{C}{D}$,

oder $\quad \frac{m}{n} > \frac{A}{B} \quad$ und zugleich $\quad \frac{m}{n} > \frac{C}{D}$.

Damit wird eigentlich die Gleichheit der durch $A:B$ und $C:D$ erzeugten Schnitte ausgedrückt. Die beiden Definitionen sind aber keineswegs äquivalent, weil die des Eudoxos sich auf *gegebene* Größen, etwa die geometrisch konstruierbaren Größen A, B, C, D, stützt und beschränkt. Ihr Grundbereich ist also auch nach den antiken Maßstäben relativ bescheiden.

Dagegen versucht Dedekind, im Einklang mit der mengentheoretischen Tradition, so allgemein wie möglich vorzugehen, so dass *jede* – also nicht nur jede konstruktiv erreichbare – Zweiteilung von Q als zulässige Bestimmung des Schnittes gelten kann. Es ist eben diese Voraussetzung, welche den Eindruck erweckt, dass Dedekinds Definition die Definition Cantors vereinfacht, indem sie nur eine einzige Art der Gleichgültigkeit zulässt. Geht man aber auf diese Argumentation ein, vergisst man wieder, dass die einzelnen Schnitte nie ‚schlicht' durch die enthaltenen rationalen Zahlen gegeben, sondern so wie die rationalen Folgen bestimmt sind durch die konkreten Gesetze ihrer Wiedererkennung.

7.3 Aggregate

Dedekinds und Cantors Definitionen der reellen Zahl ‚abstrahieren' auf indefinite Weise von allen konkreten, am Ende *qualitativen*, Bestimmungen konkreter Zahlrepräsentationen. Sie wollen die ‚Punkte' auf der ‚Zahlengeraden' nur nach ihren abstrakt möglichen Grenzen verstehen. Frege, in seiner wohl leicht überspitzten Kritik, verspottet diese rein ‚aggregative' oder auch ‚quantitative' Auffassung der (reellen) Zahlen, indem er interessanterweise ganz wie Hegel darauf hinweist, dass so bloß allgemein notwendige Bedingungen dafür beschrieben sind, was eine Zahl oder Menge *sein soll*, aber nicht, was sie je konkret ist.

Frege kritisiert insbesondere die naive Vorstellung, es ließen sich ‚empirische' Redeformen wie die von einer ‚Zusammenfügung', ‚Ansammlung', ‚Folge' (Cantor) oder einem ‚System' (Dedekind) von Dingen in einer Definition reiner, mathematischer, Gegenstände überhaupt gebrauchen. Insbesondere sind alle ‚psychologischen' Reden über ‚Tätigkeiten' des Subjekts (wie Vorstellen und

Denken) ebenso zu vermeiden wie allzu unmittelbare Reflexionen auf ‚Phänomene' (pace Husserl) oder ‚Intuitionen' (pace Brouwer). Frege nimmt dabei die naive Vorstellung aufs Korn, nach welcher eine (gegenstandskonstitutive) Abstraktion ein ‚Absehen' von irgendwelchen ‚Unterschieden' sein soll. So sagt z. B. Cantor:

> Abstrahieren wir bei einer gegebenen Menge M, welche aus bestimmten, wohlunterschiedenen konkreten Dingen oder abstrakten Begriffen, welche Elemente der Menge genannt werden, besteht und als ein Ding für sich gedacht wird, sowohl von der Beschaffenheit der Elemente wie auch von der Ordnung ihres Gegebenseins, so entsteht in uns ein bestimmter Allgemeinbegriff [...], den ich die *Mächtigkeit* von M oder die der Menge M zukommende *Kardinalzahl* nenne. Ich setze fest, dass $\overline{\overline{M}}$ ein Zeichen für die Mächtigkeit von M sei. Die *zwei* Striche über dem M sollen andeuten, dass an M ein *zweifacher* Abstraktionsakt vollzogen ist, sowohl in bezug auf die Beschaffenheit der Elemente, wie auch in bezug auf ihre Ordnung zueinander.[3] [Die Unterstreichungen der problematischen Begriffe sind im Unterschied zu Cantors Kursivierungen von mir, V.K.]

Der Kern von Freges Kritik an dieser Definition lässt sich folgendermaßen zusammenfassen: Die (nach Hegel bloß schlecht unendliche, indefinite) Verneinung aller ‚qualitativen' Bestimmungen liefert noch überhaupt keine (definite) Bestimmung dessen, was eine Menge oder ihr extensionaler Umfang, ihre Mächtigkeit, ist. In Wahrheit kollabieren bloß alle Unterscheidungen: Eine ‚Menge' von überhaupt nicht voneinander unterschiedenen Einheiten ist bestenfalls eine Menge mit nur *einem einzigen* Element. Frege selbst beschreibt diese paradoxe Situation so:

> Wenn wir die Zahl durch Zusammenfassung von verschiedenen Gegenständen entstehen lassen wollen, so erhalten wir eine Anhäufung, in der die Gegenstände mit eben den Eigenschaften enthalten sind, durch die sie sich unterscheiden, und das ist nicht die Zahl. Wenn wir die Zahl andererseits durch Zusammenfassung von Gleichem bilden wollen, so fließt dies immerfort in eins zusammen, und wir kommen nie zu einer Mehrheit.[4]

Frege löst das Problem, indem er vorschlägt, die Repräsentationen der Mengen und damit die konstitutive Mengenbildung eng an den prädikativen Ausdruck zu binden. Nur in Bezug auf den *Begriff*, der seinerseits sprachlich vermittelt ist, lässt sich davon sprechen, dass verschiedene ‚konkretere Gegenstände' zu Repräsentationen der gleichen – d. h. unter *denselben* Begriff fallenden – ‚abstrakteren' Gegenstände werden. Freges Auffassung von einer die Begriffe klar definierenden Sprache ist aber relativ spezifisch. Sie unterstellt schon einen gegebenen sortalen Bereich von Gegenständen, auf dem der Begriff zu einer exakt zweiwertigen Funktion wird. Damit wird das Prinzip des ausgeschlossenen Dritten, wenigstens für die logisch elementaren Relationen, unterstellt, obwohl dieses Prinzip im Reden über Dinge und Phänomen der realen, empirischen, Welt nie gilt. Das Prinzip ist ein Grundprinzip von Freges Idealsprache, durch welche die vermeintliche Vagheit der normalen Sprache beseitigt werden soll.

7.4 Diagonalkonstruktion

Eine ganz andere Bewegung weg von der Forderung, jede Menge durch ein Prädikat in einem schon als gegeben unterstellten Gegenstandsbereich zu bestimmen, unternimmt Cantor, indem er zeigt, dass jede durch Angabe eines Schematismus formaler Ausdrucksbildung begrenzte Beschreibung des Fürsichseins einer Menge oder Folge zu eng bleibt, und zwar nach einem ganz allgemeinen Muster, welchem gemäß man ‚ad hoc' und doch systematisch *jede Begrenzung* eines sortalen Bereichs von Gegenständen überschreiten kann, und das häufig sogar so, dass für die neu gebildeten Gegenstände gewisse basale Eigenschaften der durch sie transzendierten alten Bereiche erhalten bleiben. Dabei spiegelt sein Vorgehen sogar die Struktur der dialektischen Prinzipien wider, welche in den schon betrachteten Fällen zur Aufhebung von Problemen durch Begriffs- und Gegenstandserweiterungen führten.

Cantors Erweiterung des Begriffs der reellen Größe beruht auf der so genannten diagonalen Konstruktion oder *Diagonalisierung*. Diese hat die explizite Aufgabe, eine gegebene Grenze zu durchbrechen, in diesem Falle das Gesetz, wie die zulässigen Benennungen der reellen Zahlen zu bestimmen sind, sei es als Wurzeln gewisser analytischer Ausdrücke oder als Regeln einer Entwicklung unendlicher Folgen. Arbeitet man mit schematischen Zeichensystemen, wie sie z. B. in der noch zu besprechenden rekursiven Arithmetik kodifiziert sind (siehe Kap. 10), gibt es die Möglichkeit, alle im System möglichen Benennungen der reellen Zahlen und so auch die Zahlen selbst in einer Folge anzuordnen. Der Einfachheit halber kann man diese Methode an dem einfacheren Beispiel der Benennungen der Folgen von natürlichen Zahlen vorführen, die man ihrerseits als Dezimalbruchentwicklung einer reellen Zahl zwischen 0 und 1 lesen kann. Die Schreibweise 0,14159... vertritt z. B. die konzentrierte Folge 0; 0,14; 0,141; 0,1415; 0,14159; ... rationaler Zahlen, deren Limes der unendlichen Summe (d. h. der ‚Reihe') 0 + 0,1 + 0,04 + 0,001 + 0,0005 + 0,00009 + ... entspricht. Man kann beweisen, dass jede konzentrierte Folge in dieser Form darstellbar ist.

Wir betrachten zunächst explizit artikulierte Vorschriften f, welche für eine natürliche Zahl x eine natürliche Zahl $f(x) = a_x$ als Wert ergeben. Aus einer vollständige Aufzählung der Namen f_i erhält man eine Folge F von Folgen $f_1, f_2, f_3, f_4,$ ..., für welche $F(x, y) = f_x(y) = a_{xy}$ gilt:

f_1 $\boldsymbol{a_{11}}, a_{12}, a_{13}, a_{14} ...,$
f_2 $a_{21}, \boldsymbol{a_{22}}, a_{23}, a_{24} ...,$
f_3 $a_{31}, a_{32}, \boldsymbol{a_{33}}, a_{34} ...,$
f_4 $a_{41}, a_{42}, a_{43}, \boldsymbol{a_{44}} ...,$
...

Es ist nun anscheinend möglich, eine Folge d ‚zu konstruieren', welche sich *nicht* in der Aufzählung befindet. Man muss für die Funktion d nur dafür sorgen, dass sie sich von jedem beliebigen f_i an mindestens einer Stelle, etwa dem i-ten Element, in ihrem Wert unterscheidet. Man setzt z. B. für diese Deformation der Diagonale $F(x, x) = f_x(x) = 0, a_{11} a_{22} a_{33} a_{44}...$ Folgendes fest:

$d(x) = F(x, x) + 1.$

Es ist dann klar, dass $d \neq f_i$ für jedes i, weil ja gilt: $d(i) = F(i, i) + 1 = f_i(i) + 1 \neq f_i(i)$. Da die Folgen *als* Folgen ‚feinere' Identitätsbedingungen haben als die (gröberen) reellen Zahlen, könnte es im Prinzip immer noch sein, dass d keine *neue* reelle Zahl definiert. Deformiert man nämlich z. B. die Diagonale von

0,09999...,
0,01111...,
0,00111...,
0,00011...,
...,

indem man alle Ziffern, welche nicht 1 sind, durch 1 und die 1 durch 0 ersetzt, gelangt man zur Folge 0,10000..., die – als Zahl – mit dem ersten Glied 0,09999... identisch ist, und zwar im Sinne von Cauchys Äquivalenzkriterium. Das Problem entsteht durch eine Zweideutigkeit der dekadischen Repräsentationen. Eine Deformation der Diagonale durch Ersetzung aller Vorkommen von 2 durch 1 und aller Ziffern ungleich 2 durch 2 würde aber den reellzahligen Bereich notwendigerweise erweitern.

7.5 Diagonalargument

Die Diagonalkonstruktion führt zu einer ‚Benennung' eines ‚Gegenstandes', der in der Aufzählung F, von der wir ausgegangen waren, nicht vorkommt, oder besser gesagt, der in der Folge F nicht benannt wird. Das scheint zunächst nicht beunruhigend zu sein. Es wird jedoch beunruhigend, wenn man bedenkt, dass

(a) die Gegenstände uns zunächst nur über ihre Repräsentationen gegeben sind, und dass (b) diese Repräsentationen uns normalerweise als Symbolfolgen vorliegen, welche eine Aufzählung der obigen Art immer möglich zu machen scheinen. Denn damit erhält man einen klaren Widerspruch: Die Konstruktion führt zu einer ‚Benennung' einer Folge, die in der Aufzählung aller ‚benennbaren' Folgen nicht auftreten kann. Dieses ‚Paradox' kann man im Prinzip auf die folgenden drei Weisen aufzuheben versuchen:

(1) Man hält strikt an der Abhängigkeit der ‚Existenz' eines mathematischen Gegenstandes von seiner symbolischen Benennung fest, etwa unter Verweis auf die Notwendigkeit eines transsubjektiven Zugangs zu ihm, also die Möglichkeit, ihn überhaupt ‚dingfest' zu machen. Da die Benennung d klar die expressiven Möglichkeiten des ursprünglichen Systems übertrifft, benennt sie als bloße ad-hoc-Benennung noch keinen ‚anständig' definierten mathematischen Gegenstand. Gegen diese Position könnte man einwenden, dass sie zu einer gewissen Versteinerung kanonischer Bereiche führt und sich so verhält, als forderte man für alle ‚anständigen' Längen ihre Konstruierbarkeit mit Zirkel und Lineal.

(2) Die dialektische Antithese zur ersten Position einer ‚schlechten *Endlichkeit*', im Sinne einer zu eng gefassten Methode, ist die ‚schlechte *Unendlichkeit*' naiv ontologisierender Rede. Diese *glaubt* an eine ‚Existenz' von (mathematischen) Gegenständen und an (mathematische) Wahrheiten völlig unabhängig von deren symbolsprachlichen Konstitutionen und hat kein Problem mit der ‚These', dass viele Gegenstände und Wahrheiten in der Mathematik für unser ‚endliches' Erkennen prinzipiell unerreichbar seien. Die oben vorgeführte Metafolge F wird von dieser Position her als Widerlegung der These gelesen, man könne mit ‚bloß menschlichen' Mitteln die ‚Wirklichkeit' der reellen Zahlen ‚an sich' je ausschöpfen. Denn es gebe weit mehr unbenennbare als benennbare reelle Zahlen und damit auch weit mehr reelle Zahlen, die *nicht* in der Ordnung der rationalen Zahlen beliebig genau platzierbar sind, als solche, welche es sind.

(3) Beide eben skizzierten Ansätze haben ein Problem. Sie müssen – mit Wittgenstein gesagt – über etwas sprechen, worüber sie nach ihrem eigenen Standard nicht sprechen können. Die Aufhebung des Dilemmas in einer dritten Position ist aber keineswegs einfach. Um den Widerspruch aufzuheben, muss man sogar erst einmal die Notwendigkeit einer solchen Aufhebung noch genauer verstehen.

Um Cantors Diagonalkonstruktion adäquat beurteilen zu können, ist zu beachten, dass man bei jedem Vorschlag einer Festlegung dafür, was als zulässige Repräsentation von Folgen anzusehen ist, mit der Möglichkeit ihrer Erweiterung rechnen muss. Will man daher ein für allemal bestimmen, was alles als reelle Zahl betrachtet werden soll, wird man die Angabe einer sie repräsentierenden Folge oder Menge nicht an ein fixes Ausdruckssystem binden wollen, da man ein solches einfach durch die Diagonalkonstruktion überwinden könnte. Daher wird man den Gesamtbereich aller Folgen oder Teilmengen natürlicher oder rationaler Zahlen allgemeiner bestimmen, nämlich im Sinn einer bloß *irgendwie* definitorisch bestimmten Folge oder Menge. Die Methoden dieser Definitionen werden also gerade nicht ein für allemal fixiert. Damit können sie z. B. auch vom geschichtlichen und damit situationssensitiven Kontext abhängen, der in vielen Aspekten nicht ‚vorhersehbar' ist.

Die Diagonalkonstruktion zeigt dann, wie man zu einem aufzählbaren System von befolgbaren Benennungen eine befolgbare Benennung einer bis dahin noch nicht spezifizierten Folge bzw. Zahl konstruieren kann, und somit, wie die Unterscheidung einer *engeren* von einer *weiteren* Methode auf die Methode der Zahlbestimmung anzuwenden ist. Da die Benennungsweise *aller* reellen Zahlen zur *weiteren* Methode gehört, sind diese am Ende auch nicht ‚aufzählbar', zumindest nicht in einem engeren, schematischen Sinn, und der Widerspruch löst sich auf. Man kann diesen wichtigen Punkt am Beispiel einer ‚Aufhebung' des Paradoxes von Richard demonstrieren, das auf Cantors Diagonalkonstruktion der Zahlenfolgen zurückgeht und in der Tat einen Spezialfall der oben beschriebenen Paradoxie der ‚Benennbarkeit' darstellt.

Die Menge E soll die Menge der durch endliche Beschreibungen definierbaren Zahlfolgen (und damit von reellen Zahlen in Dezimalnotation) sein. Man kann die Beschreibungen in einer alphabetischen bzw. alphanumerischen Ordnung auflisten. Durch Diagonalisierung erhält man dann einen Namen d einer reellen Zahl, welche in E sein müsste, da d endlich ist, und zugleich nicht in E sein kann. Dieser Widerspruch entsteht aufgrund einiger impliziter Voraussetzungen:

(1) Wir operieren in einer Sprache mit endlichem und fixem Alphabet, wie es z. B. auf der Tastatur einer Schreibmaschine realisiert ist.

(2) Wir setzen eine gewisse alphabetische Ordnung aller dieser Zeichen (auch der Ziffern und Sonderzeichen) fest und ordnen alle endlichen Zeichenfolgen.

(3) Wir gehen durch die Liste und streichen alle Ausdrücke, welche keine Zahlenfolge (oder reelle Zahl) benennen.

(4) Am Ende erhalten wir eine Aufzählung (d_n) aller Namen von Zahlenfolgen oder reellen Zahlen, welche in der gegebenen Sprache ausdrückbar sind, demzufolge auch die Aufzählung (d_n) aller reellen Zahlen, welche man in dieser Weise definieren kann. Der Name d (= „Diagonalzahl von (d_n)") benennt aber der Definition nach keine der Zahlen aus (d_n) und kann sich also nicht in (d_n) befinden, wohin sie aber gehört.

Die Punkte (1)-(2) sind im Falle der einfachen Kunstsprachen völlig akzeptierbar. Der Kern des Paradoxes besteht in seiner Anwendung auf die natürliche Sprache. Erstens gibt es viele Sprachen mit vielen Alphabeten, zweitens ist jede dieser

Sprachen relativ frei und indefinit erweiterbar. Setzen wir jedoch voraus, die Sprache mit fixem Alphabet wäre für unsere üblichen Zwecke gut genug, dann können wir zu Punkt (3) übergehen.

Die Analyse zeigt dann das Folgende. Gehen wir durch die Liste und streichen wir die Ausdrücke, welche keine Namen von reellen Zahlen sind, dann müssen wir irgendwo auf den Ausdruck d stoßen. Richards Widerspruch entsteht dadurch, dass d wie ein Name aussieht, der durch den Hinweis auf die Folge (d_n) eine Bedeutung hat. Und das ist auch wahr, *nachdem* die Folge realisiert ist, d. h., *sobald* alle irrelevanten Ausdrücke gestrichen sind. In der Situation aber, in der wir uns befinden, verfügen wir erst über ein Anfangsfragment der Folge. Daher ist der Ausdruck d von der Art des Ausdrucks „diese Katze", der davon abhängt, ob es eine Katze im ‚logischen' Raum anaphorischer oder hinweisender Bezüge gibt oder nicht. Daraus ergibt sich, dass wir im ersten Durchgang den Ausdruck d *wohl streichen* müssen, da er *noch gar kein Name* ist. Das aber hebt das Paradox auf. Denn wenn die Aufzählung fertig ist, kann man selbstverständlich mit ihrer Hilfe neue Namen der reellen Zahlen formen, die klarerweise nicht in die ursprüngliche Aufzählung gehören, ohne damit unbenennbar zu werden, wie es uns die Cantorsche Liberalisierung des Aufzählungsprozesses suggeriert.[5]

Von einem allgemeinen logischen Standpunkt aus bietet diese Deutung des Diagonalarguments auch eine Sichtweise dafür an, wie man den Gegenstandsbereich der reellen Zahlen als *Entäußerung* der *Stetigkeit* verstehen kann. Diese ‚Stetigkeit' des reellen Zahlbegriffs besteht nämlich genau in der Weise, in der man schon die Repräsentationen der reellen Zahlen ‚fließend', also situations- und kontextabhängig zu behandeln hatte. Das aber bedeutet, dass man die höherstufige Frage nach der Gegenstandskonstitution sozusagen in diese Gegenstandskonstitution selbst eingebettet und so eine neue, ‚reflexive' Phase der Entwicklung des Zahlbegriffs begonnen hat.

8 Transfinites

Die Spannung zwischen der ‚schematischen', ‚ontologischen' und ‚dialektischen' Deutung des Diagonalarguments sollte uns jetzt ermöglichen, zu Cantors Schöpfung der Mengenlehre als einer Lehre von den *unendlichen Größen* überzugehen. Ausgangspunkt ist die Reflexion auf die Struktur des von ihm konstruierten Kontinuums. Es lassen sich dann auf dieser Basis sowohl Cantors Begriffsbildungen als auch die Vorwürfe der Kritiker beurteilen. Die Situation wird deswegen unübersichtlich, und damit auch spannend, weil Cantor trotz ontologischer ‚Lippenbekenntnisse' nicht selten ‚dialektisch' vorgeht. Wie das im vorigen Kapitel an den Fundamentalfolgen illustriert wurde, hält er sich häufig, zumindest implizit, an den ‚Grundsatz', dass sich die Größen *nicht unmittelbar* an den passiv rezipierten Phänomenen ‚befinden', sondern durch einen gewissen Umgang mit selbsterzeugten Figuren, also sprachartigen Symbolen und bildartigen Diagrammen *konstituiert* sind. Die abstrakten Gegenstände der Mathematik, die, wie oben beschrieben, durch die Form der Produktion ihrer Repräsentanten und durch eine tätige Kontrollbewertung entsprechender Gleichgültigkeiten (Äquivalenzen) konstituiert sind, werden dabei gewissen empirischen Sachen und Verhältnissen *zugesprochen*.

Es sind genau diese implizite Grundhaltung und ihre realen Äußerungen in Cantors Begriffsbildungen und Beweismethoden, welche den diskreditierten Begriff der unendlichen Größe, also auch die damit verbundene Erweiterung des Zahlbegriffs, zumindest teilweise rehabilitierten. Die sich dabei ergebenden Paradoxien des Unendlichen sind deswegen ganz anders zu behandeln als die mit den infinitesimalen Größen von Leibniz und Newton verbundenen angeblichen ‚Kompensationen von Fehlern'. Dass es sich am Ende doch wieder um eine ‚schlechte' Behandlung des Unendlichen handelt, liegt dabei nicht so sehr an den Prinzipien der Gegenstandskonstitution selbst, welche Cantor offensichtlich anerkennt und in eigenständiger Weise ausarbeitet, sondern genau an ihrer zu weiten Liberalisierung, welche die ‚praktischen' Grundlagen jedes Größenbegriffs in gewissem Sinn verkennt. Das Thema ‚Genie und Wahnsinn' entsteht hier also wieder in ganz neuer Form.

8.1 Paradoxien des Unendlichen

Die Identifikation der reellen Zahlen mit Äquivalenzklassen konzentrierter rationaler Folgen ermöglicht die Vermeidung eines jedes Gebrauchs der in sich zunächst noch inkohärenten Reden von infinitesimalen Größen $\frac{1}{\nu}$ mit $0 < \frac{1}{\nu} < \frac{1}{n}$ für jede endliche Zahl n oder auch von unendlichen Zahlen ν mit $n < \nu$. Die Frage aber nach ‚allen' reellen Zahlen führt jetzt zu einer anderen Vielfalt von Unendlichkeiten, welche über die Unendlichkeit der natürlichen Zahlen hinausgeht. Zunächst betrachten wir dazu die bloß scheinbar überraschende Tatsache, dass alle unendlichen Folgen wie

1, 2, 3, 4, ... oder 2, 4, 6, 8, ... oder 1, 3, 5, 7, ...,

‚die gleiche Anzahl' von Elementen haben, obwohl sie keineswegs die gleichen Elemente haben und die erste Folge, als Menge betrachtet, die beiden anderen als echte Teilmengen enthält. A ist dabei eine Teilmenge von B, symbolisch „$A \subseteq B$", wenn jedes Element von A auch in B enthalten ist, und A ist eine echte Teilmenge von B, symbolisch „$A \subset B$", wenn B zudem weitere Elemente enthält. Die erwähnte Beobachtung scheint auf den ersten Blick folgendem Prinzip bei Euklid zu widersprechen:

> Das Ganze ist grösser als sein Teil.[1]

Dabei ist die ‚Gleichzahligkeit' und die durch sie bestimmte ‚Mächtigkeit' zweier Mengen wie folgt definiert:

Zwei Mengen A und B haben gleich viele Elemente dann und nur dann, wenn sich die Elemente von A den Elementen von B bijektiv zuordnen lassen.

Man sagt dann, dass die Mengen A, B dieselbe Anzahl, Mächtigkeit oder Kardinalität $\overline{\overline{A}}$ und $\overline{\overline{B}}$ haben, symbolisch $\overline{\overline{A}} = \overline{\overline{B}}$. Die Übertragung auf unsere unendlichen Mengen ergibt, dass die Funktion $f(x) = 2x$ eine Bijektion ist, so dass die Menge aller natürlichen Zahlen *gleichzahlig* ist mit der Menge aller geraden Zahlen. Man kann die Menge der Zahlen also in zwei, drei usw. gleichzahlige Teile (Teilmengen) zerlegen. (Siehe Abbildung 28.) Ein Paradox oder scheinbarer Widerspruch ergibt sich daraus, dass für endliche Mengen A und B gilt, dass die Anzahl von A kleiner als die von B ist, wenn A echte Teilmenge von B ist. Für unendliche Teilmengen der Zahlen gilt diese Regel offenbar nicht, sonst müsste wegen den oben beschrieben Beziehungen die Ungleichheit $\overline{\overline{N}} < \overline{\overline{N}}$ gelten. Es ist ja die Anzahl der geraden Zahlen G in diesem Sinn kleiner als $\overline{\overline{N}}$, also $\overline{\overline{G}} < \overline{\overline{N}}$, und doch gilt für N vermittels $f(x) = 2x$ die Gleichung $\overline{\overline{N}} = \overline{\overline{G}}$.

```
1   2   3   4   5   6   ⋯
↓   ↓   ↓   ↓   ↓   ↓
2   4   6   8  10  12   ⋯
↓   ↓   ↓   ↓   ↓   ↓
1   3   5   7   9  11   ⋯    Abb. 28
```

Aus den frühen Versionen der Einsicht in diese Tatsache hatten manche ‚gefolgert', dass es unmöglich sei, das Unendliche zu ‚messen', während Bolzano in seinem Buch *Paradoxien des Unendlichen*[2] ‚nur' die Angemessenheit der Existenz einer Bijektion als Kriterium für die Definition der ‚Größe' einer unendlichen Menge in Zweifel zog. Cantors Aufhebung des Problems ist zunächst genial einfach. Die Möglichkeit einer bijektiven Zuordnung bleibt Kriterium für den ‚Größenvergleich' sowohl von endlichen als auch unendlichen Mengen ‚nach ihrer Anzahl'. Die Abbildbarkeit von A auf einen echten Teil von B im Fall von unendlichen Mengen ist aber nicht mehr *zureichende*, sondern nur *notwendige* Bedingung für die Gültigkeit der Ordnung der Mengen A und B nach ihrer Anzahl. Wenn A echte Teilmenge von B ist, dann gilt dann und nur dann, wenn A endliche Menge ist, immer $\bar{\bar{A}} < \bar{\bar{B}}$, sonst aber nur $\bar{\bar{A}} \leq \bar{\bar{B}}$. Die Relation $\bar{\bar{A}} < \bar{\bar{B}}$ wird definiert durch $\bar{\bar{A}} \leq \bar{\bar{B}}$ und $\bar{\bar{A}} \neq \bar{\bar{B}}$. Es gilt sogar, dass B eine unendliche Menge ist genau dann, wenn es eine echte Teilmenge A von B gibt mit $\bar{\bar{A}} = \bar{\bar{B}}$.

Indem Cantor die eben geschilderte Methode des Größenvergleichs zur Bestimmung seines Begriffs der Anzahl oder Mächtigkeit benutzt,[3] überwindet er sachlich die klaren Schwächen in seiner von Frege kritisierten Einführung der Zahlen durch psychologische Abstraktion. (Siehe dazu Abschnitt 7.3.) Offen bleibt aber wieder die Frage, ob seine radikale Überschreitung der Bedingung, dass Teilmengen A von Zahlen durch Aussageformen $A(x)$ zu definieren bzw. zu benennen seien, genial ist oder sinnlos. Einerseits unterstellt Cantor ganz offensichtlich, dass der Bereich der (reinen) Mengen die expressiven Möglichkeiten jedes Ausdruckssystems weit überschreitet, andererseits fasst er in seinen Überlegungen die Mengen und die unendlichen Größen nicht als ‚an sich' existierend, sondern als durch die Gleichgültigkeit der Extensionalität bzw. Gleichzahligkeit in ihrem Fürsichsein definierte Objekte auf. Woran es seinen Ausführungen mangelt und was sie zwischen Wahnsinn und Genialität oszillieren lässt, ist die Unklarheit, ob dieses Fürsichsein nicht bloß rein ‚formell' definiert ist.

So bleibt zunächst unklar, ob es überhaupt mehr als eine unendliche Größe gibt oder geben kann, und ob für diese Größen zumindest die Basisrelationen und Operationen wie ‚<' eindeutig definiert sind. Am Anfang schien dabei jeder Versuch, die konkreten Beispiele der ‚wohldefinierten' Mengen nach der Mächtigkeit zu vergleichen, zu einer *allgemeinen* Äquivalenz aller unendlichen Größen zu führen. Das betrifft zunächst Cantors wichtigen Nachweis der Gleichzahligkeit der Mengen der natürlichen und der rationalen Zahlen bzw. aller Zahlenpaare (x, y). Er benutzt dazu die *Cantorsche Paarungsfunktion*

$$p(x,y) = x + \frac{1}{2}(x+y-1)(x+y-2).{}^4$$

Die entsprechende Zuordnung lässt sich als diagonale Aufzählung einer zweidimensionalen Tabelle darstellen. Die Visualisierung einer möglichen Aufzählung wie in Abbildung 29 zeigt zugleich, wie eine unendliche Menge nicht nur in endlich viele, sondern in unendlich viele Mengen derselben Mächtigkeit zerlegbar ist.

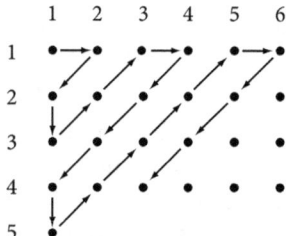

Abb. 29

Außerdem gelangte Cantor[5] zu einer Äquivalenz, welche die Fläche des Quadrats mit seiner Seite und dann auch die anderen Dimensionen der Geometrie, also das Volumen des Würfels mit seiner Seite usw., identifiziert. Die Idee selbst unterstellt schon eine bewusste Gleichsetzung der geometrischen Gebilde mit Punktmengen. Cantor missachtet damit bewusst eine seit Aristoteles bekannte und noch von Kant und Hegel sowie durchaus auch den Mathematikern zumeist explizit anerkannte kategoriale Grenze. Die vorgeschlagene Abbildung ordnet jedem Punkt des (Einheits-)Quadrates, der durch die Koordinaten

$$x = 0{,}x_1 x_2 x_3 \ldots \text{ und } y = 0{,}y_1 y_2 y_3 \ldots$$

lokalisiert wird, einen Punkt z der Seite durch die Konstruktion

$$z = 0{,}x_1 y_1 x_2 y_2 x_3 y_3 \ldots$$

zu. Wegen der bekannten Zweideutigkeit der dekadischen Darstellung handelt es sich zwar nur um eine Bijektion zwischen der Fläche des Quadrats und einem *echten* Teil seiner Seite. Das ist aber erstens leicht zu reparieren und es gilt in jedem Fall, dass es im Quadrat nicht ‚mehr' Punkte gibt als auf seiner Seite, was

Cantor selbst als eine große Überraschung empfand und für intuitiv unplausibel hielt.[6] Die gesuchte bijektive Abbildung kann immerhin nie *stetig* sein, was später von Brouwer bewiesen wurde[7] und als Basis einer breiteren Kritik an Cantors Begriffsbildungen und als Beleg für ihre zu große Liberalität diente.

Vor diesem Hintergrund bedeutet die Anwendung der Diagonalisierung in ihrer starken ‚ontologischen' Deutung einen ‚qualitativen' Fortschritt: Wenn man die Mengen der reellen Zahlen und auch ein Gesamt möglicher Zuordnungen als gegeben unterstellt, dann zeigt Cantors Diagonalargument, dass es keine *Abzählung* aller reellen Zahlen R geben kann, in dem Sinn, dass man jeder reellen Zahl in R eine und nur eine natürliche Zahl als Index zuordnen könnte. Eine Menge, die man auf die (Teil)menge der natürlichen Zahlen bijektiv abbilden kann, heißt *abzählbar*. Das Diagonalargument zeigt, dass R nicht abzählbar ist. Zusammen mit $\overline{N} \leq \overline{R}$ gelangt man so zu dem Schluss, dass $\overline{N} < \overline{R}$ gilt. Man sagt dazu auch, dass die Menge der reellen Zahlen *überabzählbar* ist. Damit erhalten wir zum ersten Mal zwei ganz verschiedene ‚Unendlichkeiten' oder ‚unendliche Anzahlen'.

Im Unterschied zur ‚ontologischen' Deutung der Diagonalkonstruktion besteht ihre ‚dialektische' Lesart in der Beobachtung, dass man von den ‚überabzählbar vielen' reellen Zahlen immer nur ‚abzählbar' viele situationsallgemein benennen kann. Bei einer konkreten Anwendung auf die Polynome zeigt diese Beobachtung sogar, wie man über eine (*deiktisch* oder *anaphorisch* zu explizierende) Benennung einer Folge aller *algebraischen* Zahlen eine *transzendente Zahl* konstruieren kann. Das wiederum zeigt, dass es auch situationsabhängige Begriffsbildungen gibt, welche in der Mathematik relevant werden können.

Wie wir am Ende des vorigen Kapitels angedeutet haben, kann man in der *dialektischen* Lesart Cantors ‚Beweis' auch so deuten, dass die reellen Zahlen ihrer *inneren* Konstitution nach insofern ‚stetig' sind, als man zu jedem fixen Benennungssystem neue Benennungen hinzunehmen kann, man also ihre Repräsentationen im anaphorischen Rückbezug auf ganze Ausdruckssysteme ‚stetig' weiterentwickeln kann. Damit wird die ‚Stetigkeit' des Konstitutionsprozesses sozusagen in den konstituierten Gegenständen selbst zugleich ‚verinnerlicht' und transparent gemacht. Die *ontologische* Lesart, welche von Cantor selbst vertreten wurde, unterstellt dagegen den Totalbereich aller Folgen schon als ‚diskret' gegeben und sieht die Gleichheit von reellen Zahlen in ‚äußeren' Eigenschaften und Relationen dieser Folgen. Die Zahlengerade wird dann von Anfang an als (lineare) Punktmenge betrachtet.

8.2 Transfinite Ordinalzahlen

Wenn man den Bereich ‚aller' Folgen voraussetzt, kann man das Kontinuum der reellen Zahlen auch ‚topologisch' charakterisieren, etwa durch die Eigenschaft, ‚abgeschlossen' (oder ‚vollständig') zu sein in Bezug auf das Dedekindsche *Supremum* jeder nach oben beschränkten Teilmenge. Solche topologischen Begriffsbildungen sind für Cantors Denken charakteristisch und gaben sogar den ursprünglichen Anstoß zur Untersuchung der Kardinalitäten transfiniter Mengen. Am Anfang stand dabei das Problem der trigonometrischen Reihen als Darstellungsform reellzahliger Funktionen, wie sie sich aus einer Betrachtung von Saitenschwingungen ergeben. Schon als Privatdozent beschäftigte sich Cantor mit dem Problem der Eindeutigkeit dieser trigonometrischen Darstellung einer Funktion und versuchte die Voraussetzung der Konvergenz zu erweitern, für welche das Eindeutigkeitstheorem schon bewiesen wurde. Dabei gelang es ihm zu beweisen, dass die Menge der Ausnahmepunkte nicht nur endlich, sondern auch unendlich sein kann, wenn diese Punkte auf bestimmte Weise in Bezug auf die ‚Grenzpunkte' der gegebenen Menge verteilt sind. Für eine ‚Gerade' A (als angeordnete, dichte Punktmenge ohne größten und kleinsten Punkt) und eine Teilmenge P definierte Cantor als Grenzpunkt von P jeden Punkt $a \in A$ „von solcher Lage, dass in jeder Umgebung desselben *unendlich* viele Punkte aus P sich befinden, wobei es vorkommen kann, dass er außerdem selbst zur Menge gehört".[8]

Heute spricht man in diesem Zusammenhang von einem *Häufungspunkt* von P und man pflegt ihn alternativ als einen Punkt a des Grundbereichs A zu definieren, den man mit Hilfe der Punkte von P beliebig gut approximieren kann, und zwar in folgendem Sinn: Zu jedem Punkt $b \in A$ mit $a < b$ (oder $b < a$) gibt es einen Punkt $c \in P$ so, dass $a < c < b$ (oder $b < c < a$). Ein Element von P ist ein *isolierter Punkt* (von P) genau dann, wenn es sich um *keinen* Häufungspunkt von P handelt. Im Unterschied zu den Häufungspunkten müssen isolierte Punkte von P *per definitionem* Elemente von P sein; sie sind die Punkte von P, welche durch die anderen Punkte dieser Menge nicht beliebig approximiert werden können, weil man sie immer in ein offenes Intervall, das disjunkt vom Rest der Menge ist, einschließen kann. Die Menge $P = \{\frac{1}{n}: n \in N\}$ von rationalen Zahlen besteht z. B. nur aus den isolierten Punkten, wobei der einzige Häufungspunkt, die Null, nicht zu P gehört. Der so genannte *Satz von Bolzano-Weierstraß*, nach welchem jede beschränkte unendliche Teilmenge reeller Zahlen mindestens einen Häufungspunkt besitzt, wurde eigentlich erst von Cantor bewiesen. Mit ihm wurde der Zusammenhang mit Dedekinds Satz vom Supremum hergestellt.

Für die Gerade R und ihre Teilmengen P definierte Cantor weiter die so genannte *Ableitung P'* als Menge aller Grenzpunkte von P, um zu untersuchen, wie sich diese und die weiteren Ableitungen P' zu der ursprünglichen Menge P

verhalten. Es ist relativ leicht zu beweisen,[9] dass, obwohl zwischen der Teilmenge P und deren erster Ableitung P' verschiedene Beziehungen bestehen können, die weiteren Ableitungen schon ‚abgeschlossen' sind. D. h., es gilt:

$P' \supseteq P'' \supseteq P''' \supseteq \ldots$

Die unendliche Menge der Ausnahmepunkte, welche Cantor im Zusammenhang mit der trigonometrischen Darstellung der Funktionen studierte, war eine solche Teilmenge P von R, für die es eine natürliche Zahl m gibt, so dass die Ableitungsreihe P', P'', …, $P^{(n)}$, … zu einer leeren Ableitung $P^{(m+1)}$ führt. Wenn dazu $P^{(m)}$ nicht leer ist, heißt P die Menge von m-ter Art und ist für beliebige m leicht zu konstruieren. Für $m = 1$ ist es z. B. die schon bekannte Menge

$P_1 = \{0\} \bigcup \{\frac{1}{n} : n \in N\}$.

Auf unserem Weg zu den unendlichen *Ordinalzahlen* interessiert uns jetzt aber ein etwas weniger trivialer Fall von Mengen, deren Ableitungsreihe am Ende zwar eine leere Ableitung hat, welche aber nicht in endlich vielen, sondern erst nach ‚unendlich vielen' Schritten erreichbar ist. Dass es solche Mengen gibt, ist relativ leicht zu zeigen: Man platziert die einzelnen Mengen P_m von m-ter Art – ihrer Struktur nach – in die unendlich vielen separaten Teile eines beschränkten Intervalls, z. B. in das durch die Folge $\left(\frac{1}{2^n}\right)$ geteilte Intervall [0,1]. (Siehe Abbildung 30.) Es ist dann klar, dass nach der zweiten Anwendung der Ableitungsoperation alle Punkte des ersten Teils (in dem P_1 platziert wurde) verschwinden, nach der dritten Anwendung alle Punkte des zweiten (mit P_2) usw., und dass man erst nach unendlich vielen Wiederholungen zur 0 gelangt, die selbst erst in dem Schritt $\infty + 1$ verschwindet. Man sieht so ein, *dass* und *wie* es einen guten Sinn hat, den Ableitungsprozess mit den Schritten

$\infty + 1, \infty + 2, \ldots, \infty + \infty, \ldots$

fortzusetzen, was den Grund für Cantors Erweiterung der Folge der endlichen Ordinalzahlen in die transfiniten Ordinalzahlen darstellte.

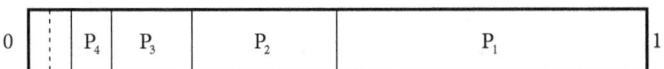

Abb. 30

Offiziell führte Cantor die Ordinalzahlen erst im Zusammenhang seiner allgemeinen Prinzipien der Mengenbildung ein, und zwar als Indices in einer verallgemeinerten Aufzählung einer *beliebigen* Menge M: Man wählt zu Beginn ein Element a von M aus, fügt ein zweites hinzu usw. Wenn man so zu einem Ende kommt, ist die gegebene Menge M endlich und das letztbenutzte Numerale ist ihre Ordinalzahl. Stoppt der Aufzählungsprozess nicht, ist die Menge unendlich. Es gibt dann zwei Möglichkeiten:

(1) In der Aufzählung kommt schon jedes Element von M vor, es bleiben also keine Elemente übrig. Dann entspricht die durch die Aufzählung *geordnete* Menge der Ordinalzahl ∞ (oder ω in Cantors späterer Schreibweise).

(2) Wenn es auch ‚nach unendlich vielen' Schritten noch Elemente von M gibt, die nicht schon in der Aufzählung auftreten, wählt man eines dieser Elemente und setzt es unmittelbar hinter die bisher konstruierte unendliche Folge. Die Aufzählung wird dann wie oben fortgesetzt.

Man kann z. B. die natürlichen Zahlen so aufzählen, dass man mit der Folge der geraden Zahlen beginnt. Dann kann man später mit der 1 anfangen und die ungeraden hinzufügen, erhält damit also: 2, 4, 6, 8, ..., 1, 3, 5, 7, ... und gelangt zur Ordinalzahl $\omega + \omega$. Man kann aber auch nur die Eins auslassen, beginnt also so: 2, 3, 4, ..., und fügt sie erst am Ende des Prozesses hinzu. Man erhält so die Folge 2, 3, 4, ..., 1 und die Ordinalzahl $\omega + 1$. Die rationalen Zahlen in der oben gegebenen Tabelle (Abbildung 29) kann man in diesem Sinn auch so aufzählen, dass man zuerst die erste Zeile durchläuft dann die zweite usw.:

$$\frac{1}{1}, \frac{1}{2}, \frac{1}{3}, \frac{1}{4}, ..., \frac{2}{1}, \frac{2}{2}, \frac{2}{3}, \frac{2}{4}, ..., \frac{3}{1}, \frac{3}{2}, \frac{3}{3}, \frac{3}{4}, ...$$

Diesem Prozess entspricht die Ordinalzahl $\omega + \omega + \omega + \omega + ... = \omega^2$ usw. Cantors konstitutive Erzeugungsprinzipien der Ordinalzahlen ähneln in gewissem Sinn Hegels ‚dialektischen' Überlegungen zum Umgang mit Grenzen bzw. begrenzten Gegenstandsbereichen:

(1) Man kann eine solche Begrenzung überwinden durch passende Hinzufügung einer Einheit.

(2) Man kann die Totalität von Gegenständen zu einer Einheit zusammenfassen und so ihre Begrenzung festsetzen.

Im Prinzip geht es auch in (2) um eine Art der Überwindung einer Grenze, die aber ersichtlich stärker als die in (1) beschriebene ist, da man durch sie neue Möglichkeiten der Zahlen- bzw. Mengenbildung schafft.

Das erste Prinzip allein verbleibt in der von Cantor so genannten *ersten Zahlenklasse* (I), die aus den uns bekannten endlichen Ordinalzahlen 1, 1 + 1, 1 +

1 + 1, ... besteht. Erst aufgrund des zweiten Prinzips (durch eine ‚Vereinigung') bzw. aus der Kombination beider erhalten wir die Ordinalzahlen, welche – in Bezug auf die ‚Anzahl' ihrer Vorgängerzahlen (oder Elemente) – zwar *unendlich* sind, aber zunächst die Mächtigkeit von (I) nicht überschreiten. In den bisherigen Beispielen kommen nur solche Ordinalzahlen vor und in der Folge

$$\omega, \omega + 1, ..., \omega + \omega, \omega + \omega + \omega, ..., \omega^2, ..., \omega^\omega, ..., \omega^{\omega^\omega}, ...$$

bleiben die Ordinalzahlen ebenfalls noch lange in diesem Sinn abzählbar. Ein Gesamt ‚aller' solcher Ordinalzahlen bildet nach Cantor die so genannte *zweite Zahlenklasse* (II), welcher – als ihre Grenze – die Ordinalzahl Ω entspricht.

Das alles ist zugegebenermaßen begrifflich noch ganz unbestimmt. Trotzdem kann man schon einsehen, wie Cantor dazu kommt zu behaupten, dass die zweite Zahlenklasse eine höhere Mächtigkeit als die erste Klasse hat. Dabei gilt offenbar sogar, dass ihre Mächtigkeit die nächst höhere sein muss: Man muss dazu nur daran erinnern, dass Ordinalzahlen ganz einfache *wohlgeordnete* Mengen sind, was bedeutet, dass jede absteigende Folge $\alpha_1 > \alpha_2 > ...$ von Ordinalzahlen, wie schon in den natürlichen Zahlen, *endlich* ist und dass daher auch jede Menge von Ordinalzahlen ein kleinstes Element hat.[10]

Damit ist es nur ein kleiner Schritt zur Definition der Ordinalzahl über eine Äquivalenzrelation zwischen beliebigen *wohlgeordneten* Mengen im eben erläuterten Sinn. Zwar erläuterte Cantor den *Ordnungstyp* einer Menge M zunächst auf ganz vage, intuitive, scheinbar psychologische Weise, indem er uns auffordert, von der Beschaffenheit ihrer Elemente, aber nicht von ihrer Ordnung irgendwie zu ‚abstrahieren' – wobei er das ‚Ergebnis' durch $\overline{M}$ notiert.[11] Handelt es sich um eine *Wohlordnung*, also eine Anordnung $(M, <)$ einer Menge M, in welcher jede Teilmenge ein kleinstes Element hat, erhält man eine Bestimmung des Fürsichseins bzw. der Identität der zugehörigen Ordinalzahl durch folgende Festsetzung:

Zwei wohlgeordnete Mengen $(A, <)$ und $(B, <)$ sind *ähnlich* oder haben *dieselbe Ordinalzahl*, symbolisch $\overline{A} = \overline{B}$, wenn es eine Bijektion f von A auf B gibt, die überdies *isomorph* ist, d. h. ihre Ordnungen bewahrt in dem Sinne, dass für beliebige x, y aus A die Beziehung $x < y$ genau dann gilt, wenn $f(x) < f(y)$ in B besteht.

Dieser Definition gemäß sind jetzt auch die (transfiniten) *Kardinalzahlen*, oder ihre Gleichung $\overline{\overline{A}} = \overline{\overline{B}}$, einfach durch den weiteren Abstraktionsschritt einführbar, in welchem man die Bedingung der Isomorphie aus der gegebenen Definition streicht und damit alle Ordinalzahlen der gleichen Mächtigkeit als Repräsentanten der gleichen Kardinalzahl auffasst.

Für wohlgeordnete Mengen A, B gilt der von Cantor bewiesene *Vergleichbarkeitssatz*, nach welchem entweder A ähnlich zu B, also strukturgleich ist, oder A einem Anfangsfragment von B ähnlich ist, oder aber B einem Anfangsfragment von A ähnlich ist. Es gilt damit $\bar{A} = \bar{B}$ oder $\bar{A} < \bar{B}$ oder $\bar{A} > \bar{B}$, d. h., die Ordinalzahlen (und damit die Kardinalzahlen) bilden selbst schon eine wohlgeordnete transfinite Folge. Wenn man die jeweils kleinste Ordinalzahl einer Mächtigkeitsklasse zum Standardvertreter der Mächtigkeit macht, erhält man Cantors Aleph-Notation. $\aleph_0$ steht dann für die erste transfinite Ordinalzahl ω. Sie steht zugleich für die Ordnung und die Mächtigkeit der Folge der natürlichen Zahlen. $\aleph_1$ repräsentiert die kleinste überabzählbare Kardinalzahl Ω und zugleich die Ordnung der selbst schon wohlgeordneten Folgen aller abzählbaren Ordinalzahlen.

8.3 Zur ‚Dignität' des Unendlichen

Wie schon in Abschnitt 5.5 erwähnt, entschied sich Cantor, der Sache nach im Gegensatz zu Hegel, aber zugleich auch der Form nach im Einklang mit ihm, „die Ordnungen oder Dignitäten des Unendlichen" explizit zu machen. In seiner Mengenlehre werden diese Ordnungen in ungeahnter und großartiger Weise entwickelt. Allerdings ist die Dignität dieser Betrachtung weder unumstritten noch schon voll geklärt. Denn alle Aussagen über ‚alle' Teilmengen der natürlichen Zahlen, ‚alle' abzählbaren Ordinalzahlen und dann auch ‚alle' Ordinalzahlen einer ‚höheren' Zahlenklasse, also einer Mächtigkeit größer als $\aleph_0$, sind zunächst bloß in einem Redemodus des An-sich formuliert.

Das gilt sogar für die allgemeinen Schilderungen des Fürsichseins, der Gleichheiten, der höheren Ordinal- und Kardinalzahlen, da diese selbst nur im Modus des An-sich erläutert sind. Es fehlt eine konkretisierende Angabe, was alles als realer Repräsentant, als Benennung transfiniter Gegenstände in Betracht kommt und wie die ‚Wahrheiten' der Gleichungen konkret festgelegt sein sollen. Das heißt, es fehlt die nicht nur von Hegel geforderte Bodenhaftung der symbolischen (figürlichen, sprachlichen, notationellen) Repräsentanten für transfinite Mengen, genauer, für jedes ihrer Elemente, wie wir sie bei den natürlichen, reellen oder algebraischen Zahlen ebenso zur Verfügung haben wie bei den durch Fregesche Aussageformen $A(x)$ definierten Teilmengen oder Folgen natürlicher Zahlen.

Die Situation wird noch undurchsichtiger, wenn man die ‚Beweise' erstens der Überabzählbarkeit von R und zweitens aller abzählbar-unendlichen Ordinalzahlen generalisiert und nicht nur zur Existenz zweier, sondern unendlich vieler verschiedener Unendlichkeiten gelangt, und zwar durch Betrachtung der *Potenzmenge P(M)* einer beliebigen Menge M, welche ‚alle' Teilmengen von M als

Elemente hat. Für den endlichen Fall ist klar, dass eine Menge von n Elementen 2^n Teilmengen hat. Daher kann man ganz naiv auch für den unendlichen Fall ein analoges Verhältnis erwarten, was dann die ‚ontologische' Anwendung der Diagonalkonstruktion ‚bestätigt'. Wir wollen dazu kurz einige Folgen dieses Schritts beschreiben.

Im Einklang mit der totalen Liberalisierung des Mengen- und Funktionsbegriffs ist jede Teilmenge M von N durch die so genannte *charakteristische Funktion* i_M repräsentierbar, welche für gegebene x aus N die Werte 1 und 0 annimmt, je nachdem, ob x ein Element von M ist oder nicht. Man kann dann jede Teilmenge von N einfach als eine unendliche Folge von 0 und 1 darstellen. Die Aufzählung der Teilmengen von N (ohne Null), die z. B. mit dem Fragment

i_1 **1**010101010...,
i_2 1**0**11111111...,
i_3 01**1**0101000...,
...

anfängt, also deren erstes Glied die Menge aller ungeraden Zahlen, deren zweites Glied die Menge aller Zahlen mit der Ausnahme der 2, deren drittes Glied die Menge aller Primzahlen usw. ist, ist dann leicht zu diagonalisieren. Man vertauscht einfach 0 mit 1 und *vice versa* in der Diagonale, um zu einer Folge d (= 010...) zu gelangen, die sicher in der Aufzählung fehlt und eine neue Teilmenge von N definiert. In Ansehung der Möglichkeit, die reellen Zahlen als unendliche Folgen von natürlichen Zahlen, im binomischen Falle also von 0 und 1, zu repräsentieren, ist der Zusammenhang mit dem Beweis der Überabzählbarkeit von R klar, ebenso, warum die Menge aller Folgen von 0 und 1 dieselbe Mächtigkeit wie R und $P(N)$ hat.

Der Fall $\overline{\overline{N}} < \overline{\overline{P(N)}}$ ist leicht zu verallgemeinern, so dass man zum so genannten *Satz von Cantor* gelangt, der besagt, dass für beliebige M die folgende Beziehung gilt:

$$\overline{\overline{M}} < \overline{\overline{P(M)}}.$$

Um den Satz zu beweisen, lässt man einfach die benutzte Visualisierung durch die Tabelle beiseite und begnügt sich mit der Idee einer charakteristischen Funktion. Unterstellt man jetzt, dass es eine Bijektion f von M auf $P(M)$ gibt, welche als Aufzählung (Indizierung) der Elemente von $P(M)$ vermittels der Elemente von M zu deuten ist, erhält man mit Hilfe ihrer Diagonalisierung die Menge $D = \{x: x \notin f(x)\}$. Dieser gehört ein Element x von M genau dann an, wenn x *nicht* in $f(x)$ liegt. Ihre Existenz steht jetzt aber im Widerspruch zur Voraussetzung, dass jede

Menge aus $P(M)$ ein Urbild in M hat, denn für das Element d von M, für welches $f(d) = D$ gilt, muss auch das Folgende gelten: $d \in D$ genau dann, wenn $d \in \{x: x \notin f(x)\}$, also $d \notin D$. Das aber kann nicht sein. Es gibt also keine bijektive Abbildung von M auf $P(M)$. Und weil $\overline{\overline{M}} \leq \overline{\overline{P(M)}}$ trivialerweise gilt, erhält man die Gültigkeit von $\overline{\overline{M}} < \overline{\overline{P(M)}}$. Aus Cantors Satz ergibt sich auch die Existenz einer monoton wachsenden Folge:

$$\overline{\overline{N}} < \overline{\overline{P(N)}} < \overline{\overline{P(P(N))}} < \overline{\overline{P(P(P(N)))}} < \ldots$$

Diese ‚Emanzipation des Unendlichen' liegt an einem bloß *schlicht*, an sich, skizzierten Begriff der Teilmenge, genauer, an einem vagen Totalitätsbegriff ‚aller' Teilmengen von M, wie er bei endlichen Mengen M harmlos, bei unendlichen Mengen nach wie vor umstritten ist. Als Symptom dieser Vagheit ist z. B. der Umstand zu erwähnen, dass die beiden transfiniten ‚Folgen', die Ordinalzahlenfolge und die von ihr abgeleitete Kardinalzahlenfolge

$\aleph_0, \aleph_1, \aleph_2, \aleph_3, \ldots,$

sowie die durch die Potenzierung erhaltene Reihung der wachsenden Mächtigkeiten

$\overline{\overline{N}}, \overline{\overline{P(N)}}, \overline{\overline{P(P(N))}}, \overline{\overline{P(P(P(N)))}}, \ldots$

größtenteils unabhängig voneinander verlaufen. Mit anderen Worten: Es ist ganz unklar, ob die hier relevanten ‚Wahrheiten' überhaupt schon festgesetzt sind. Da das offenbar nicht der Fall ist, sind die transfiniten Zahlen und Mengen noch gar nicht voll als Gegenstände definiert und wir sind wieder zu einem Fall der Art gelangt, der uns bei den infinitesimalen ‚Größen' so viel Ärger eingebracht hat, nämlich dass für sie keine Gleichungen und Ungleichungen definiert waren. Das ist unbezweifelbar eine große begriffliche Lücke.

Das Problem zeigt sich schon am Anfang der Bestimmung der ‚Größe' (Anzahl) von R. Wir wissen, dass es sich um die Mächtigkeit von $P(N)$ handelt, also der Menge aller Funktionen von N nach $\{0, 1\}$. Analog zum endlichen Fall und dem exponentiellen Wachstum der Potenzoperation pflegt man die Menge aller Funktionen von B nach A als A^B zu bezeichnen. Das erlaubt es, die Frage nach der Geltung der *Kontinuumshypothese* zu stellen, also nach der ‚Wahrheit' der Gleichung:

$2^{\aleph_0} = \aleph_1.$

Die Kontinuumshypothese besagt, dass die Mächtigkeit von $P(N)$ (= R) die erste größere Mächtigkeit nach der Anzahl von N ist. Nach Vorarbeiten durch Gödel hat Cohen bewiesen,[12] dass die Hypothese sich nicht aus den allgemein anerkannten Prinzipien oder Axiomen der Mengenbildung entscheiden lässt – so dass am Ende die Frage nach der Mächtigkeit von R die Antwort $\aleph_a$ für ‚fast' alle Ordinalzahlen a zulässt. Das macht ersichtlich, dass die Rede über die Mächtigkeit von $P(N)$, und auch über $P(N)$ selbst, in der Tat obskur und unbestimmt ist. Dasselbe gilt für ihre Verallgemeinerung

$$2^{\aleph_a} = \aleph_{a+1}.$$

Die Hypothese setzt in dieser Form implizit voraus, dass man R oder eine beliebige Menge M wohlordnen kann, was allerdings Zermelo mit Hilfe des – umstrittenen – Auswahlaxioms bewiesen hat.[13] Das Axiom besagt, dass es zu jeder Menge von nichtleeren Mengen eine Funktion gibt, die aus jeder dieser nichtleeren Mengen ein Element ‚auswählt', ohne konkret zu beschreiben, wie diese Auswahl vorzunehmen ist. Ohne diese Voraussetzung kann man die Hypothese auch so formulieren, dass es zwischen den Mächtigkeiten von N und R keine andere gibt, mit dem Vorbehalt, dass man jetzt allgemein nicht sicher sein kann, ob zwei Kardinalzahlen der Größe nach überhaupt vergleichbar sind. Das stellt ihren Status als ‚Größe' oder Zahl durchaus infrage. Als Ordinalzahlen sind zwar die Kardinalzahlen *per definitionem* vergleichbar, doch, um zu beweisen, dass jede Kardinalzahl auch eine Ordinalzahl ist, braucht man schon die Gültigkeit des *Wohlordnungssatzes*. Das Auswahlaxiom und auch die Kontinuumshypothese sind dabei deswegen umstritten, weil es sich um keine Mengenbildungsprinzipien handelt, sondern um Aussagen, die als wahr oder falsch in einem schon nach diesen Prinzipien aufgebauten Bereich ‚angenommen' werden.

Was die von uns fortgesetzt gestellte Frage einer doppelten Deutung von Cantors ‚framebreaking' im Sinne von ‚Genie oder Wahnsinn' angeht, so lässt sich die Gefahr der Sinnlosigkeit kurz an zwei Vergleichen klar machen. Nach dem ersten ähneln die Sätze über die Cantorschen Totalbereiche der hypothetischen ‚Möglichkeit', Musik dadurch zu ‚komponieren', dass man ‚alle' möglichen Permutationen von Tönen schrittweise durchgeht, und die nicht gelungenen Stücke streicht. Nach dem zweiten ähnelt eine ‚bewiesene' Existenzaussage in Cantors Totalbereich der Aussage, in der Bibliothek von Babel, die bei J. L. Borges definiert ist durch Aussonderungen von (irgendwie kohärenten) Texten aus allen möglichen Buchstabenfolgen, gäbe es eine vollständige Beschreibung des Lebens des Großvaters von Sherlock Holmes.[14]

9 Logizismus

Die Mengenlehre führt zu einer scheinbaren Emanzipation der mathematischen Gegenstände und Wahrheiten von ihren anschaulichen Repräsentationen wie den reproduzierbaren Ausdrucksformen und diagrammatischen Konstruktionen und damit zu einer Umdeutung der *intuitio* von einer – ihrem lateinischen Wortsinn nach – realen Anschauung zu einer denkenden Introspektion und Vorstellung. Es ist kein Wunder, dass aus der Tatsache mangelnder Festlegungen dafür, was hier alles als vorstellbar zählen mag, allerlei Paradoxien als Widersprüche zu Normalvorstellungen entstehen oder Antinomien der Art, dass man nicht weiß, wie man sich zwischen wahr und falsch entscheiden soll. Eine dieser Paradoxien ist die, dass der Totalbereich U aller Mengen keine Menge sein kann. Genauer gilt, dass die Teilklasse y aller Mengen x, welche sich selbst nicht als Element enthalten, keine Menge in U sein kann.

In diesem Kapitel geht es nun um die Lokalisierung des ‚transzendentalen' Ursprungs der bekannten logizistischen und mengentheoretischen Widersprüche, die mit dem Zahlbegriff zusammenhängen. Das Ziel ist es, die Gründe für die verschiedenen Versuche zu verstehen, wie in einem reinen Operieren mit formalen *Axiomensystemen* und einer glaubenden *Annahme*, dass es für sie ein Strukturmodell irgendwie gibt – oder, was dasselbe ist, dass sie deduktiv konsistent sind –, eine Art ‚Lösung' zu finden. Es wird sich dabei herausstellen, dass die radikalen Kritiker von Cantor und der Methoden der neuen Logik die Rolle unterschätzten, welche diese Projekte in der Selbstverständigung der Mathematik spielten. Allzu schematische Formen des Konstruktivismus und damit auch alle ‚revisionistischen' Philosophien, die nicht nur im Blick auf das Verständnis der Mathematik Kant und Wittgenstein folgen, aber auch der Logizismus Freges und Russells, wenn man diesen nicht als bloßen Hybrid in Cantors Mengenlehre einbettet, tendieren sozusagen zu einer allzu prohibitiven Moral, zu einer allzu schlichten Verneinung des ontologischen ‚Realismus' in der Mengenlehre. Für uns ist es daher wichtig, diese *einseitigen* Positionen von Anfang an als sich *wechselseitig* bestimmend begreifbar zu machen.

9.1 Humes Prinzip

Die meisten logizistischen und anti-logizistischen Grundlegungsversuche ‚aller' reinen Gegenstände und Wahrheiten der Mathematik übernehmen einfach Kants bekannte Dichotomien zwischen *Begriff* und *Anschauung*, *analytischen* und *synthetischen* Urteilen, bzw. *apriorischen* und *empirischen* (deiktischen, historischen) Aussagen *ex post*, oft sogar ohne ein hinreichend präzises Verständnis von ihrem Sinn. Dass mathematische Aussagen a priori und nicht empirisch in ihrer Geltungsform sind, ist wohl auf keinen Fall bestreitbar. Offen ist nur, wie zwischen analytischen und nicht-analytischen Sätzen zu unterscheiden ist. Kant drückt sich zwar gerade auch für heutige Leser nicht immer klar genug aus, aber seine Analyse der Zahlen lässt sich so verstehen, dass die Anschauung nicht rein rezeptiv, sondern synthetisch-konstruktiv ins Spiel kommt: Reine Zahlen gibt es nur auf der Grundlage der von uns entworfenen Form der *Herstellung* von leicht in der unmittelbaren Wahrnehmung unterscheidbaren und ebenso leicht in ihrer Ordnung lehr- und lernbaren *Symbol-* oder *Termfolgen* zum Zählen von Dingen. Wir konstruieren so die unterschiedlichsten *Zahlwortkalküle*. Frege hat, wie sich herausstellen wird, die entsprechenden ‚Kleinkinderzahlen' völlig zu Unrecht verachtet. Man denke etwa an Dezimalkalküle, Abakusstellungen, das 0-1-Kalkül oder Strichlisten. Die Trägerhandlungen und ‚Geräte' (im einfachsten Fall: die zehn Finger) stehen uns als (ganz ‚billig' herzustellende) Vergleichsmodelle zur Anzahlbestimmung von Gegenstandsmengen zur Verfügung.

Am Ende ist es bloß eine ganz gleichgültige Frage der Terminologie, ob man die arithmetischen Wahrheiten mit Kant unter das Label der nicht-analytischen Sätze a priori bringt, oder den Begriff des ‚Analytischen' über Kants und Freges Begriff der Folgerungen aus prädikativen Aussonderungsdefinitionen hinaus so erweitert, dass am Ende, wie schon bei Hegel und Carnap, alle reinen Sätze a priori ‚analytisch' heißen. Freges Idee einer *Begriffsschrift*, zusammen mit seiner Entscheidung, einige *konstruktive* Begriffsbildungen durch rekursive Definitionen auf der Grundlage der Explikation vermeintlich allgemeiner logischer Mittel der *Sprache* zu ersetzen, steht zwischen den radikaleren Positionen insofern, als sie die Definition der Mengen an die Konstruktionsform der prädikativen Ausdrücke mit ihrer inneren logischen Syntax bindet. Aber in der Unterstellung eines universalen Gegenstandsbereiches verdeckt Frege die Tatsache, dass es die reinen Zahlen und Mengen nur über eine Synthesis ihrer Ausdrücke ‚gibt' und dass prädikative Mengenbildungen von realen Dingen keineswegs die Unendlichkeit einer Gegenstandsmenge garantieren können. Frege übersieht daher, in welchem Maße seine Logik selbst schon von der Konstitution rein sortaler Gegenstandsbereiche abhängt, wie es sie nur als mathematische gibt, und dass sie damit den Weg von qualitativen zu rein quantitativen Unterscheidungen und Redeformen längst schon voraussetzt.

Dass Frege das Problem zumindest ahnt, zeigt seine oben bereits erwähnte Bestrebung (Abschnitt 6.5), den zugrunde liegenden Gegenstandsbereich näher zu beschreiben, aus welchem man durch die expliziten Definitionen vom Typ $Z(x)$ die Zahlen und dann auch die arithmetischen Funktionen und weitere Objekte logisch aussondern möchte. Definiert man die Zahlen wie Frege in materialer Form (auf der Objektebene, also nicht über qualitative Kommentare zu ihren möglichen Repräsentanten und Ausdrucksformen) als die Nachfolger der Null (oder Eins), dann scheint es immer noch notwendig zu sagen, von welcher Art Gegenstände wie die Null (oder Eins), und so auch die anderen Zahlen, sind und wie sie sich etwa von Julius Caesar oder der Freiheit unterscheiden. Im Einklang mit Hegels konstitutiven Prinzipien des Fürsichseins benutzt Frege dazu am Ende doch eine Festsetzung einer Gleichgültigkeitsrelation adäquater Repräsentationen. Angesichts seiner Beobachtung, dass man für quantifizierende Aussagen über Gegenstände immer einen Begriff braucht, der uns sagt, welche Gegenstände zu betrachten sind (siehe Abschnitt 7.3), ist bei ihm dann auch die Anzahl (Mächtigkeit, Kardinalzahl) durch die komplexe Notation $N_xF(x)$ repräsentierbar, in welcher der Hinweis auf den Begriff $F(x)$ enthalten ist. Dessen Bedeutung wird im Kontext von *Humes Prinzip*[1] bestimmt:

Es gilt $N_xF(x) = N_xG(x)$ genau dann, wenn es zwischen den Gegenständen, welche die Eigenschaften $F(x)$ und $G(x)$ haben, eine Bijektion gibt.

Wichtig ist, dass sich diese Definition mit den symbolischen Mitteln der Fregeschen Logik ausdrücken lässt, welche mit Ausnahme der Prädikate $F(x)$ und $G(x)$ und des neu eingeführten Operators N_x nur rein logische Ausdrücke einbezieht – genauer das, was Frege eben als *rein logische* Ausdrücke zulässt. Die Existenz einer Bijektion A, die für die Definition zentral ist, drückt man dann wie folgt aus:

$$(\exists A)\{(\forall x)[F(x) \to (\exists! y)(G(y) \wedge A(x, y))] \wedge (\forall y)[G(y) \to (\exists! x)(F(x) \wedge A(x, y))]\}.$$

Hier ist „$(\exists! x)F(x)$" eine Verkürzung für eine längere Formel „$(\exists x)(F(x) \wedge (\forall y)(F(y) \to x = y))$", welche nicht nur besagt, dass es ein x mit der Eigenschaft $F(x)$ gibt, sondern dass außer x kein weiterer Gegenstand diese Eigenschaft hat.

Der rein logische Charakter dieser Ausdrücke soll darin liegen, dass sie allgemeine Züge des richtigen Schließens explizit machen und so unabhängig von den Besonderheiten des konkreten Wissensgebiets anwendbar und gültig sein sollen. So steht z. B. das Subjunktionszeichen $\to$ für eine Satzverknüpfung, welche die Erlaubnis des Übergangs von Satz A zu Satz B in der Form einer wahren Aussage *explizit* macht. Die Gleichheit $M = O$ äußert dagegen die Möglichkeit, den Namen O für M in jedem Satzkontext $F(M)$ *salva veritate* zu ersetzen – wobei die zugelassenen Kontexte freilich bestimmt sein müssen. Und der Operator $N_xF(x)$ ist in diesem Sinn immerhin als Explikation dessen zu verstehen, dass die Qualität F für G *salva veritate* in einer Rede zu ersetzen ist, welche nur die quantitativen Aspekte von F und G berücksichtigt. Damit ist gemeint, dass die unter die Begriffe F und G fallenden Gegenstände dieselbe Anzahl haben.

Vielleicht mit Rücksicht auf seine frühere Entscheidung, in den logischen Methoden alle konstruktiven Aspekte der Mathematik zu unterdrücken, hielt Frege am Ende dennoch diesen Ausdruck nicht für logisch allgemein genug. Demzufolge ersetzte er ihn durch die Möglichkeit, die Rede, in der ein Prädikat F vorkommt, in die Rede *über* die Menge (Umfang, Wertverlauf) von F zu übersetzen, wie es im Rahmen des so genannten *Grundgesetzes V* festgesetzt wird:

$$\{x: F(x)\} = \{x: G(x)\} \text{ genau dann, wenn } (\forall x)(F(x) \leftrightarrow G(x)).$$

Die Operation $\{x: F(x)\}$ der Wertverlaufs- oder Mengenabstraktion ermöglicht es Frege, für Gegenstände Namen einzuführen, und ergänzt so die Möglichkeiten einer bloß begrifflichen Aussonderung um die Möglichkeit, die Extensionen der ausgesonderten Gegenstände als Wertverläufe oder Mengen und so auch als Anzahlen und Zahlen zu benennen. Um die Arithmetik rein als Teil der Logik nachzuweisen, will Frege immerhin die letzten Spuren eines materiellen Wissensbereichs eliminieren, wie sie noch in dem möglicherweise nicht rein logischen Prädikat F im Ausdruck $\{x: F(x)\}$ stecken könnten, um zu einem Begriff eines *rein logischen Gegenstandes* zu kommen, der sich als eine Art Vorform der *reinen Menge* herausstellen wird. Dazu schränkt Frege die in den Mengen- oder Wertverlaufstermen $\{x: F(x)\}$ zugelassenen logisch komplexen Prädikate F so ein, dass sie nur Ausdrücke aus dem rein logischen Vokabular enthalten, zu welchem neben der Gleichheit „=" allerdings ein Ausdruck für die später so genannte Element*relation* „∈" hinzukommt.

Zuerst scheint dabei das *Grundgesetz V* nicht nur die Existenz ‚reiner' Gegenstände zu garantieren, sondern auch den Umstand, dass es unendlich viele solcher Gegenstände gibt: Fangen wir mit dem Prädikat „$x \neq x$" an, das sicher keine hohen Ansprüche an den Variablenbereich stellt, gelangen wir mithilfe der Mengenabstraktion sofort zum Ausdruck „$\{x: x \neq x\}$". Es handelt sich formal um einen in jedem Variablenbereich logisch wohlgebildeten Ausdruck der Kategorie ‚Eigenname'. Er benennt, wie man später sagt, die ‚leere Menge', womit die Existenz zumindest eines Gegenstandes als gesichert erscheint. Aus diesem einen Gegenstand scheinen sich nun zwei, drei, ... und zuletzt unendlich viele Gegenstände zu ergeben, die man als abstrakte Repräsentationen der natürlichen Zahlen lesen zu können meint, und zwar durch die Konstruktion

$$\{x: x \neq x\} = 0,$$
$$\{x: x = 0\} = 1,$$
$$\ldots$$
$$\{x: x = 0 \vee x = 1 \vee \ldots x = n-1\} = n.$$

Dass es sich wirklich um verschiedene Objekte handelt, scheint das *Grundgesetz V* so zu zeigen: Man fängt einfach bei der ‚offenbar wahren' Aussage $\neg\,(\forall x)$ $(x \neq x \leftrightarrow x = 0) \rightarrow 0 \neq 1$ an, schließt auf $0 \neq 1$, und geht dann induktiv weiter auf der Basis der ‚offenbaren Wahrheit' von $\neg\,(\forall x)((x = 0 \vee x = 1 \vee \ldots x = n - 1) \leftrightarrow (x = 0 \vee x = 1 \vee \ldots x = n)) \rightarrow n \neq n + 1$. Nun gilt dieser Schluss auf die Existenz nur, wenn wir rekursiv Mengen von Mengen ... von Mengen bilden dürfen. Die Meinung, die Konstitution der reinen Gegenstände hänge nur von unserer Fähigkeit ab, logisch-prädikative Unterschiede zu machen, erweist sich damit schon als falsch.

J. von Neumann wird den oben beschriebenen ‚rekursiven' Aufbau im Bereich der hereditär endlichen reinen Mengen V_ω als Anfang der kumulativen Mengenhierarchie V zur Einführung der (zunächst endlichen) Ordinalzahlen explizit benutzen.[2] Die hereditär endlichen reinen Mengen ergeben sich aus einer Variation der obigen ‚Konstruktion', indem man ‚typentheoretisch' auf die methodischen Stufen der Variablenbereiche im Verlauf der Konstitution *neuer* Gegenstandsbereiche achtet. Man beginnt mit der leeren Menge $\{x: x \neq x\}$ als einzigem Urelement auf der 0.-ten Stufe des typenhierarchischen Aufbaus im Bereich V_0 und definiert im Ausgang des Bereichs V_n den Bereich V_{n+1}, indem man die Variable x zunächst bloß auf V_n bezieht, induktiv so: V_{n+1} ist der Bereich aller Gegenstände, die durch Mengenterme der folgenden Form bestimmt sind: $\{x: x = a_1 \vee x = a_2 \vee \ldots x = a_m\}$, wobei die a_i aus V_n stammen. Die hereditär endlichen Mengen V_ω ergeben sich einfach durch die Vereinigung der V_n. Es dehnen sich die Variablenbereiche und die Element- und Gleichheitsrelationen sozusagen nach und nach auf den Gesamtbereich aus.

9.2 Russells Antinomie

Das Problem solcher ‚reinen' Konstitutionen führt zur Einsicht in die Notwendigkeit einer kategorialen Unterscheidung zwischen Elementbeziehung und Kopula, Klasse und Menge, ferner zwischen einer Variablen in der Konstitution einen Gegenstandsbereichs, die man nach Lorenzen ‚Eigen'variable nennen kann (siehe Abschnitt 11.3), und einer ‚Objekt'variablen in einem schon konstituierten Bereich. Freges ‚offizielle' Lesart in dieser Ambivalenz ist die zweite, nach welcher die logisch komplexen Beschreibungen $A(x)$ in den Mengentermen sich auf einen schon gegebenen Variablenbereich (‚aller Gegenstände') beziehen. In dieser Lesart entsteht aber sofort ein formaler Widerspruch, nämlich aus der einfachen definitorischen Festsetzung

(K) $M \in \{x: F(x)\}$ genau dann, wenn $F(M)$,

welche die Kopula bzw. das Fallen eines Gegenstands M unter ein *Prädikat F* in die Elementbeziehung zweier *Gegenstände M* und $\{x: F(x)\}$ überführt. Da Relationen im Gesamtbereich definiert sein müssen, müssen jetzt aber auch Sätze bzw. Aussagen der Form $x \in x$ als wahr oder falsch angenommen werden. Das aber ist unvorsichtig. Denn mit Hilfe des *Grundgesetzes V* ergibt sich formal, dass auch ein Ausdruck der Form „die Menge aller Mengen, die nicht selbst Elemente von sich sind" als syntaktisch und semantisch wohlgebildet anerkannt werden muss. Dann aber müsste der Satz

$$\{x: x \notin x\} \in \{x: x \notin x\}$$

der Konvention (K) gemäß wahr sein genau dann, wenn seine Verneinung wahr ist

$$\{x: x \notin x\} \notin \{x: x \notin x\}.$$

Das ist schon der genannte Widerspruch, der nach seinem Entdecker – Bertrand Russell – benannt wurde. Da Frege seine Grundsätze zu Recht nicht nur als *semantische*, sondern auch als *syntaktische* Prinzipien aufstellt, zu welchen auch die Regel *ex falso quodlibet*, d. h. „aus Falschem folgt Beliebiges", gehört, wird in seinem System jede wohlgebildete Formel ableitbar, was seine ursprüngliche Idee, die Mathematik auf scheinbar sichere – unanschauliche – Weise, also rein logisch, zu ‚begründen', erst einmal kollabieren lässt.

Russells Antinomie ist nichtsdestoweniger schon auf formalistischen Wegen vermeidbar. Im so genannten Neologizismus bringt man dazu den Vorläufer des *Grundgesetzes V*, Humes Prinzip, wieder ins Spiel. Nach Humes Prinzip soll es zu je zwei Prädikaten $F(x)$ und $G(x)$, unter welche genau n Gegenstände fallen, genau einen Gegenstand geben, der die Anzahl n vertritt und der von den Gegenständen, welche die anderen Anzahlen vertreten, verschieden ist. In einem *endlichen* Bereich von n Gegenständen ist Humes Prinzip nicht erfüllbar. Denn in diesem Fall gibt es genau $n + 1$ Differenzierungen unterschiedlicher Anzahl, eine mehr, als der Bereich zur Verfügung stellt. Ist dagegen der Bereich *unendlich*, wie z. B. V_ω oder der Bereich der natürlichen Zahlen N, dann gibt es in ihm für jedes endliche Prädikat (von n Gegenständen) genau eine Anzahl (n) und es tritt zu den endlichen Anzahlen zunächst nur eine einzige neue Zahl, die Mächtigkeit einer abzählbar unendlichen Menge, hinzu, die allerdings kein Element in N ist. Das bedeutet aber in Bezug auf die Mächtigkeit von N keine ‚Vergrößerung'. Der Bereich kann *abzählbar* bleiben, und Humes Prinzip bleibt gültig, scheint also formal konsistent zu sein. Hilbert veranschaulicht die Situation von N an der Vorstellung eines ‚*unendlichen Hotels*', in dem alle mit natürlichen Zahlen (1, 2, 3, ...)

bezeichneten Zimmer schon belegt sind. (Siehe Abbildung 31.) Im Unterschied zu jedem endlichen Hotel, bekommt hier ein neuer Gast (0) doch noch ein Zimmer: Es genügt, jeden bereits einquartierten Gast von Zimmer n nach Zimmer $n + 1$ umziehen zu lassen.

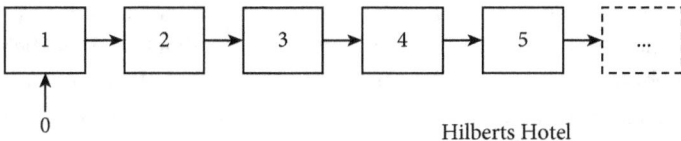

Hilberts Hotel

Abb. 31

Im Unterschied zu Humes Prinzip ist der Fall von *Grundgesetz V* so, dass in ihm die Verschiedenheit der einzuführenden Gegenstände an die Verschiedenheit der Mengen selbst gebunden ist. Es muss dann also der Bereich – um *Grundgesetz V* zu erfüllen – mindestens so viele Gegenstände haben, wie es bildbare Mengen gibt. Das steht aber im Widerspruch zu Cantors Theorem. Russell entdeckte das nach ihm benannte Paradox als Spezialfall einer Diagonalmenge $D = \{x: x \notin f(x)\}$, welche im Beweis des Theorems auftritt, einfach für die identische Bijektion $f(x) = x$.³ Die Frage, ob diese Menge Element von sich selbst ist, ob also $D \notin D$ oder $D \in D$ ‚gilt' (oder ‚gelten soll'), hat ernsteste Konsequenzen. Denn schuld an dem Widerspruch ist diesmal die Funktion selbst, welche anders als in Cantors Theorem nicht für nicht existent erklärt werden kann. Es muss schon die Möglichkeit, den Mengenterm zu bilden, ausgeschlossen werden.

Nach Russells Diagnose folgt das Problem aus der ‚imprädikativen' Natur des *Grundgesetzes V*: Links wird in ihm ein Gegenstand ‚eingeführt', der rechts schon als möglicher Variablenwert anzusehen ist. Frege definierte ‚etwas mithilfe einer Totalität, welche dieses Etwas schon in sich umfasst'.⁴ Russells Heilmittel ist ebenfalls bekannt, nämlich die neuen Objekte (Mengen) von den ursprünglichen (den Werten von x) zu trennen, also die Substituierbarkeit der Mengenterme „$\{x: F(x)\}$" für „x" zu verbieten, was zu einer *Typenhierarchie* verschiedener Mengen führt. Mit dieser Korrektur verschwindet zwar der Widerspruch und Freges Prinzipien sind dann untereinander formal konsistent, *Grundgesetz V* verliert aber alle oben aufgezählten Vorteile: Weil z. B. Ausdrücke wie „$x = \{x: x \neq x\}$" gar nicht bildbar sind, sind jetzt die logischen Gegenstände nicht nur der Natur, sondern auch der Anzahl nach abhängig von den Gegenständen des ursprünglichen Universums. Um eine Rekonstruktion der Arithmetik in dieser Richtung weiterzuführen – mit anderen Worten: ihren *internen* Sinn zu retten –, muss man also weitere *Ad-hoc*-Postulate wie Russells *Unendlichkeitsaxiom* annehmen.

9.3 Peano-Arithmetik

Eines der bleibenden Verdienste Freges besteht darin, die holistische Natur der Bedeutung von Namen, Prädikatworten und Quantoren im Zusammenhang der Sätze und ihrer Folgerungsbeziehungen nach und nach klar werden zu lassen. Dabei hängt die Bedeutung der Quantoren und Kennzeichnungsoperatoren ab von den Variablen- und damit den unterstellten Gegenstandsbereichen. Das aber sieht Frege selbst nicht in seiner ganzen Brisanz, weil er noch unbefangen einen gegebenen Bereich ‚aller' Entitäten unterstellt, nämlich den der Körperdinge (im ‚ersten' Reich der wirklichen und objektiven Gegenstände) zusammen mit den abstrakten Objekten (im ‚dritten' Reich der nichtwirklichen, aber immer noch objektiven Gegenstände). Zum ‚zweiten' Reich der wirklichen, aber nicht ‚objektiv' besprechbaren Sachen (Phänomene) gehören subjektive Vorstellungen.

Darüber hinaus setzt Frege nicht nur gewisse formale Gültigkeiten für alle Gegenstandsbereiche fest, sondern auch solche, die auf eine gewisse Teilklasse besonderer Bereiche, etwa der reinen Zahlen, zugeschnitten sind – und ebnet damit den Weg zu einer *axiomatischen* Darstellung differentieller und inferentieller Strukturen in vielen verschiedenen Gegenstandsbereichen oder ‚Modellen' (‚Belegungen') der Axiome, wie wir in Kap. 11 noch genauer sehen werden. Ein Standardfall ist das System der Axiome der so genannten *Peano-Arithmetik*, das eigentlich auf Dedekinds Version des Logizismus zurückgeht.[5] Dabei gibt es Varianten mit oder ohne Quantifizierung über Zahleigenschaften X, die in jedem Fall durch eine Bestimmung des Bereiches – etwa der bildbaren Prädikate – zu spezifizieren sind. Das wichtige Induktionsaxiom erhält dabei folgende Form:

(AI) $(\forall X)((X(0) \land (\forall y)(X(y) \to X(y+1)) \to (\forall x)X(x))$.

Es gibt dazu noch zwei Forderungen an die *Nachfolgerfunktion* $+1$:

(P1) $x + 1 \neq 0$ (die Null ist kein Nachfolger),
(P2) $x + 1 = y + 1 \to x = y$ (jeder Nachfolger hat genau einen Vorgänger).

Crispin Wright hat gezeigt,[6] dass diese Axiome im Rahmen von Freges logischem System schon aus Humes Prinzip deduktiv ableitbar sind. Sie bilden sozusagen die ‚geheimen Grundgesetze' seiner Zahlentheorie, die er nur noch ‚logisch begründen' will.

Die Peano-Arithmetik lässt sich auch semantisch deuten, und zwar als eine Art Explikation von Humes Prinzip. Jeder die Axiome erfüllende Gegenstandsbereich muss die Form einer durch die Operation $x + 1$ geordneten *Kette* (Folge) haben, welche ein erstes Glied hat (P1) und linear ist, also keine Verzweigungen zulässt (P2). Darüber hinaus dürfen keine Gegenstände des Bereichs außerhalb dieser Kette liegen (AI). (Siehe Abbildung 32.) Dedekind spricht in diesem Fall von einem *einfach unendlichen System*. In seiner Version des Logizismus sind die Peano-Axiome als ein Versuch zu verstehen, den Fragen nach der *Konstitution* der Gegenstände dadurch *auszuweichen*, dass man die Zahlen nicht durch ein *Prädikat Z(x)* aus einem *konkreten* Gegenstandsbereich (welchen man im Voraus beschreiben müsste) aussondert, sondern durch eine *formale Liste von Prinzipien* charakterisiert. Welcher Gegenstandsbereich oder Teilbereich auch immer die Prinzipien oder Axiome erfüllt, kann als Repräsentation der Zahlen genommen werden. Ein Zahlenbereich zu sein ist demnach eine ‚strukturelle Eigenschaft' eines Gegenstandsbereichs.

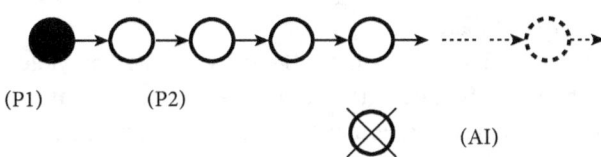

Abb. 32

Zunächst erkennt Frege in seiner Korrespondenz mit Hilbert[7] das interne Problem solcher *impliziten* Definitionen, das völlig analog ist zu Grassmanns rekursiven Begriffsbildungen (siehe Abschnitt 6.4): Es wird nicht *ein einziges Modell* bestimmt, sondern nur eine Bereichsklasse mit *einer gemeinsamen strukturellen Eigenschaft*. Zwar hat Dedekind mit Hilfe des Rekursionstheorems bewiesen, dass das System der Peano-Axiome *kategorisch* ist, d. h., dass alle seine Modelle strukturidentisch sind. Es bleibt aber aus der Sicht eines axiomatischen Zugangs zu den Zahlen zu ‚zeigen', dass es so etwas wie ein Modell für ein einfach unendliches System überhaupt gibt. Das ist die Bedingung der *Existenz*. Dedekind erkennt das Prekäre der zweiten Bedingung, indem er nachweist, dass sie in gewissem Sinn mit dem Postulat der Existenz einer unendlichen Menge äquivalent ist. Dedekinds eigene Versuche,[8] unter Rückgriff auf eine Idee Bolzanos das folgende einfach unendliche System zu konstruieren:

(S)   *a* ist Gegenstand meines Denkens,
(SS)   der Satz (S) ist Gegenstand meines Denkens,
(SSS)   der Satz (SS) (oder auch „dass S wahr ist") ist Gegenstand meines Denkens
        usw.

liefern aber eher eine *reductio ad absurdum* des logizistischen Unternehmens als eine Absicherung, denn sie müssen klar eine rekursive Definition benutzen. Allerdings gerät auch Freges Definition des Nachfolgers in einen Strudel von Zirkularitäten. Denn woher wissen wir, ob Freges Formel $Z(x)$ als Definition für die Zahlen korrekt und vollständig ist? Es soll nach Frege etwas eine Zahl sein, wenn es alle sich vererbenden Eigenschaften der Null hat. Es ist zwar klar, dass ein Gegenstand, der ‚wirklich' ein Nachfolger der Null ist, zu dem man also durch ‚endlich viele' Anwendungen der Operation + 1 von der Null anfangend gelangen kann, alle sich vererbenden Eigenschaften der Null hat. Doch schon die umgekehrte Richtung wird fragwürdig. Könnte es nicht einen Gegenstand geben, welcher alle sich vererbenden Eigenschaften der Null hat und dennoch kein ‚wirklicher' Nachfolger der Null ist? Nichtstandard-Zahlen sind in gewisser Weise von dieser Art. (Siehe Abschnitt 11.2 für weitere Details.)

Wir sehen daher auch, dass sich der externe Begriff der endlich vielen Schritte, die vom Zeichen 0 zu einem Standardnamen M einer ‚standard'-natürlichen Zahl m führen, *nicht* logizistisch oder axiomatisch definieren lässt, sondern eben längst schon für alle syntakto-semantischen Rekursionen als *praktisch* hinreichend klar und deutlich *vorausgesetzt* werden muss. Es scheint zwar für die Eigenschaft „x ist eine Zahl" das Folgende zu gelten: (1) die Null hat die Eigenschaft und (2), wenn x die Eigenschaft hat, so hat sie auch $x + 1$. Damit scheint das Antezedens von $Z(x)$ erfüllt, und wir können schließen: $(\forall x)(Z(x) \leftrightarrow x$ ist eine Zahl). Aber das ist ein Zirkelschluss: Um $Z(x)$ anwenden zu können, müssen wir ein *anderes* Prädikat F finden, welches von allen und nur von allen ‚wirklichen' Nachfolgern der Null – also den ‚standard'-natürlichen Zahlen – gilt. Hätten wir ein solches Prädikat, dann wäre aber auch die Definition von $Z(x)$ vollkommen nutzlos!

9.4 Das Problem des ‚dritten Menschen'

Die Leitidee des Logizismus, man könne das Anschauliche der Ausdrucksformen rein ablösen vom Abstrakten und Begrifflichen des Gegenstandsbereiches, scheitert. Die logisch bloß scheinbar elementaren Beziehungen des Für-sich-seins ‚$x = y$' und des Für-anderes-seins ‚$x \in y \wedge x \neq y$' der reinen Mengenlehre sind ohne konkrete Konstitution der je relevanten Element-Mengen-Bereiche noch nicht definiert. Das zeigt sogar schon ein Vorläuferproblem, das seit der Antike bekannt ist. Denn Russells Paradox hängt eng mit einem von Aristoteles aufgegriffenen Problem Platons zusammen.

Dieses entsteht, wenn man einen Satz der Art „Sokrates ist ein Mensch" als Ausdruck einer *Relation* zwischen zwei *Gegenständen* auffasst, nämlich dem konkreten Einzelmenschen und einem generischen Gegenstand, den man als den allgemeinen Menschen, als eidetische Form bzw. Idee, auffassen mag. Wir nennen diese Relation „teilnehmen" (*metechein*) oder „Teilhabe" (*methexis*). Im semantischen Aufstieg wird nun auch die Teilhabe zu einem gegenstandsartig gedeuteten (relationalen) Begriff (*eidos*). Das führt zunächst zu einem unendlichen Regress, da eine Idee einem Gegenstand zukommt genau dann, wenn die Idee der Teilhabe dem gemeinsamen Paar Gegenstand und Idee zukommt, was dann und nur dann der Fall ist, wenn die Idee der Teilhabe dem Tripel Gegenstand, Idee und Teilhabe zukommt usf. Zusammen mit der Möglichkeit, Fragen nach reflexiven Beziehungen zu stellen (etwa der Art, ob das Schöne selbst schön sei, also in der Relation der Teilhabe zu sich selbst stehe), führt dies auch zu einer Betrachtung der folgenden ‚Metaidee': x ist eine Idee, die nicht in der Teilhabebeziehung zu sich selbst steht. (Siehe Abbildung 33.) Es ist dann die Frage, ob diese Idee an sich selbst teilhat oder nicht. Damit erhält man zumindest eine frühe Möglichkeit für ein Paradox des Russellschen Typs.

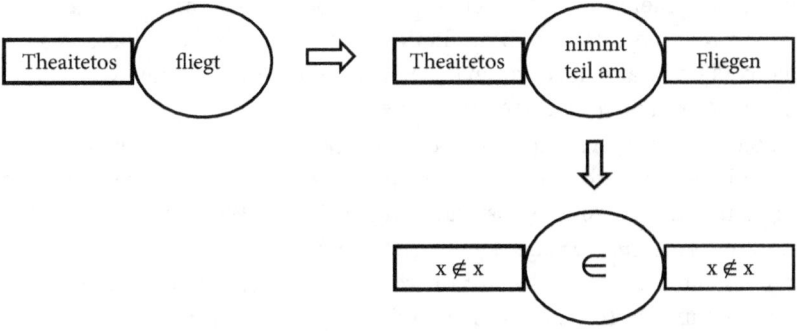

Abb. 33

Aristoteles vermeidet das Problem, indem er daran festzuhalten sucht, dass eine Form (ein Begriff, eine Idee, auch eine Zahl) immer eine Form von etwas Konkretem sei.[9] Es sollte inzwischen klar sein, dass und warum das keine Lösung ist, denn Sätze der Art „5 ist eine Primzahl" oder „die Menge der Primzahlen ist unendlich" sprechen keineswegs von konkreten Dingen. Auch der weitere Schachzug des Aristoteles führt ins Nichts, nämlich zu sagen, dass die Begriffe, Formen, Ideen, am Ende sogar die Mengen und Anzahlen nicht *außerhalb*, sondern *in* den Dingen oder Dinganhäufungen seien.

Sozusagen kongenial zum späten Platon erkennt auch der späte Wittgenstein, dass die Verwandlung von Formen oder Begriffen in Gegenstände und die Handlung des Zusprechens eines Prädikats in eine ‚objektive' Relation des Zukommens oder sogar schon in die Elementbeziehung das wahre Verständnis des Gebrauchs der entsprechenden Wörter und Satzformen sozusagen verstümmelt. Dies richtet sich gegen ‚aristotelische' Tendenzen im logisch-logizistischen Empirismus der analytischen Philosophie und betont die handlungsbezogene Form gerade auch der Prädikation und Aussage. Die Pointe dieser Analyse lässt sich schon an einem Satz zeigen wie:

das Prädikat kann nicht Subjekt sein.[10]

Der Widerspruch liegt hier offenbar darin, dass der Satz falsch ist, wenn er als Aussage über den *Ausdruck* „das Prädikat" gelesen wird, da der Satz selbst ein Gegenbeispiel ist, dass er aber ansonsten durchaus wahr ist, wenn man beachtet, dass Nominalisierungen Prädikate zu Nichtprädikaten machen, was gerade die Probleme des zweiten Teils des platonischen Dialogs *Parmenides* verursacht. Hegels Lob für diesen bis heute logisch kaum entschlüsselten Dialog ist daher mehr als berechtigt – samt der Einsicht, dass die Auflösung von Widersprüchen metalogischer Kommentare nicht in einem Verbot bestehen kann, sie überhaupt explizit zu formulieren, sondern in der Reflexion darauf bestehen muss, was sie ‚ausdrücken'. Platon hatte dazu schon das Sein als eine Art Mischung von ‚Ruhe' und ‚Bewegung', ‚Name' und ‚Verb' gedeutet.[11]

Die Einsicht, dass man nicht Namen mit Namen, Verben mit Verben, sondern nur Namen mit Verben verbinden kann,[12] ist eine klare Vorwegnahme von Freges Einsicht in den Kontrast von Gegenstand und Begriff, der Wittgenstein zunächst folgt. Schon im *Tractatus* betrachtet er auch formell selbstprädikative Sätze wie „Schwarz ist nicht schwarz",[13] die nur oberflächlich widersprüchlich sind. Man muss ihren Gebrauch betrachten und sieht dann, dass das Wort an der Subjektstelle sich immer auch schon im Inhalt vom Wort an der Prädikatstelle unterscheidet.

9.5 Cantors Paradox

Das Lösungsschema der logizistischen und mengentheoretischen Paradoxien, das wir schon im Zusammenhang mit Richards Paradox diskutiert haben (in Abschnitt 7.5), ist ganz allgemein von der folgenden Form: Es gibt weder abstrakte Gegenstände noch ihre Namen ‚an sich' in einem total abgetrennten Reich des wahren Seins. Ausdrücke bedeuten nichts, wenn sie nicht invariant benutzt und gedeutet werden, wozu notwendig auch die Situation ihrer Äußerung mit anaphorischen und deiktischen Bedingtheiten gehört.

Im Fall des Mengenbegriffs hängen diese Bedingtheiten ab von der die jeweilige Menge bestimmenden Eigenschaft. Deren Liberalisierung durch die ‚ontologische' Deutung der Diagonalkonstruktion, welche im Satz von Cantor nur einen anderen Ausdruck findet, hat als direkte Konsequenz die so genannte Cantorsche Antinomie. Diese entsteht aus der Anwendung des Verhältnisses $A < P(A)$ auf das totale System U aller Mengen. Wäre U eine Menge, gälte nicht nur $U < P(U)$, sondern – weil U die größte Klasse aller konsistent denkbaren Mengen sein soll, *quo maius cogitari non potest* – auch $P(U) \leq U$. Das führt zum Widerspruch $U < U$, der uns zeigt, dass die ‚Allklasse' aller Mengen keine Menge sein kann. Eine analoge Überlegung findet sich schon in Zenons Paradox der Vielheit, nach welchem es im Universum keine bestimmte Anzahl von Gegenständen geben kann. (Siehe Abbildung 34.) Wären es n Gegenstände, so wäre es nach Zenon immer möglich, zwischen ihren Grenzen, die *per definitionem* verschieden sind, einen anderen Gegenstand (und sei dieser bloß ein materieleerer Raum) zu finden und so die Voraussetzung zu widerlegen.[14]

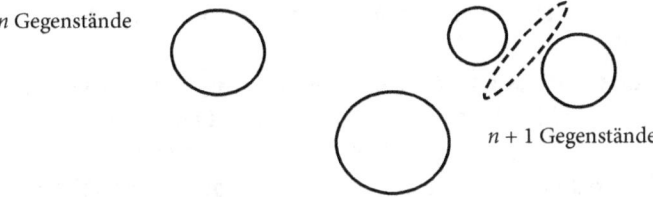

n Gegenstände

$n + 1$ Gegenstände

Abb. 34

Cantors eigene Aufhebung seiner Antinomie ist schon deswegen interessant, weil sie im Unterschied zu Russells Typenhierarchie nicht *ad hoc* zu sein scheint. Neben der traditionellen Unterscheidung zwischen potentieller und aktueller Unendlichkeit führt Cantor nämlich Typen des Aktuell-Unendlichen ein. Der erste Typ, das so genannte *Transfinitum*, erfüllt alle Charakteristika der Größe, also des Fürsichseins. Als solches unterliegt es der Anwendung der arithmetischen Operationen, auch wenn diese sich von denen bei endlichen Größen wesentlich unterscheiden. So gelten z. B. für die Kardinalzahlen die Gleichungen vom Typ $A + B = A \times B = \max\{A, B\}$, während bei Ordinalzahlen als Wohlordnungstypen die Assoziativität und Kommutativität nicht stattfinden, weil z. B. $1 + \omega = \omega \neq \omega + 1$ und $2 \times \omega = \omega \neq \omega \times 2 = \omega + \omega$.

Der Übergang zum Absoluten, den man spätestens jetzt mit Hegel als spekulativen unendlichen Begriff oder Totalbegriff erkennt, wird von Cantor so kommentiert:

> Das *Transfinite* mit seiner Fülle von Gestaltungen und Gestalten weist mit Notwendigkeit auf ein *Absolutes* hin, auf das „wahrhaft Unendliche", an dessen Größe keinerlei Hinzufügung oder Abnahme statthaben kann und welches daher quantitativ als *absolutes* Maximum anzusehen ist. Letzteres übersteigt gewissermaßen die menschliche Fassungskraft und entzieht sich namentlich mathematischer Determination; wogegen das *Transfinite* nicht nur das weite Gebiet des Möglichen in Gottes Erkenntnis erfüllt, sondern auch ein reiches, stets zunehmendes Feld idealer Forschung darbietet [...].[15]

Cantor verwendet hier die Rede von einem „wahrhaft Unendlichen" allerdings völlig entgegengesetzt zu dem von Hegel vorgeschlagenen Gebrauch, nämlich als ein durch die einfache (‚unendliche', ‚indefinite') Verneinung ohne konkrete Angabe des An-und-für-sich-seins angedeutetes ‚All' von möglichen Mengenbildungen. In seiner Korrespondenz mit Johannes Kardinal Franzelin, einem der Wortführer beim Ersten Vatikanischen Konzil, wird Cantor theologisch und will die mit menschlichen Mitteln beherrschbaren unendlichen Größen gegen jede Form des Verdachts des Pantheismus verteidigen. Dazu reserviert er das Wort „das Absolute" für die *Beschaffenheit* Gottes und erklärt, alle Versuche, diesen Typ des Unendlichen nach dem Vorbild des Transfinitums zu behandeln, müssten zu Widersprüchen führen.

Vor dem Hintergrund eines ‚an sich' als existent unterstellten Bereichs *aller* Möglichkeiten der Mengenbildung unterscheidet Cantor später auch zwischen *konsistenten* Mengen und *inkonsistenten* ‚Mengen'.[16] Diese Rede ist – wie die ebenfalls spätere Rede von den ‚zu großen' Mengen,[17] die nicht in demselben Sinn wie die ‚ordentlichen' Mengen existieren können – fiktiv, da man wie im Falle der *erkennbaren* und *unerkennbaren* Tatsachen und Gegenstände kein Kriterium hat und haben kann, wie sie voneinander zu unterscheiden sind. Cantors Versuch, dieses Kriterium darin zu finden, dass die Mengen des ersten Typs insofern ‚aufzählbar' sind, als sie *wohlgeordnet* werden können, ist schon eine partielle Anerkennung, dass man sich in der Bestimmung dessen, was ist, auf gewisse konstruktive Prinzipien stützen muss.

Wenn man den Bereich ‚aller Mengen' auf den hereditär endlichen Mengen V_ω aufbaut, erhält man eine *iterative Hierarchie* V als Vereinigung aller V_α, wobei α ein transfiniter Index aus dem System aller Ordinalzahlen beginnend mit ω ist. So ist $V_{\alpha+1}$ immer der Bereich aller Teilmengen von V_α. Für *Limesordinalzahlen* α, die nicht als Nachfolgerzahlen $\beta + 1$, sondern über die Vereinigung aller Ordinalzahlen $\gamma < \alpha$ definiert sind, definiert man auch V_α als Vereinigung aller V_γ, wie wir das schon für den Fall von V_ω als Vereinigung aller V_n mit $n < \omega$ gesehen haben. Diese Konstruktion transportiert alle Vagheiten der Potenzmenge sozusagen nach oben, so dass umstritten ist, ob überhaupt ein wohlbestimmter Gegenstandsbereich entsteht. Gödel untersucht nicht zuletzt deswegen das so genannte *Konstruierbarkeitsaxiom* $V = L$, wobei L die so genannte *konstruktive Hierarchie* ist, welche gewisse ‚imprädikative' Begriffsbildungen vermeidet und die Geltung der Kontinuumshypothese erzwingt.[18] (Siehe Abbildung 35.)

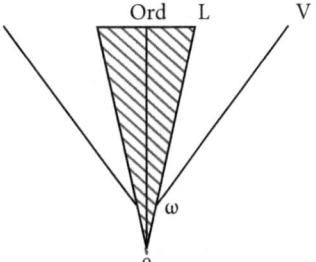

Abb. 35

Es ist bereits jetzt zu vermuten, dass die Kontinuumshypothese ‚unentscheidbar' nicht in dem Sinne ist, in welchem man dies z. B. von einem historischen Satz wie dem, dass Mozart vergiftet wurde, sagen kann – d. h., weil wir nicht genug Informationen haben –, sondern im Sinne des Satzes, dass Othello eine ganz bestimmte Anzahl von Haaren auf dem Kopf hat. Das liegt daran, dass *wir* den Wahrheitsbegriff der entsprechenden Sätze *unbestimmt* gelassen haben. Man kann zwar solche Sätze durch zusätzliche Postulate auf ja oder nein fixieren, z. B. durch die Entscheidung, Othello müsse als Maure zumindest 150.000 Haare haben. In ähnlicher Weise setzt man etwa $V = L$. Es ist aber klar, dass ein solches Vorgehen das Grundproblem der Unbestimmtheiten gar nicht löst. Es kann aber auch sein, dass an diesen Bestimmungen gar nichts besonders Wichtiges liegt, da das Gesamtsystem aller Mengen ohnehin schon viel zu allgemein ist.

10 Wahlfolgen

Ein sortaler Gegenstandsbereich ist ein solcher, für den ein ausschließendes ‚Entweder-Oder' für Gleichheit und Ungleichheit zwischen fest umrissenen Möglichkeiten der Gegenstandsrepräsentation (Benennung) definiert ist. Damit ist das Für-sich-sein und Für-anderes-sein der Gegenstände und Relationen bestimmt. Die extrem liberalen Regelungen der Mengenlehre für die Skizzierung möglicher Mengen als Gegenstände und damit als mögliche Elemente können wegen des Mangels an Bestimmung *prima facie* zunächst bloß als schlecht unendlich angesehen werden. Paradoxerweise bringen sie sogar ähnlich wie schon Newtons Fluenten und Fluxionen zeitliche und damit empirisch-deiktische Phänomene zurück in die Mathematik, da ja die Bestimmungen der Diagonalfolgen hochgradig anaphorisch abhängen von ‚beliebigen' Anordnungen der Folgen, wobei auch die Anordnungen selbst unbedingt schon als *Sprechakte* und nicht bloß als Ausdrücke zu verstehen sind, wie Richards Paradox klar zeigt.

L. E. J. Brouwers Intuitionismus spiegelt in einer eindrucksvollen und einflussreichen Weise beide Umstände wider. Einerseits drückt er die Einsicht aus, dass der logizistische Versuch, aus der Mathematik die Anschauung auszutreiben, schon deswegen gescheitert ist, weil konkrete Mathematik nach wie vor immer mit konkreten Symbolen und Diagrammen operiert und auf die Leistungsfähigkeit und die Begrenzungen je konkreter Operationsformen reflektiert. Andererseits baut Brouwer darauf, dass die indefinite Hierarchie gestufter Bestimmungen von Gegenstandsbereichen wie etwa diverser Klassen von Folgen oder Mengen von Zahlen selbst schon als eine Abfolge in der Zeit zu verstehen ist. Die Konsequenz, die er zieht, ist zunächst systematisch nahe liegend. Die mathematischen Gegenstände ‚gibt' es nur in den stufenförmigen und eben damit zeitabhängigen Erweiterungen der Gegenstandsbereiche, so dass auch die Existenzaussagen sozusagen abhängen von diesem *Wachsen*. Daher scheint der Versuch vergeblich, das Fürsichsein der Identitäten und die Basisrelationen aller mathematischen Objekte ein für allemal wie in der naiven Mengenhierarchie zu bestimmen. Stattdessen müssen, so scheint es weiter, die formalen logischen Prinzipien des Schließens auf den Prüfstand, soweit ihre Gültigkeit abhängt von der Unterstellung eines fest gegebenen ‚ewigen' sortalen Bereichs aller mathematischen Gegenstände.

Das ist der weitgehend unbekannte Grund dafür, dass Brouwer einige grundlegende Prinzipien des ‚klassischen' Logikkalküls besonders im Umgang mit Variablen und Quantoren für „onbetrouwbaar", *unzuverlässig*, erklärte, und zwar gerade für eine ‚Mathematik des Kontinuums'.[1] Brouwers Kritik richtet sich deswegen besonders gegen das Prinzip oder die Regel *vom ausgeschlossenen Dritten*, weil diese in der quantifikationellen Form „es gibt ein x mit der Eigenschaft $A(x)$

oder für alle x gilt $\neg A(x)$" einen fix und fertigen Gegenstandsbereich unterstellt. Versteht man die Aussage, es gebe ein x mit der Eigenschaft $A(x)$, als *Sprechakt* mit konkretem ‚Commitment', auf Nachfrage ein Beispiel *zu nennen* oder sein Fürsichsein wenigstens genau genug zu *charakterisieren*, so folgt $(\exists x)A(x)$ nicht *immer* aus $\neg(\forall x)\neg A(x)$. Denn daraus, dass man schon ‚an sich', also bloß aufgrund der allgemeinen Form der zulässigen Erweiterungsbereiche, widerlegen kann, dass ‚alle möglichen' Gegenstände die Eigenschaft $A(x)$ nicht haben, ergibt sich noch keineswegs, dass man die Existenz eines M mit der Eigenschaft $A(M)$ begründen könnte.

Nicht ein unbezweifelbarer Psychologismus, vielmehr die (impliziten) Hinweise auf die Bedeutung konkreter Sprachhandlungen in Brouwers Wiener Vortrag von 1928,[2] motivierten Wittgenstein zur Wiederaufnahme seiner logischen Analysen zur Philosophie – und stehen damit am Anfang eines damit verbundenen ‚pragmatic turn'. Sogar noch die Überlegungen zum *Regelfolgen* gehen aus einer Auseinandersetzung mit Brouwers Begriff der *freien Wahlfolge* hervor.

10.1 Regelfolgen

In seinen Überlegungen zum Regelfolgen transformiert Wittgenstein die Frage nach der Bedeutung der Wörter, Sätze und Aussagen in die Frage danach, wie man feststellen kann, ob jemand, z. B. ein Kind, sich diese Bedeutung, als Regel erfasst, ausreichend angeeignet hat und daher über das entsprechende Können und Wissen verfügt.[3] Wittgensteins Beispiel ist die Regel, mit 0 zu beginnen und die Zahl 2 zu addieren. Schon Kant hatte dabei Begriffe als Regeln angesehen und den Verstand bzw. das Verstehen als ein ‚sich auf etwas Verstehen', genauer, als Vermögen aufgefasst, Regeln zu befolgen oder Begriffe zu beherrschen. Entsprechend kurz ist auch der Weg bei Wittgenstein vom Regelfolgen zu einer pragmatisch orientierten Semantik. Um nun den Begriff bzw. die Regel „$x + 2$" zu beherrschen (zu lernen), muss man schon fähig sein oder wenigstens fähig werden, auf Anfrage ein gewisses ‚regelmäßiges Verhalten' zu zeigen oder besser, auf eine bestimmte Weise zu handeln. In unserem Fall muss man die Folge 0, 2, 4, 6, 8 usw. richtig reproduzieren und fortsetzen.

Das Hauptproblem, wie es Wittgenstein skizziert, scheint zunächst darin zu bestehen, dass man immer nur endlich viele Schritte der Folge und auch immer nur endlich viele Instanzen eines Begriffsgebrauchs kontrollieren kann. Es stellt sich daher die Frage, wie man eigentlich *weiß* oder zu wissen meint, dass man selbst oder jemand anderes, etwa ein Kind, *wirklich* der gemeinten Regel folgt und nicht etwa einer anderen, die z. B. nach 500 Schritten auf einmal so fortschreitet: 1000, 1004, 1008, 1012 usw. Die Stärke von Wittgensteins Überlegung

– welche sich dann auch auf sein späteres Argument gegen die Möglichkeit einer Privatsprache auswirkt – zeigt sich darin, dass man die gleiche Frage auch an jeden Gesprächspartner richten kann: Wie kann *er* wissen, dass er der Regel richtig folgt, dass er also die ‚Intentionen des Lehrers' richtig verstanden hat? Die ‚Lösung', welche Saul Kripke in seinem berühmten Buch[4] als eine skeptische Lösung des skeptischen Paradoxes bezeichnete, besagt, diese Frage könne keine *positive* Antwort erhalten.

Es gibt keinen einfachen ‚Vergleichsgegenstand', an welchem man die Richtigkeit der Ansichten beider – des Schülers und des Lehrers – auf einer höheren Ebene messen könnte. Denn solche Gegenstände wären, wie man am Fall des dritten Menschen schon sehen konnte, nur als eine weitere (‚dritte') Regel (als eine dritte Funktion, als ein dritter Begriff oder eine dritte Relation) eingeführt, *deren* Anwendung entsprechend als Erfüllung einer Relation zu prüfen wäre, was zu dem oben schon aufgewiesenen unendlichen Regress (Abschnitt 9.4) führen würde. Das einzige, was uns zur Verfügung steht, ist die in der ganzen Geschichte schon implizit vorausgesetzte Praxis der gemeinsamen Anerkennung beider Gesprächspartner, die so genau und scharf ist, wie *wir* eben fähig sind, sie ‚scharf' zu machen. Mit anderen Worten: Es ist am Ende immer nur die relative Stabilität der praktischen Übereinstimmung derer, die Handlungen untereinander als gut oder richtig, als Bedingungen oder normative Formen oder Regeln erfüllend anerkennen – oder eben nicht. Nur so können wir im Appell an durch Regelausdrücke dingfest gemachte Regeln entscheiden, was richtig oder wahr ist und was unrichtig oder falsch ist.

Zu diesen Einsichten wurde Wittgenstein schon durch Brouwers Erkenntnis veranlasst, dass die Mathematik weit eher eine geformte Tätigkeit ist als eine Theorie im Sinne eines festen Satzproduktionssystems.[5] Sogar in der Mathematik müssen wir Sprechhandlungen, Aussagen, betrachten, und nicht bloß die Sätze als syntaktische Konfigurationen oder Formen. Hinzu kommt Brouwers zweite Einsicht, dass man die Mehrzahl von Cantors Ergebnissen, besonders die zur Topologie und damit zum Stetigkeitsbegriff der reellen Zahlen, beibehalten kann, ohne sich unbedingt die Probleme der transfiniten Hierarchie ‚aller Mengen' einhandeln zu müssen. Es genügt dazu, die Diagonalkonstruktion nicht als Zeichen einer vermeintlichen Unabhängigkeit des mathematischen *Seins* von unserer Kontrolle zu lesen, sondern umgekehrt als Beleg dafür, dass es sich um ein Resultat der freien Aktivität des denkendes Subjekts handelt, also um einen Vollzug im Denken, so dass auch die Gegenstände (wie die Punkte auf der Zahlengerade) in einer Art *Werden* situiert sind. Die zur Definition der reellen Zahlen gebrauchten Folgen natürlicher oder rationaler Zahlen sind also nicht als schlicht existierend vorzustellen, sondern hängen immer ab von der ‚freien' Wahl des schöpfenden Subjekts.

Brouwer beginnt also nicht mit einer Bestimmung erlaubter Folgengesetze, sondern lässt eine Folge auch scheinbar ‚höchst liberal' abhängen von realen oder vorgestellten Willkürentscheidungen darüber, wie jemand eine bloß endliche Anfangsfolge fortzusetzen gedenkt. Damit betrachtet er auch Fortsetzungen, die man etwa aufgrund eines empirisch-kontingenten Prozesses wie des Werfens eines Würfels produzieren kann. Wie man sich den sich so ergebenden Begriff einer ‚empirischen' oder als empirisch vorgestellten freien *Wahlfolge* in einem gemeinsamen Bereich mit den *gesetzesartigen* unendlichen und damit immerhin bestimmten Folgen vorstellen können soll, bleibt leider ungeklärt. Der Unterschied zu Cantors Auffassung besteht aber gerade in der Unterstellung Brouwers, man könne mit den Wahlfolgen – aufgrund ihrer Entstehung aus endlichen Anfangsstücken – ohnehin immer nur auf der Basis ihrer endlichen Fragmente zusammen mit einer Vorstellung von einem ‚Und-irgendwie-so-weiter' arbeiten.

10.2 Schwache Gegenbeispiele

Wie diese Unterstellung als eine Art konstitutive Devise zu verstehen ist, hängt – wie im Fall von Bolzanos Beweis des Zwischenwertsatzes – von anderen Prinzipien ab, welche Brouwer im Laufe der Zeit allmählich anerkennt. Zu den frühesten gehörte das Prinzip der *schwachen Gegenbeispiele*, mit welchem er die im klassischen Prädikatenkalkül als allgemein gültig angesehenen Schlussregeln und auch die klassischen mathematischen ‚Wahrheiten' zwar nicht zu *widerlegen*, aber immerhin als unzuverlässig oder ambivalent auszuweisen meinte, und zwar vor dem Hintergrund eines zu eben diesem Zweck eingeführten Begriffsapparats.

Unter einer *fliehenden Eigenschaft* versteht man mit Brouwer eine (numerische) Eigenschaft B, welche (1) entscheidbar ist, d. h., man weiß für jedes gegebene x, ob ihm B zukommt oder nicht, ohne aber zu wissen, (2) ob es ein x mit der Eigenschaft B überhaupt gibt oder ob kein x ein B ist. F ist ein Beispiel einer solchen fliehenden Eigenschaft, wenn man es so definiert:

$F(x)$ = „x ist eine gerade Zahl grösser als 2, die nicht Summe zweier Primzahlen ist".

Die bisher in der Zahlentheorie weder bewiesene noch widerlegte und daher noch nicht entschiedene *Goldbachsche Vermutung* besagt dann, dass es keine Zahl x mit der Eigenschaft F gibt. Bis vor kurzem war folgende Eigenschaft G noch nicht entschieden und daher eine fliehende Eigenschaft:

$G(x)$ = „x ist eine Stelle in der Dezimalentwicklung von π, nach welcher die Ziffern 0123456789 folgen".

Die erste Zahl k, für welche $B(k)$ gilt, nennt man *Lösungszahl*; für die Eigenschaft G wurde sie als 17387594880 entdeckt. Auf der Grundlage einer fliehenden Eigenschaft B lässt sich eine zugehörige so genannte *Pendelzahl* $a = (a_n)$ wie folgt definieren:

$$a_n = \begin{cases} \left(-\frac{1}{2}\right)^n & \text{falls für jedes } m \leq n\ B(m) \text{ nicht gilt,} \\ \left(-\frac{1}{2}\right)^k & \text{falls } k \leq n \text{ und } k \text{ eine Lösungszahl ist.} \end{cases}$$

Für eine konkrete Wahl von B (z. B. $B = F$) erhält man mit a ganz offensichtlich eine Beschreibung einer reellen Zahl, und zwar als Grenzwert einer Folge, die gegen Null mit einer sich verkleinernden Periode pendelt, bis sie eventuell auf der kritischen Potenz haltmacht und konstant wird. Aus der Tatsache, dass B fliehend ist, folgt, dass man aufgrund des Anfangsstückes von a nicht wissen kann, ob $a = 0$ oder $a \neq 0$ gilt. Denn sonst wäre die Goldbachsche Vermutung bewiesen. Brouwer hält daher das Prinzip vom ausgeschlossenen Dritten, aber auch die Trichotomie der Anordnung <, d. h. die Gültigkeit von

$a < 0$ oder $a = 0$ oder $a > 0$,

für ‚alle' reellen Zahlen für ‚unzuverlässig' erwiesen. Dieselbe Unzuverlässigkeit sei in vielen anderen Ergebnissen der klassischen Mathematik zu finden. Den Satz, dass es manche Funktionen auf dem Kontinuum gibt, welche für jedes x als Argument definiert, also total, aber nicht stetig sind, kann man klassisch durch das einfache Beispiel der Sprungfunktion beweisen:

$$f(x) = \begin{cases} -1 \text{ falls } x \leq 0, \\ +1 \text{ falls } x > 0. \end{cases}$$

Brouwer stellt den Beweis bzw. das Beispiel durch die Behauptung infrage, die Funktion f sei gar nicht überall definiert, und zwar weil man für die Pendelzahl a gar nicht wisse, ob $a \leq 0$ oder $a > 0$ gilt. Denselben Fall sieht Brouwer auch im Beispiel des Satzes gegeben, dass man das Kontinuum an jedem Punkt in genau zwei Teile teilen könne. Denn er hält die klassischen Beispiele wie $\{x: x \leq 0\}$, $\{x: x > 0\}$ für unzuverlässig, weil man sie in derselben Weise infrage stellen kann.

Das Beispiel der Eigenschaft G, die im Laufe der Zeit ihre fliehende Qualität verloren hat, erklärt, warum Brouwer seine Gegenbeispiele *schwach* nannte. Ihre Verstärkung hoffte er in einem weiteren Schritt zu erreichen, der die praktisch motivierte Behandelbarkeit der unendlichen Folgen mittels ihrer endlichen Anfangsstücke verallgemeinern sollte, und zwar in einer Weise, die Brouwers Beweis der Überabzählbarkeit der reellen Zahlen demonstriert: Sei f eine beliebige Funktion, welche jeder Wahlfolge der natürlichen Zahlen eine natürliche Zahl zuordnet. Da man mit der Wahlfolge α definitionsgemäß nur unter Berücksichtigung ihrer Anfangsstücke operieren kann, ist der Wert $f(\alpha)$ in Bezug auf endlich viele Werte $\alpha(1)$, $\alpha(2)$, $\alpha(3)$, ..., $\alpha(n)$, also das Fragment $\bar{\alpha}(n)$ von α, für gewisse n aus N berechenbar. Das aber bedeutet, dass alle Folgen, welche dieses Anfangsfragment teilen, denselben Wert erhalten müssen. Die gegebene Funktion kann keine Bijektion sein.

Notiert man den Umstand, dass die Folge β das Anfangsstück $\bar{\alpha}(m)$ hat, als $\beta \in \bar{\alpha}(m)$, kann man das benutzte Prinzip der ‚Endlichkeit' nach Heytings Vorschlag im Rahmen des so genannten *Stetigkeitsprinzips* wie folgt explizit machen:

(S) $(\forall \alpha)(\exists n) F(\alpha, n) \rightarrow (\forall \alpha)(\exists m)(\exists n)(\forall \beta \in \bar{\alpha}(m)) F(\beta, n)$.

Wie der Name andeutet, liefert das – anhand der üblichen topologischen Definitionen, welche die Umgebung einer reellen Zahl α als alle reellen Zahlen desselben Anfangsstückes $\bar{\alpha}(n)$ für beliebige n erfassen – einen direkten Beweis des Satzes von Brouwer, nach welchem alle totalen Funktionen von R nach N stetig sind. Der Satz besagt in seiner modernen Deutung, dass man in einer Umgebung U von α bei den Werten der in U liegenden Punkte nicht stark von $f(\alpha)$ abweichen kann, was faktisch mit dem Inhalt des Stetigkeitsprinzips zusammenfällt. Als Korollar erhält man zuerst den Satz, dass jede totale Funktion von R nach N konstant ist, und weiterhin die Untrennbarkeit des Kontinuums in genau zwei nichtleere disjunkte Teile. Zieht man noch weitere spezifische Eigenschaften der reellen Wahlfolgen in Betracht, kann man den Satz verstärken. Er lautet dann: $(\forall \alpha)(\exists n) F(\alpha, n) \rightarrow (\exists m)(\forall \alpha)(\exists n)(\forall \beta \in \bar{\alpha}(m)) F(\beta, n)$. Daraus folgt sogar, dass alle totalen Funktionen von R nach R auf irgendeinem geschlossenen Intervall von R in diesem Intervall sogar gleichmäßig stetig sind.[6]

10.3 Privatsprache

Die Radikalität dieser Ergebnisse erzwingt wieder eine Reflexion darüber, ob es sich hier um eine geniale Weiterentwicklung der bisherigen mathematischen Begriffe oder eher um eine sinnverzerrende Umdeutung des Folgen- und Funktionsbegriffs handelt, die zwar wie ein frischer Anfang aussieht, aber die ursprünglichen Probleme der Mengenlehre gar nicht beantwortet, wie das wohl auch Wittgenstein sieht. Immerhin hat Brouwers alternative Sicht Wittgenstein angeregt, über die *Mannigfaltigkeit* der *Sprachspiele* nachzudenken, in welcher kein Spiel und keine Regel eine absolut privilegierte Stellung hat. Im Unterschied zu Wittgensteins Lesart war Brouwer selbst allerdings weit davon entfernt, seine Theorien bloß als eine mögliche Alternative zur klassischen Mathematik auszugeben. Vielmehr erklärte er sie von Anfang an für ‚intuitiv' richtig und ‚unbezweifelbar'. Das aber ist bloße Versicherung. Wittgenstein kann daher Brouwers Vorstellung von arithmetischen Folgen auch als negatives Beispiel dafür verwenden, dass rein subjektiv oder auch bloß empirisch-indexikalisch ‚definierte' Gegenstände gar *keine* (mathematischen) Gegenstände sind und ein rein subjektiver Erkenntnisanspruch noch *keine* Erkenntnis ist.

Diese negative Einschätzung betrifft besonders Brouwers Vorschlag, die Methode der schwachen Gegenbeispiele endgültig durch die Entscheidung zu verstärken, die Entwicklung einer Wahlfolge, speziell also der Pendelzahl, nur durch die freien Entscheidungen des Subjekts bestimmt sein zu lassen, womit der Fall, in welchem eine fliehende Eigenschaft aufhört, fliehend zu sein, aus der Betrachtung fällt. „Das, was am Vorgang des Würfelns arithmetisch ist", wendet Wittgenstein völlig korrekt ein, „ist nicht das tatsächliche Resultat, sondern die unendliche Unentschiedenheit. Aber die *bestimmt* eben keine Zahl."[7] Die Parallele zu Hegels Kritik an einer zu schlichten Definition des unendlich Kleinen als zeitlicher Fluente ist offenkundig.

Es ist auch erhellend zu sehen, wie in Brouwers Intuitionismus eine Art subjektivistischer Finitismus aufgrund einer systematischen Unterschätzung intersubjektiv und sozial verankerter Regeln (und der entsprechend ‚objektiv' gegebenen Folgen) mit Cantors Hyperobjektivität und Unterschätzung kontextabhängiger Folgenbenennungen zusammengeht. Für Cantor ist nämlich die Methode des Zugangs zu den Gegenständen etwas rein *Kontingentes*. Die Namen und Wörter gehören scheinbar nicht zur Bestimmung der abstrakten Gegenstände, die es ‚an sich' schon geben soll. Für Brouwer ist das Einzige, was es wirklich gibt, der subjektive (und als solcher ‚empirische') Akt der Nennung endlicher Anfangsfolgen und dessen freie Fortsetzungen in einem rein empirisch-zeitlichen Möglichkeitsraum. Die endlichen Folgen sind vollständig frei fortsetzbar und werden so völlig von jeder Regel gelöst – was den Begriff einer bestimmten Folge oder Funktion vollkommen aufhebt. Beides führt – wenn auch auf verschiedenen Wegen – zu einer rein extensionalen Auffassung des Folgen- und Funktionsbegriffs. Die Unterschiede bleiben scheinbar auf der epistemischen Ebene.

Während Cantor die Prinzipien einer Konstitution des Fürsichseins, zu denen auch das Prinzip des ausgeschlossenen Dritten gehört, formell anerkennt, um später, in der eigentlichen Praxis, nicht imstande zu sein, ihnen nachzukommen, nutzt Brouwer ganz bewusst die durch Cantors Unbestimmtheit eröffneten Lücken und Leerräume aus. Die richtige Einsicht in die Abhängigkeit von kontextuell situierten Sprechhandlungen kippt dann aber in die rein empirische Materialität konkreter Wahlen um. Brouwer bemerkt dabei nicht, dass die so eingeführten Gegenstände infolge der expliziten Verneinung ihrer Beziehungen zueinander in der Tat nur Pseudogegenstände sind, also gar kein Fürsichsein haben. In diesem Sinn stellt seine Mathematik keine Verbesserung, sondern nur eine radikale *Internalisierung* der Unvollkommenheiten der Cantorschen Mathematik dar. Sie zeigt, dass absolute Subjektivität und absolute Objektivität nur zwei Seiten derselben Medaille sind, welche uns schon als schlechte Endlichkeit und schlechte Unendlichkeit bekannt sind.

Die wichtigste Lehre, die Wittgenstein aus Brouwers Fehlern zog, besteht in der Einsicht, dass die Theoreme der ‚intuitionistischen' Mathematik im gleichen Sinn als sicher und gewiss erscheinen, in welchem ich mich nicht darüber irren kann, was meine inneren ‚Gefühle' sind. Doch diese Sicherheit ist bloß eine solche des Vollzugs einer Selbstversicherung ohne zureichende Beurteilung urteilsunabhängiger Bedingungen oder Kriterien. Das erhöht die Unsicherheit des Inhalts. Es wird nämlich ganz unklar, welche Rolle Versicherungen wie „heute habe/hatte ich die Empfindung E" oder „die Pendelzahl a hat die Eigenschaft E" in der gemeinsamen Sprache überhaupt spielen können, welche Art von (möglicher) ‚Erkenntnis' sie artikulieren, über eine bloße Expression oder Deklaration hinaus. Damit gelangt man zum eigentlichen Kern von Wittgensteins Privatsprachen-Argument:

> [...] ‚der Regel folgen' [ist] eine Praxis. Und der Regel zu folgen *glauben* ist nicht: der Regel folgen. Und darum kann man nicht der Regel ‚privatim' folgen, weil sonst der Regel zu folgen glauben dasselbe wäre, wie der Regel folgen.[8]

Es ist genau die fehlgeleitete Idee, die einzige Regel des Regelfolgens bestehe in ihrer *Regellosigkeit*, welche Brouwers Ansatz zum Scheitern verurteilt. Das Vorgehen erinnert verdächtig an den Bestimmungsversuch des unendlich Kleinen durch die Verneinung der endlichen Größe. Wir sehen hier noch einmal den Grund, warum die durch einen Verzicht auf eine Regel eingeführten ‚Zahlen' gar keine Zahlen sind und sein können. Die mathematische Praxis, wie sie Brouwer einer mathematischen Theorie systematisch vorausgehen lassen wollte, ist ohne Kriterien, wie das richtige vom falschen Regelfolgen zu trennen ist, gar keine Praxis, sondern eine bloß solipsistische Bewegung, in der man sich Gesetze zu geben meint, ohne ihre richtige Befolgung kontrollieren zu können.

10.4 Rekursionstheorie

Trotz der unglücklichen Verschmelzung subjektivistischer und objektivistischer Theorien der reellen Zahlen besteht Brouwers Beitrag zur Entwicklung des Zahlbegriffs immerhin in der so wichtigen Betonung der praktisch-anschaulichen *Bedingtheit* arithmetischer Wahrheiten und Gegenstände. Die Widerlegung der Prinzipien der klassischen Logik baut auf der Tatsache auf, dass man im Falle eines unendlichen Progresses schon der Art 1, 2, 3, 4, ... im Allgemeinen nicht vorab sagen bzw. entscheiden kann, ob eine Eigenschaft $A(x)$ für *alle* Elemente dieser Folge gilt *oder* ob es eine Zahl *gibt*, für welche sie nicht gilt. Der Grund liegt darin, dass eine sukzessive Überprüfung der Elemente im Unterschied zum Fall endlicher Folgen und Mengen keine Beweismethode ist, welche nach endlich vielen Schritten zu einer Entscheidung führt. Auch wenn bis zu einer gewissen (vielleicht schon sehr großen) Zahl n jede Aussage $A(n)$ sich als richtig erweisen ließ, darf man noch nicht sagen, die Aussage gelte für *alle* Zahlen, da man später auf eine Zahl stoßen könnte, auf welche $A(x)$ nicht zutrifft. Das aber heißt, dass man im Allgemeinen weder die Wahrheit noch die Falschheit ausschließen kann.

Weit bedeutsamer als die spekulative Debatte um eine mögliche radikale Finitisierung der Mathematik, wie sie Brouwer im Grunde propagiert, sind die Impulse, welche sich für die kalkültheoretischen Zugänge zu mathematischen Gegenständen und Wahrheiten ergeben. Sozusagen als Gegengewicht gegen die Betrachtung ‚aller möglichen' mathematischen Gegenstände und Wahrheiten in der kumulativen Mengenhierarchie, fokussiert die Theorie der *berechenbaren* Zahlfunktionen als *Rekursionstheorie* sozusagen auf das endliche Unendliche. Es geht dabei um das Wissen von den prinzipiellen Möglichkeiten des rechnenden Entscheidens über die Wahrheit von Gleichungen einer gewissen Form und damit um eine Rahmentheorie der digitalen Informatik.

Im Unterschied zu Brouwers ‚empiristischem' Finitismus behandelt die Rekursionstheorie die Funktionen in den (natürlichen) Zahlen durch Betrachtung ihrer expliziten Namen und deren Anwendungen, die von der Art sind, dass sich jedes Problem des Regelfolgens praktisch ganz robust aufhebt. Der Bereich der so genannten (*partiell-*)*rekursiven* Funktionen in den natürlichen Zahlen (mit der Null) lässt sich über rekursive Ausdrucksbildungsregeln rein schematisch (oder ‚syntaktisch', rein konfigurativ) umgrenzen. Die entstehenden Namenterme für Funktionen fungieren dabei selbst schon als rekursive Instruktionen für eine Rechenmaschine, wie sie in geschachtelten Schrittfolgen in endlicher ‚Zeit' (d. h. nach endlich vielen Schritten) einen eindeutigen Wert zu bestimmen hat. Auch Turings allgemeine und abstrakte Idealkonzeption einer ‚Rechenmaschine' beschreibt die ‚Programme' rekursiv. Man fängt dabei mit folgenden drei Basisoperationen an – die im Fall des Binärcodes für Zahlen nur mit 0 und 1 operieren müssen:

(1) Nullfunktion O $O(x) = 0$,
(2) Nachfolgerfunktion S $S(x) = x + 1$,
(3) Projektion P $P^n_j(x_1, ..., x_n) = x_j$ für jedes j, für welche $1 \leq j \leq n$.

Auf diesen basalen Operationen bauen alle komplexeren induktiv so auf: Sind schon die Namen g, h partiell-rekursiver Funktionen gebildet, dann erhält man einen neuen Namen f durch die Schritte (4) oder (5) oder (6):

(4) Komposition $f(x_1, ..., x_n) = h(g_1(x_1, ..., x_n), ..., g_m(x_1, ..., x_n))$,
(5) primitive Rekursion $f(x_1, ..., x_n, 0) = g(x_1, ..., x_n)$,
                                $f(x_1, ..., x_n, S(y)) = h(x_1, ..., x_n, y, f(x_1, ..., x_n, y))$,
(6) Minimalisierung $f(x_1, ..., x_n) = \mu y(g(x_1, ..., x_n, y) = 0)$.

Mit μ ist der so genannte μ-Operator bezeichnet, welcher zu einer Bedingung $g(x_1, ..., x_n, y) = 0$ für gegebene $x_1, ..., x_n$, den kleinsten Wert y findet, für welchen diese Bedingung gilt, wenn er existiert und wenn $g(x_1, ..., x_n, m)$ für alle $m \leq y$ definiert ist. Sonst bleibt der Ausdruck $f(x_1, ..., x_n)$ undefiniert.

Beschränkt man sich nur auf die Schritte (1)-(5), d.h., streicht man die Minimalisierung (6), so erhält man den Begriff der *primitiv-rekursiven Funktion*. Solche Funktionen sind offensichtlich total. Sie erschöpfen aber den Bereich aller ‚berechenbaren' Funktionen nicht, was z. B. die so genannte Ackermannfunktion demonstriert, welche schneller als jede primitiv-rekursive Funktion wächst. Dasselbe Ergebnis erhält man aus einer Diagonalisierung einer *effektiv aufgezählten* Liste aller primitiv-rekursiven Funktionen $p_1, p_2, p_3, ...$, welche im Unterschied zu den Listen beliebiger Zahlenfolgen in Cantors Beweis wegen der syntaktischen Natur des entsprechenden Funktionsbegriffs ganz *real* durch eine Rechenmaschine selbst darstellbar ist. Diese durch Diagonalisierung erhaltenen neuen Funktionen sind offenbar immer noch effektiv berechenbar und total definiert, aber nicht mehr primitiv rekursiv.

Der dabei zunächst informell verwendete Begriff der effektiven Berechenbarkeit ist auf eine ausreichend begründbare, wenn auch nicht schon intern beweisbare Weise extensionsgleich mit denjenigen partiell-rekursiven Funktionen oder Turingmaschinen, welche überall – für alle möglichen Werte – definiert sind, deren Operationsprogramm also immer nach endlich vielen Schritten stoppt. Man kann aber beweisbar *nicht* rein aufgrund des bloßen Ausdrucks der partiell-rekursiven Funktion in endlich vielen Schritten berechnen, ob die Funktion total ist, ob die Suche nach möglichen Werten also für alle Argumente anhält. Das ist das so genannte Halte-Problem (*halting problem*) für rekursive Funktionen. Es gibt daher auch keine effektive Liste aller totalen rekursiven Funktionen.

Die total rekursiven Funktionen sind also sozusagen *rekursiv überaufzählbar*. Würde man im Rahmen einer so genannten *rekursiven Analysis* die reellen Zahlen nur mit Hilfe rekursiver Funktionen bzw. Folgen von rationalen Zahlen (etwa auch als Dezimalbruch- oder Binärbruchentwicklungen) definieren, gelangte man unmittelbar zu einem Analogon der Cantorschen und Brouwerschen Ergebnisse: Die Diagonalbildungen führen zwar zu berechenbaren Folgen, es gibt aber keine ‚anständige' Folge aller berechenbaren Folgen. Die rekursive Überaufzählbarkeit des Kontinuums hat in dieser Sicht offensichtlich nichts zu tun mit seiner ‚Größe', da diese in Cantors Sinn abzählbar bleibt. Und es ist klar, dass nichtalgebraische reelle Zahlen wie die Eulersche Zahl e oder die Kreiszahl π durch berechenbare Folgen dargestellt sind. Hier führt das Diagonalargument nicht zur Existenz von Mengen größerer Mächtigkeiten. Man verlässt auch den Bereich der benennbaren Gegenstände nicht.

Um eine rekursive ‚Übersetzung' von Brouwer zu skizzieren, sagt z. B. der *Satz von Rice*, dass jede nichtleere, echte Teilmenge S der partiell-rekursiven Funktionen (welche also zu einer gegebenen Funktion f alle ihre Namen, d. h. alle Ausdrücke g, welche denselben Wertverlauf haben, umfasst) nicht rekursiv *entscheidbar* ist. Das heißt, es gibt keine rekursive Funktion, welche als charakteristische Funktion von S dienen könnte. Dieser Satz lässt sich als eine Art effektive Variante der von Brouwer behaupteten Unteilbarkeit des Kontinuums deuten.

Nach der so genannten *Churchschen These* (auch *Church-Turing-These* genannt) lässt sich nun *jede* ‚intuitiv' berechenbare Funktion durch das Konzept der überall definierten partiell-rekursiven Funktion (oder Turingmaschine) einfangen. Diese These ist keinesfalls streng beweisbar, und zwar weil der Ausgangspunkt, die intuitive Vorstellung, noch zu wenig reglementiert ist, als dass sie einen formellen Beweis ermöglichte. Streng bewiesen ist die extensionale Äquivalenz der Gödelschen rekursiven Funktionen und Turings Konzept der (ggf. nicht haltenden) idealen Computerprogramme. Dasselbe gilt für die Systeme von Post. In Bezug auf die Einschätzung der Churchschen These scheiden sich auch bei den ‚Nachfolgern' Brouwers die Geister. Goodstein in seiner rekursiven Analysis und Markov, welcher der Schule des russischen Konstruktivismus anhängt, akzeptieren die Rekursivität als gute Bestimmung einer Funktion und damit implizit oder explizit die These. Andere, wie Herrmann Weyl oder Errett Bishop in ihren Varianten einer konstruktiven Analysis und Paul Lorenzen in seinem Operativismus, sehen diese Begrenzung als zu eng an und tendieren zu einem flexibleren Begriff der Berechenbarkeit.[9] Die Vor- und Nachteile engerer oder weiterer Grenzziehungen hatten wir im Grundsatz schon an den Beispielen der Kreisquadratur und anderen Unlösbarkeitsproblemen der Antike demonstriert (siehe Kap. 4).

Es gilt jedenfalls auch hier wieder, dass man so etwas wie die *Entscheidbarkeit* der Frage, ob eine Formel der Fregeschen Prädikatenlogik allgemein gültig ist oder nicht, nur mit Hilfe eines hinreichend schematischen Begriffs formulieren kann, wie es Church im Jahre 1936 negativ in seinem Unentscheidbarkeitssatz vorführte.[10] Wie im Falle der Kreisquadratur ist dabei klar, was dieses Theorem *nicht* besagt, und zwar dass man für einen *konkreten* Satz unter *keinen* Umständen beweisen kann, ob er eine logische Wahrheit ist oder nicht. Es gilt sogar das Gegenteil: Es ist zu erwarten, dass man im Prinzip für jede gegebene Formel eine Antwort finden kann, *aber eben nicht* mit Hilfe eines im Voraus fixierten rekursiven Algorithmus oder einer einzigen Turingmaschine.

10.5 Zur Zeitlichkeit der Wahlfolgen

Die Tendenz, den engen Begriff der algorithmischen Berechenbarkeit und den Funktionsbegriff über die rekursiven Funktionen der elementaren Arithmetik hinaus zu erweitern, stammt nicht aus ihrer inhärenten Unvollkommenheit, und auch nicht aus der erhofften Vollkommenheit entsprechender Erweiterungen. Sie ergibt sich vielmehr aus der reflexiven Natur des dialektischen Prozesses des mathematischen Selbstbewusstseins als Wissen über die Grenzen von allen so und so bestimmten Bereichen und aus der Notwendigkeit der Bereichserweiterungen, wenn wir diese Grenzen explizit thematisieren wollen.

Oskar Becker fühlte sich von Heidegger inspiriert, als er eine ‚phänomenologische Hermeneutik' auf die Mathematik anwandte, um das Problem der mathematischen Unendlichkeit im Sinne einer jeden künftigen Überwindung der Grenze – ein Problem, wie es sich im Begriff der freien Wahlfolge widerspiegelt – aus der Perspektive einer *historischen* Zeitlichkeit, mit ihren ‚retentiven' und ‚protentiven' Zügen, zu entfalten:

> Die Bezeichnung der Wahlfolge als einer ‚*frei werdenden*' Folge führt auf den gemeinsamen Zug. *Frei werden* – das kann nur der Geist, das historische Dasein. Die Freiheit des Werdens ist wesentlich Freiheit des Schaffens – bei der Folge aber die Freiheit *der Wahl*, die das neue Folgeglied ‚schafft'. Diese ist – was den zugrunde liegenden Zeitcharakter anlangt – nur möglich durch die Dunkelheit der Zukunft, – des eigenen Vorbei. So ist jede einzelne Wahl ‚vorbei', wenn die nächste vollzogen wird. [...] Ob eine bestimmte Zahl in der Folge vorkommen wird, ist nicht entschieden; auch nicht ‚an sich'. Kein ‚ewiges Gesetz' beherrscht die Folge. Gerade deshalb ist die Folge ein ‚eigentlich zeitliches' Phänomen. [...] Man kann diese Verhältnisse mit der *Sterblichkeit des Menschen* in Zusammenhang bringen: der Mensch als Mathematiker stirbt notwendig, bevor er die Folge zu Ende gewählt hat. Welches noch so entfernte Glied der werdenden Folge er auch ins Auge fasst, die Entscheidung kann möglicherweise erst später fallen: jenseits des ins Auge gefassten Ziels, im Gebiete des ‚Vorbei' der

zielenden Intention. Wäre der Mensch unsterblich, so gäbe es den Unterschied zwischen freien und gesetzlich gebundenen Folgen nicht.[11]

Wir haben zwar im Kontext von Wittgensteins Überlegungen konstatiert, dass die Rede vom freien Werden ebenso wie Cantors realistische Rede leicht in den ‚An sich'-Modus bloßen Sollens, also in eine Art ursprüngliche und damit mystische Unmittelbarkeit fallen kann. Das Zitat erinnert uns aber daran, dass dasselbe Schicksal auch die Rede von den abstrakten Regeln erwartet, wenn man sie nicht im Kontext *unseres Gebrauchs* und seiner Geschichte, also im Modus des *Fürsichseins*, versteht. Es gibt keine Gesetze außer den Praktiken, welche diese Gesetze als verbindlich anerkennen und jene strafen, die gegen sie verstoßen. So wie diese Praktiken unterliegen auch die entsprechenden Gesetze dem Prozess des freien *Werdens* angesichts einer unvorhersehbaren Zukunft und des Umstands, dass jede Entwicklung wegen unserer Sterblichkeit zu einem Abschluss führt, um eventuell von anderen Sterblichen wieder übernommen und aufs Neue fortgesetzt zu werden.

Die Spannung zwischen einer engeren und einer breiteren Konzeption der reellen Zahl, wie sie sich jetzt im Unterschied der rekursiven und intuitionistischen Analysis kundtut, ist offensichtlich dieselbe Spannung, welche aus der Natur des dialektischen Prozesses einer Setzung und Überwindung der Grenze entspringt. Diese kann man jetzt in den hermeneutischen Termini einer wissenschaftlichen (objektiven) und historischen (miterlebten) Zeit artikulieren, um dann auf die neue Form der bekannten Antinomie zu stoßen:

> Die formale Struktur der historischen Zeit erscheint also mit einer merkwürdigen Paradoxie behaftet. Sie ist, soweit sie eigentlich *formal* ist, unrein, enthält ein ihr fremdes, nicht-historisches Moment – soweit sie aber historisch ist, ist sie formal ganz unfassbar: der konkrete Vollzug hat keine Gemeinsamkeit der Form.[12]

Das Hauptproblem der intuitionistischen Mathematik bestand genau in der Tatsache, dass sich Brouwer zu keiner formalen Struktur, keinem fixen Gesetz, verpflichten wollte, um die freie Entwicklung der Mathematik nicht zu behindern. Aus dieser Furcht heraus wurde seine Mathematik nicht bloß undurchsichtig, sondern subjektiv. In ihrer ursprünglichen Form wurde sie daher auch nur von wenigen verfolgt, bis Arend Heyting – Brouwers Anfangswiderstand brechend – einige ‚Prinzipien' einer intuitionistischen Mathematik und Logik festsetzte. Brouwers Nachfolger verzichteten auch auf die Rede von Intuition, erst recht als Kriterium mathematischer Wahrheit, da diese am Ende „einen völligen Triumph des Subjektivismus und das Ende einer Wissenschaft als Form der gesellschaftlichen Tätigkeit bedeuten würde".[13]

Mit dieser Bemerkung gelangen wir zurück zu Hegels Einsicht in die Notwendigkeit einer laufenden ‚Entäußerung' bzw. allgemeinverständlichen Explikation des vermeintlichen ‚Inneren' durch das Medium der Sprache. Im entwickelten Stadium einer Wissenschaft nimmt diese die Form einer *Theorie* an. Der Gegensatz von Praxis und Theorie ist hilfreich und nützlich, wenn man, wie Brouwer und Wittgenstein, die Neigung des theoretischen Denkens berücksichtigt, die Praxis als nutzlos auszuklammern, was zu einem Dogmatismus der reinen Theorien führt, welche den Kontakt zur Anwendung, am Ende den ‚Sitz im Leben', verlieren und damit leer werden können. Die praktische Rolle einer Theorie kann man dabei als Explikation der impliziten Züge unseres Handelns erfassen, welche zu einer besseren, intersubjektiven, Kontrolle desselben führt und, u. a. durch die Ausweisung der verdeckten Widersprüche, seine Entwicklung regelt, in der Art wie wir es hier am Fall des Zahlbegriffs ausführlich studiert haben. In diesem Sinne bedeuten die Theorien (u. a. über Zahlen) weder eine direkte Verbesserung noch eine direkte Ersetzung der Praxis (z. B. des Zählens), sondern zunächst einmal ihre ‚übersichtliche Darstellung'. Wie diese Beobachtungen eine Verwirklichung im Axiomatismus von Hilbert finden, zeigt das nächste und letzte Kapitel.

11 Axiomatizismus

Im Rückblick auf die Geschichte der Zahl repräsentieren die axiomatischen Theorien der Arithmetik in erster Linie die durch das Medium der Sprache vermittelte Phase einer Entwicklung des Zahlbegriffs, welche die Eigenschaften der Zahlen satzartig explizit machen will. In zweiter Linie besteht das Wesen des Axiomatismus im Unterschied zu den früheren Grundlagenprojekten darin, dass er ein holistisches System mit inferentieller Produktionskraft darstellt. Ein Axiomensystem ist damit ein Art Erzeugungssystem für Sätze, die ihrerseits Regeln sind bzw. Regeln artikulieren, durchaus analog dazu, dass ein Term im System der rekursiven Funktionen eine Regel artikuliert und für den Fall, dass er eine freie Variable enthält, durch Parametrisierung ein ganzes System von Funktionen aufzählt. In diesem Sinn fließen in diesem Kapitel die beiden Leitlinien unseres Buches – (1) die Spannung zwischen dem *Medium* der Sprache und ihrer *unmittelbaren* Natur im Sinne eines ‚empirisch' kontrollierbaren Artefaktes und (2) die Erweiterungsgeschichte des Zahlbegriffs – ineinander.

11.1 Axiomatische Definition

Das Verhältnis der axiomatischen Systeme zu den axiomatisierten Gegenstandsbereichen war und ist bis heute oft unklar, was wir in Kap. 6 und 9 schon am Beispiel von Freges und Dedekinds Logizismus demonstriert haben. Die – scheinbar – natürliche Meinung besagt, dass die Axiome, um als Sätze einen Sinn haben zu können, etwas beschreiben müssen, was *schon im Voraus* und unabhängig von ihnen existiert. Im Falle der Geometrie geht es z. B. um die geometrischen Beziehungen, die angeblich schon aus der Anschauung des Raumes folgen. Die Einseitigkeit einer deskriptiven Deutung der Geometrie als System von Aussagen über räumliche Gestalten in rein passiver Wahrnehmung oder rein rezeptiver Anschauung zeigt sich deutlich am umstrittenen Status des *Parallelenpostulats*, welches man aus den anderen Axiomen unzählige Male abzuleiten versucht hatte, doch immer mit Hilfe einer Vorbedingung, welche sich als zum Axiom äquivalent herausstellte.

Dieses Postulat (bzw. seine berühmteste Variante, das Playfair-Postulat) besagt, dass man zu jeder Gerade g und jedem Punkt P außerhalb von g genau *eine* Gerade ziehen kann, die zu g parallel ist und durch den Punkt P geht. Die Geraden heißen „parallel", wenn sie auf einer Ebene liegen, ohne einen gemeinsamen Punkt zu haben. Nun ist aber ‚intuitiv' keineswegs klar, ob das Postulat in unserer Welt gilt oder gelten soll und in welchem Sinne man eigentlich behaupten kann, dass es zu der Form unserer Anschauung gehört. Einer der Gründe dafür ist, dass man seit Bolyai und Lobatschewski weiß, dass auch seine Verneinung mit dem Rest der euklidischen Axiome verträglich ist und eine ‚anschauliche' Deutung, z. B. in der elliptischen bzw. hyperbolischen Geometrie, hat, wo es zu *g* in *P* keine bzw. unendlich viele ‚Parallelen' gibt. Diese Beispiele und die zugehörige Entdeckung der Möglichkeit bzw. Entwicklung von nichteuklidischen Geometrien repräsentieren keine direkte *Widerlegung* der euklidischen Geometrie oder auch nur der Ansicht Kants, die apriorische Form unserer Weltbeschreibung müsse irgendwie euklidisch sein. Es geht vielmehr um den *Aufweis*, dass solche Proklamationen an sich keine Bedeutung haben, da die Frage nach der Gültigkeit eines gewissen Postulats immer *vermittelt* ist, und zwar durch die Gültigkeit anderer Sätze und durch ihre praktische Deutung und Bedeutung.[1]

Betrachten wir z. B. die Situation, in welcher man beim empirischen Messen herausfindet, dass der vierte Winkel eines gegebenen Rechtecks – z. B. des quadratischen Grundrisses eines Hauses – kein rechter Winkel ist. Man wird diesen empirischen Fall aber keineswegs als direkten Beleg für die Nicht-Euklidizität des ausgemessenen Raumes, sondern als Folge einer zu behebenden *Ungenauigkeit* unserer Messgeräte (der Winkel und der Geradheit der Linien) werten. Wir müssen zugeben, dass in einer veränderten Situation des Messens im Makro- und Mikrokosmos die allgemeine Voraussetzung, dass es Rechtecke gibt, ihren *praktischen* Sinn verlieren kann. Es kann nämlich sein, dass die besten Realisierungen ‚gerader' Linien, z. B. orthogonal an verschiedenen Punkten einer Geraden emittierte Lichtstrahlen, sich immer irgendwie ‚neigen' und sich daher früher oder später schneiden, sofern sie in der gleichen Ebene verbleiben. Es könnte daher rational sein, die grundlegende Geometrie der Lichtstrahlen nicht euklidisch zu modellieren. Das ist aber etwas anderes als zu behaupten, der ‚Raum' sei ‚an sich' oder in irgendeinem absoluten Sinn nichteuklidisch. Der Raum und dann auch die Zeit sind ein in Aspekte zerlegtes Gesamt aller raumzeitlichen Orientierungen der Sachen und Dinge, welche am Ende immer mögliche Orientierungen *für* uns sind und sein müssen.

Eine gewisse Einsicht in die Gesetztheit der sprachlichen Regeln formaler Ausdrucksbildung, formaler Wahrheitsbewertung und formaler Deduktions- oder Inferenzregeln führte Poincaré und Hilbert zu einer *konventionalistischen* Auffassung von geometrischen Axiomen. Diese sollen erstens keine direkte anschauliche Bedeutung haben, zweitens sind sie auch nicht einfach als ‚wahre Aussagen', noch nicht einmal als wahr bewertete Sätze oder Regeln zu lesen, sondern nur als Satzformen nach ihren formallogischen Beziehungen zueinander zu beurteilen, wobei die Eigenschaften der deduktiven *Konsistenz, Unabhängigkeit, Vollständigkeit* usw. besonders wichtig sind: Konsistent ist ein Axiomensystem genau dann, wenn keine Formel der Art $a \neq a$ ableitbar ist; unabhängig sind die Axiome genau dann, wenn kein Axiom aus den anderen ableitbar ist; und vollständig sind sie genau dann, wenn man kein unabhängiges Axiom hinzufügen kann, ohne dass das System inkonsistent würde.

Gemäß Hilberts früherer Version der axiomatischen Doktrin gelangt man so zu einer formalen Art von *Strukturalismus*. Unter diesem Vorzeichen vertritt man die Meinung, in echter Wissenschaft gehe es nur um strukturelle, d. h. rein deduktiv-inferentielle Eigenschaften, definiert durch axiomatische Systeme, also nie um konkretere Bereiche von Redegegenständen – zumal sich diese angeblich von Subjekt zu Subjekt unterscheiden sollen. Jede (axiomatische) Theorie sei daher

> [...] nur ein Fachwerk oder Schema von Begriffen nebst ihren notwendigen Beziehungen zu einander, und die Grundelemente können in beliebiger Weise gedacht werden.[2]

Wie diese Formulierung andeutet, ist dem strukturalistischen Axiomatismus folgende Zweideutigkeit inhärent: (1) Einerseits scheint er die Existenz der Gegenstände, von denen die Axiome gelten sollen, als schon gegeben vorauszusetzen. Er tut nur so, als ob wir von diesen Gegenständen nichts anderes wüssten, als dass sie in gewissen von den Axiomen ausgedrückten formalen Beziehungen stehen. (2) Andererseits soll die ‚Wahrheit' der Axiome von den die Variablen der Axiome belegenden Gegenständen unabhängig sein insofern, als das Gesamtsystem der Axiome sogar als implizite Definition des zugrunde liegenden Gegenstandsbereichs, also zur Bedingung seiner Existenz erklärt wird, wie dies das ‚neue' formalistische Kriterium Hilberts fordert:

> Wenn sich die willkürlich gesetzten Axiome nicht einander widersprechen mit sämtlichen Folgen, so sind sie wahr, so existieren die durch die Axiome definierten Dinge. Das ist für mich das Criterium der Wahrheit und der Existenz.[3]

Frege schlägt vor, die Spannung zwischen (1) und (2) dadurch zu beseitigen, dass Hilberts Axiome als Bestimmung eines Prädikats mit einer Variable höherer Stufe gedeutet werden,[4] so dass nicht etwa ein einziger Gegenstandsbereich, sondern eine Klasse von Gegenstandsbereichen *derselben* Struktur definiert wird.[5] Frege präzisierte so zwar den logischen Status der *impliziten* Definitionen in dem Sinne, dass es sich um *explizite* Definitionen von Begriffen einer höheren Stufe, nämlich von Strukturbegriffen handelt. Er beantwortete aber nicht die Frage, wo diejenigen Gegenstandsbereiche zu finden oder wie sie zu konstituieren sind, welche unter diese Strukturbegriffe fallen, welche also die durch die Axiome beschriebene Struktur haben. Wären es Gegenstände der Anschauung, so betrieben wir eine *reductio ad absurdum* der axiomatischen Definition, durchaus analog zu der Art und Weise, in welcher wir in Abschnitt 9.3 schon Dedekinds Versuch, durch die Peano-Axiome das einfach unendliche System zu definieren, als zirkelhaft demaskiert haben.

Das Problem besteht eben darin, dass man hier – und das nicht ohne Grund – mit zwei verschiedenen Begriffen einer Definition arbeitet, was uns zum analogen Fall einer algebraischen Erweiterung des Zahlbegriffs zurückführt. Die Gleichung $x + 2 = 1$ kann man nämlich (1) als eine *explizite* Definition der Zahl -1 auffassen, in dem Sinn, dass sie diese Zahl eindeutig beschreibt. Dazu muss man aber diese Zahl schon als in dem vorab gegebenen Zahlenbereich existierend unterstellen. (2) Oder man kann die gegebene Gleichung als Teil einer *impliziten* Erweiterung des Zahlenbereichs um die negativen Zahlen deuten, die man in eine explizite verwandelt, indem man, wie oben erläutert, Zahlenpaare statt Zahlen betrachtet und für sie eine mit einer Äquivalenzrelation verträgliche Addition, Subtraktion usf. definiert.

Die axiomatische Definition in Hilberts Sinne versuchte historisch, beide Rollen zugleich zu spielen, was Widersprüche der oben beschriebenen Art verursachte. Ihre ‚Überwindung' meinte man über die Ersetzung der konstitutiven Rolle der Axiome durch den Begriff des Modells einer axiomatischen Theorie zu erreichen. Das führte zur Trennung der (formalen) *Semantik* von der (formalen) *Syntax*, und des *Wahrheitsbegriffs* vom *Beweisbegriff* in der mathematischen Logik des 20. Jahrhunderts. Es führt zugleich dazu, dass man der Logik alle Fragen nach der Konstitution der Modelle entzieht und diese als in der naiven Mengenhierarchie Cantors, also der höheren Arithmetik, schon beantwortet unterstellt. In der Tat hat man so am Ende die ursprünglichen Widersprüche nur auf andere Weise reformuliert. Das Mittel, wie sie endgültig aufzuheben sind, bieten unsere Bemerkungen zur Notwendigkeit einer engeren und einer weiteren Auffassung der axiomatischen Methoden. Diese besagen, dass es sich bei den modelltheoretischen und beweistheoretischen Fragen nicht um selbständige Kategorien, sondern um Aspekte eines *gemeinsamen* Begriffs der axiomatischen Theorie und ihrer Modelle handelt.

11.2 Formaler Finitismus

Hilberts Idee, den Inhalt der Terme einer axiomatischen Theorie zu identifizieren mit ihrer holistischen inferentiellen Rolle im Deduktionskalkül – als ihrem einzigen ‚Gebrauch' in der Struktur – wird später von Carnap aufgegriffen und spielt in der Sprachphilosophie noch bis heute eine wichtige Rolle. Hilbert versucht auf diesem Weg, die wichtigsten Parteien des damaligen Grundlagenstreits – die von Zermelo im Auftrag Hilberts axiomatisierte Mengenlehre und die von Konstruktivisten wie Hermann Weyl entsubjektivierte intuitionistische Mathematik – in gewisser Weise zu versöhnen und damit die vermeinte oder wirkliche ‚Grundlagenkrise' der mengentheoretischen Analysis aufzuheben.

Allerdings stammt die gesamte Idee der Axiomatisierung der Mengenlehre von Cantor selbst und wurde wohl mündlich tradiert, wie die brieflichen Mitteilungen Cantors an Hilbert aus den Jahren 1898 belegen.[6] Das erst später von Fraenkel unter dem Titel „Ersetzungsaxiom" (*axiom of replacement*) zu den Axiomen Zermelos hinzugefügte Prinzip heißt bei Cantor noch ganz plastisch „Bildmengenaxiom": „Substituiert man in einer fert. Menge an Stelle der Elemente fertige Mengen, so ist die hieraus resultierende Vielheit eine fertige Menge." Das *Potenzmengenaxiom* lautet: „Die Vielheit *aller Theilmengen* einer fertigen Menge *M* ist eine fertige Menge." Das *Unendlichkeitsaxiom* formuliert Cantor so: „Dass die ‚abzählbaren' Vielheiten $\{a_\nu\}$ fertige Mengen sind, scheint mir ein *axiomatisch sicherer* Satz zu sein [...]."[7] Das *Vereinigungsmengenaxiom*, „jede Menge von Mengen ist, wenn man die letzteren in ihre Elemente auflöst, auch eine Menge" und das *Teilmengenaxiom*, das später zu einem Aussonderungsaxiom wurde, „jede Theilvielheit einer Menge ist eine Menge" notiert Cantor in einem Brief an Dedekind.[8] Anstelle des späteren Auswahlaxioms operiert Cantor mit einem (in gewisser Weise äquivalenten) Wohlordnungsprinzip als basalem ‚Denkgesetz', nach welchem „es immer möglich ist, jede wohldefinierte Menge in die Form einer wohlgeordneten Menge zu bringen [...]".[9] Bei Cantor fehlen allerdings noch einige Axiome, etwa das *Fundierungsprinzip*, nach dem jede absteigende Kette der Form $a_1 \ni a_2 \ni a_3 \ni ...$ endlich ist, bzw. das (sich fast von selbst verstehende) *Extensionsalitätsprinzip* (Zermelos *Axiom der Bestimmtheit*). Das alles zeigt, dass Cantor vorerst nur an eine Art konstitutive Beschreibung des Bereichs, noch nicht an eine ‚vollständige' Axiomatisierung denkt.

Die Möglichkeit einer ‚Versöhnung' zwischen den Kritikern an Cantors Mengenlehre und ihren Anhängern meinte Hilbert in der *finiten* Natur des symbolischen Operierens mit den Axiomen im formalsprachlichen Deduktionssystem, mit den Regeln des Prädikatenkalküls Freges als Inferenzformen, zu finden. Das scheint eine „finite Einstellung" zu den Ideen Cantors zu ermöglichen – und das in einer neuen Deutung der Rolle der Anschauung, jetzt in Bezug auf die Konfigurationen der Ausdrücke und Ableitungen:

> [...] das Unendliche ist nirgends realisiert; es ist weder in der Natur vorhanden noch als Grundlage in unserem Denken ohne besondere Vorkehrungen zulässig. Hierin [also in dem finiten Charakter beider, V.K.] schon erblicke ich einen wichtigen Parallelismus von Natur und Denken, eine grundlegende Übereinstimmung zwischen Erfahrung und Theorie.[10]

Das axiomatische System soll nach Hilbert weder die reine Unmittelbarkeit des anschaulichen Symbolismus noch die reine Vermittlung der durch die Axiome abgebildeten Struktur verkörpern, sondern das wahrhaft Unendliche selbst. Dies geschehe in doppelter Weise: (1) Als *Deduktionssystem* erlauben die Axiome, durch den rekursiv definierten Begriff der Ableitung unendlich viele Sätze als ‚Theoreme' abzuleiten. (2) Die Axiome bilden überdies ein *expressives System*, welches besonders in der Mathematik unendlich viele Vertreter einer Struktur in einer *übersichtlichen Darstellung*, in ihrer gemeinsamen relationalen und inferentiellen Form, zu untersuchen erlaubt.

Diese zwei Möglichkeiten, das Unendliche darzustellen, entsprechen der symbolischen (vermittelten) und ikonischen (unmittelbaren) Qualität der zugrunde liegenden Sprache, welche nach Hilberts Vorstellungen die Aufhebung beider in einem einzigen Symbolismus verspricht. Dabei war diese Aufhebung, also die Verneinung einer Trennung der (formalen) Theorie von ihrem Inhalt, mit weiteren Maßnahmen verbunden, welche die damalige Form der axiomatischen Theorien betrafen. So bemerkte man jetzt erst das Problem der Quantifizierung über Qualitäten in der ursprünglichen Form des Induktionsprinzips in den Peano-Axiomen:

(AI) $(\forall X)((X(0) \wedge (\forall y)(X(y) \to X(y+1))) \to (\forall x)X(x))$.

Denn der Bereich der Prädikate muss rein syntaktisch bestimmt sein und darf nicht ‚gegenständlich' aufgefasst werden, wenn man im Rahmen des symbolisch Kontrollierbaren bleiben will. Damit wird der Buchstabe X nur noch als schematische Variable behandelt, die für Aussageformen $A(x)$ steht. Man ersetzt also das Axiom (AI) durch das so genannte Axiomenschema:

(SI) $(F(0) \wedge (\forall y)(F(y) \to F(y+1)) \to (\forall x)F(x)$,

in welchem F für eine beliebige Formel der symbolischen Sprache steht, welche außer den logischen Symbolen nur mit Hilfe von arithmetischen Zeichen wie „0" und „+ 1" gebildet wird.

Bereits in Abschnitt 9.3 wurde erwähnt, dass die Quantifizierung über Qualitäten, wie sie in (AI) vorkommt, dafür verantwortlich ist, dass die Peano-Axiome überhaupt als implizite Definition der natürlichen Zahlen funktionieren können, indem sie ihre Struktur, d. h. das einfach unendliche System, ‚bis auf Isomorphie' eindeutig beschreiben. Nachdem aber der Begriff einer arithmetischen Eigenschaft in (SI) eingeschränkt wurde, entsteht die Frage, ob die entsprechende axiomatische Definition adäquat ist, d. h., ob es in irgendeinem so definierten Bereich nicht doch auch Gegenstände geben könnte, welche alle sich vererbenden Eigenschaften der Null haben, ohne wirklich die Nachfolger der Null zu sein. Im ursprünglichen Fall hatte man diese Möglichkeit mit einer großzügig definierten Eigenschaft $X = $ „ein Nachfolger der Null zu sein" blockiert, welche offensichtlich erblich ist und der Null angehört. Im eingeschränkten Fall ist diese Möglichkeit nicht vorhanden, da eine solche Eigenschaft mit Hilfe einer Sprache erster Stufe nicht artikulierbar ist.

Daraus folgt, dass die Axiome als implizite Definition auch die Bereiche zulassen, welche (SI) erfüllen, ohne dass alle ihre Gegenstände Nachfolger der Null sind. Eben diese ‚unerwarteten' Gegenstände sind die *nichtstandard-natürlichen Zahlen*. Bei ihnen schließt sich der Kreis, der bei den infinitesimalen ‚Größen' seinen Anfang genommen hatte. Denn schon vor 1800 gab es Ideen, (Klassen von) Nullfolgen der Art $(\frac{1}{n})$, $(\frac{1}{n^2})$ bzw. divergierende Folgen wie (n), (n^2) etc. als neue infinitesimale und unendliche ‚Größen' oder Zahlen in die rationalen (auch ganzen und reellen) Zahlen so einzuordnen, dass für jede Standard-Zahl m gilt:

$0 < \ldots (\frac{1}{n^3}) < (\frac{1}{n^2}) < (\frac{1}{n}) < \frac{1}{m}$ bzw. $m < (n) < (n^2) < (n^3) < \ldots$

Da mit der Einschränkung von (AI) auch die Möglichkeit fällt, die anderen rekursiven Begriffsbildungen durch explizite Definitionen zu ersetzen, muss man, wenn man ein funktionsfähiges axiomatisches System aufstellen will, überdies die speziellen Axiome für die arithmetischen Operationen einführen, typischerweise:

(P3) $x + 0 = x$,
(P4) $x + (y + 1) = (x + y) + 1$,
(P5) $x \times 0 = 0$,
(P6) $x \times (y + 1) = x \times y + x$.

Zusammen mit (SI) und (P1)-(P2) erhält man so die Peano-Arithmetik erster Stufe, welche außer den Standardmodellen immer auch Nichtstandardmodelle beinhaltet und so in ihrer definitorischen Funktion zu einer weiteren Modifikation des Zahlbegriffs führt, auch wenn nicht so recht klar ist, wie fruchtbar diese Erweiterung ist.

Im Falle der reellen Zahlen sieht die Situation zumindest in ‚praktischer' Hinsicht ein wenig günstiger aus. Axiomatisch sind sie durch die Theorie der vollständigen angeordneten Körper beschrieben, in welcher die Rolle von (AI) das Vollständigkeitsaxiom (VA) erfüllt, indem es die Existenz eines Supremums für jede beliebig ausgesonderte Teilmenge X, welche nach oben beschränkt ist, postuliert:

(VA) $(\forall X)\{(\exists x)(\forall y)(X(y) \to y \leq x) \to (\exists x)[(\forall y)(X(y) \to y \leq x) \wedge (\forall z)((\forall y)(X(y) \to y \leq z) \to x \leq z)]\}$.

Als Schema (SA) genommen, führt das Axiom zu einer *Analysis erster Stufe*, welche Modelle beinhaltet, die ‚kleiner' als Cantors voller Bereich *aller* überabzählbar vielen reellen Zahlen sind. Es ist für uns keine Überraschung, dass das kleinste dieser Modelle dem Körper aller *algebraischen* Zahlen entspricht, besonders da Tarski gezeigt hat,[11] dass (SA) vor dem Hintergrund der Theorie der angeordneten Körper dem Zwischenwertsatz für Polynome *p* äquivalent ist:

$$((\exists x)p(x) \leq 0 \wedge (\exists x)p(x) \geq 0) \rightarrow (\exists x)p(x) = 0.$$

Bei diesen Beispielen unbeabsichtigter Modelle handelt es sich um keine Nichtstandardmodelle, da sie nur die früheren Phasen einer Entwicklung des Zahlbegriffs – wenn auch gewissermaßen unabsichtlich – neu vergegenwärtigen. Auch im Falle der Analysis kann man aber die Existenz der Modelle ausweisen, welche einer Spracheinschränkung zufolge den bestehenden Bereich der Zahlen nicht verkleinern, sondern erweitern.

Abraham Robinson[12] hat auf der Grundlage der Idee, (Klassen von) Folgen als Vertreter von Nichtstandard-Größen oder Zahlen zu erfassen, Modelle der axiomatischen Analysis konstruiert, welche das mit der Vollständigkeit verbundene Archimedische Axiom (man kann beweisen, dass jeder vollständige Körper schon archimedisch angeordnet sein muss) in einer gewissen Lesart sowohl erfüllen als auch verletzen und eben damit infinitesimale Zahlen enthalten. Eine wichtige Methode der Konstruktion von Nichtstandardmodellen der Analysis geht dabei auf die Idee Skolems zurück, beliebige Folgen von natürlichen Zahlen so zu ordnen, dass die Beziehung $f < g$ dann und nur dann gilt, wenn die Menge $\{x: f(x) < g(x)\}$ ‚groß' ist. Damit ist gemeint, dass $f(x) < g(x)$ *fast* für alle x aus N – d. h. mit der möglichen Ausnahme einer endlichen Anzahl von ihnen – gilt. Lässt man die Zahlen m aus N in dem so beschriebenen Bereich durch die konstanten Funktionen $k(x) = m$ repräsentieren, dann ist klar, dass die Diagonale $d(m) = m$ ‚grösser' als jede natürliche Zahl ist, also ‚unendlich groß' sein muss. Łoś hat bekanntermaßen diese Ansätze in seiner Methode des *Ultraprodukts* verallgemeinert,[13] mit deren Hilfe man zu einem Standardmodell einer Theorie erster Stufe ein Nichtstandardmodell konstruieren kann, in welchem, für den Fall von R, sowohl unendlich kleine als auch unendlich große Zahlen existieren.

11.3 Operative Arithmetik

Wie immer man sich zur Frage verhält, welchen Fortschritt ein klarer Begriff des erststufigen axiomatischen Systems und das Wissen um seine Artikulationsgrenzen bedeuten, man sollte sich dessen bewusst bleiben, dass die den Axiomen zugrunde liegenden semantischen Begründungen den Rahmen des symbolisch Kontrollierbaren nicht nur weit überschreiten, sondern oft bewusst ausblenden. Dass es z. B. ‚überabzählbare' oder noch ‚größere' Modelle der Axiome gibt,[14] gilt dank einer buchstäblichen Deutung der Axiome von Zermelos Mengenlehre, deren Gültigkeit man mit dem Hinweis auf die Existenz eines Standardmodells (V) nur unter Einbeziehung einer Art von Zirkelschluss begründen kann: Die Axiome funktionieren als Beschreibung einer unabhängig existierenden Struktur und zugleich als deren Definition. Mit anderen Worten: Sie sind einerseits bloß als leere Formeln zu lesen, die ihre Bedeutung erst in einer modelltheoretischen Semantik erhalten, andererseits sind sie inhaltsvolle Sätze, welche die modelltheoretische Semantik allererst konstituieren.

Um Hilberts Idee der ‚Aufhebung' solcher begründungstheoretischer Probleme zum Erfolg zu führen, ist es absolut erforderlich, die Interpretations- und Variablenbereiche der Formeln nicht als schlicht gegeben zu betrachten, sondern ihre Konstitution zu bedenken. Ganz direkt ist das an den Bereichen zu sehen, deren Gegenstände über den Weg ihrer symbolischen Vertreter oder Namen zugänglich sind, so dass die quantifizierten Aussagen über sie auf gewisse Weise kontrollierbar werden. Die weitere Debatte dreht sich zunächst um das ‚Mehr oder Weniger' der ‚gewissen Weise' und führt zu einer Entwicklung, für welche Lorenzens *operative* und *dialogische* Ausarbeitung eines geformten Umgangs mit Symbolsystemen in der Nachfolge von Russell, Hilbert, Weyl, Becker und Gentzen als repräsentativ gelten kann.[15] Es tritt dabei nicht nur die *praktische*, sondern auch die *soziale* Bedingtheit jedes Wissens explizit in den Vordergrund und Fokus.

Lorenzen schlägt zunächst vor, alle rein kalkulatorischen Aspekte der Arithmetik und Logik als unkritisierbare Grundlage anzusehen: Die Arithmetik *ist* eine Lehre von jedem Operieren nach gewissen festen Regeln, welche, wenn man sie im Rahmen der Regelsysteme – *Kalküle* – explizit macht, zu einer praktischen Begründung von Axiomen benutzt werden können. Als Prototyp eines Kalküls dient Lorenzen die Definition der Zahl (Z). Diese besteht aus der Anfangsregel

(Z1) $\Rightarrow |$,

welche das Symbol (den Term) | herstellt, und aus der nichttrivialen Regel

(Z2) $x \Rightarrow x|$,

welche besagt, dass für jedes (komplexe) Symbol x, das schon hergestellt ist, auch das Symbol (der Term) $x|$ herzustellen ist. Die nach den Regeln eines bestimmten Kalküls hergestellten Symbole nennen wir die ableitbaren Worte dieses Kalküls. Charakteristisch für den Kalkül (Z) ist der Umstand, dass sich die Variable x nur auf die Symbole bezieht, welche in diesem Kalkül *selbst* schon hergestellt sind. Lorenzen nennt sie darum die *Eigenvariable*. Betrachten wir jetzt die Terme (‚Namen') des Kalküls (Z) als ‚Benennungen' von Zahlen, dann können wir Sätze wie „||| ist eine Zahl" bilden und dadurch begründen, dass uns eine Verteidigung in Form einer Ableitung |, ||, ||| des Zahlennamens nach den Regeln von (Z) zur Verfügung steht.

Es ergibt sich jetzt aber das folgende Problem: Wenn etwas eine Zahl ist, können wir die entsprechende Konstruktion vorführen. Was sollen wir aber machen, wenn etwas, z. B. ||◊, keine Zahl ist? Wäre ||◊ in (Z) ableitbar, müsste es entweder durch die Regel (Z1) entstehen, also die Form einer entsprechenden Regelkonklusion haben, was *evidenterweise* nicht der Fall ist, oder aus einer solchen Regelkonklusion durch die Anwendung der Regel (Z2) hergestellt werden. Das *kann* aber *offenbar* auch nicht geschehen, weil die Konklusion von (Z2) durch keine zulässige Ersetzung der Variable x zu ||◊ führt. Eine solche Überlegung sieht einfach aus. Doch man sieht schnell ein, dass man hier nicht etwa operativ mit anschaulichen Symbolen umgeht, sondern über *die Form* des Umgangs und seine *Grenzen* spricht. Man sagt etwas über eine Unmöglichkeit aus. Das ‚wahrhaft' finitistische Denken beginnt schon hier, erstens mit ‚Meta-Aussagen' über einen Kalkül und zweitens mit ‚unendlichen' Begründungen. Allerdings bleibt man in diesen Begründungen dem anschaulichen Operieren zunächst sehr nahe.

Ist man sich über die vermittelte Unmittelbarkeit des Symbolischen im Klaren, ist die operative Begründung der weiteren elementaren Begriffe der Arithmetik relativ einfach. Der Kalkül (+)

(+ 1) $\Rightarrow x + | = x|$,
(+ 2) $x + y = z \Rightarrow x + y| = z|$

liefert sofort auch die Begründung für die Gültigkeiten und Ungültigkeiten der arithmetischen Gleichungen vom Typ 7 + 5 = 12: Man muss jetzt entweder im Einklang mit Kants Forderung eine Konstruktion nach Regeln von (+) in der Anschauung vorführen *oder* zeigen, dass es keine solche geben kann. Der wesentliche Unterschied der beiden betrachteten Kalküle besteht übrigens darin, dass die Buchstaben x, y, z in (+) auf die schon ‚existierenden' Terme des Kalküls (Z) zu beziehen und in diesem Sinn keine Eigenvariablen, sondern *Objektvariablen* sind. Artikuliert man das in (Z) benutzte Gleichheitszeichen mit Hilfe eines speziellen Kalküls (=)

(= 1) $\Rightarrow | = |$,
(= 2) $x = y \Rightarrow x| = y|$,

dann sind jetzt aufgrund einer Untersuchung der Ableitbarkeit im Kalkül (Z) auch nichtelementare Behauptungen wie z. B.

(S) $x| = y| \to x = y$

pragmatisch zu begründen. Neben den arithmetischen Kalkülen muss man weiter auch die Gebrauchsregeln für die logischen Konstanten wie $\to$ oder $\neg$ festlegen. Lorenzens operative (Regel-)Logik wird von ihm später in eine *dialogische* (Spiel-) Logik verwandelt.[16] Dabei versucht er, eine pragmatische Logik-Begründung in einer *protosozialen* Situation zweier Gesprächspartner systematisch zu entwickeln und den transzendentalen Umstand auszuwerten, dass das symbolische Operieren eine Handlung ist, welche man *per definitionem* immer im Blick auf eine allgemeine Geltung ‚für uns' zu verstehen hat.

11.4 Dialogische Begründung der Arithmetik

Diese dialogische Wende erweist sich schon dafür als nützlich, die Form von satzartig artikulierten Behauptungen der Nichtableitbarkeit eines Ausdrucks und deren mögliche Begründungen übersichtlich darzustellen. Damit zeigt sie auf, was im logischen Akt einer Verneinung steckt. Man kann dabei folgendermaßen argumentieren: Wer einen Satz behauptet, verpflichtet sich damit, ihn gegen einen eventuellen Opponenten zu verteidigen, was in unserem arithmetischen Fall bedeutet, eine Ableitung in (=) vorzuführen. Die Herausforderung des Opponenten ist dabei aber immer auch schon mit einer Verpflichtung verbunden: Einen Satz zu bestreiten, bedeutet typischerweise, eine Art der Negation zu behaupten.

Die dialogische Regel für den komplexen Satz $\neg A$ kann man demzufolge so formulieren: Hat der Proponent einen Satz der Form $\neg A$ behauptet, darf ihn der Opponent dadurch bestreiten, dass er selbst A behauptet. Auf die Verneinung des elementaren arithmetischen Satzes $||| = ||$ angewendet, bedeutet diese Regelung, dass sich die Aufforderung, den Satz $||| \neq ||$ zu verteidigen, auf die Behauptung des Satzes $||| = ||$ selbst reduziert. Um nun zu ‚gewinnen', muss der Opponent eine konkrete Ableitung vorführen. Wenn es ihm nicht gelingt, ‚gewinnt' der Proponent. Wichtig ist nun, dass der Dialog offensichtlich immer ein Ende hat und dass dem Opponenten eine Verteidigung des Satzes $||| = ||$ bei geeigneten Schritten des Proponenten gar nicht gelingen kann. Denn der Satz $||| \neq ||$ lässt sich gegen jeden Gesprächspartner vertreten. Nur in diesem Falle hat es einen Sinn, den verteidigten Satz ‚wahr' oder ‚begründet' zu nennen.

Bei weiteren Dialogregeln beschränken wir uns auf die Erörterung konkreter Beispiele. Wir fangen an mit dem Satz (S) oder seiner quantifizierten Variante:

(P2') $(\forall x)(\forall y)(x| = y| \rightarrow x = y)$.

Um diesen Satz zu ‚gewinnen', muss der Proponent auf eine beliebige Nachfrage des Opponenten, welche in der Wahl der substituierbaren Namen m, n besteht, den Satz $m| = n| \rightarrow m = n$ vertreten. Er kann das entweder direkt machen, also den bedingten Satz $m = n$ ableiten, oder abwarten, bis sein Opponent die Bedingung $m| = n|$ verteidigt hat. Diese zweite Möglichkeit führt sogleich zu einer Gewinnstrategie für (P2'): Den (relativen) Erfolg des Opponenten, die in einer Ableitung von $m| = n|$ in (=) besteht, kann der Proponent unmittelbar in einen (endgültigen) Erfolg verwandeln, indem er einfach die vorletzte Zeile repliziert und damit die Ableitung von $m = n$ vom Opponenten sozusagen frei Haus geliefert bekommt. War aber der Opponent nicht erfolgreich, so gewinnt der Proponent automatisch. Somit ist (P2') – also eines der Peano-Axiome – proto-arithmetisch, und das heißt sozial-pragmatisch begründet. Die Verteidigung des anderen Axioms (P1'): $(\forall x)(| \neq x|)$ ist ganz ähnlich zu führen. Wir können also direkt zum Induktionsprinzip übergehen:

(AI') $(A(|) \wedge (\forall x)(A(x) \rightarrow A(x|))) \rightarrow (\forall x)A(x)$.

Weiß man, dass die Regel für den Satz der Form $A \wedge B$ darin besteht, dass der Opponent einen der Sätze A, B wählt und den Proponenten dazu auffordert, diesen zu vertreten, ist die Gewinnstrategie in Form einer Dialogentwicklung leicht beschreibbar. Der Opponent behauptet das Antezedens, der Proponent die Konsequenz:

	(O)	(P)
(1)	$A(|)$	$(\forall x)A(x)$
(2)	$(\forall x)(A(x) \rightarrow A(x|))$	

Im nächsten Schritt wählt der Opponent ein Numerale m und fordert so den Proponenten auf, den Satz $A(m)$ zu behaupten. Ist z. B. $m = |||$, sieht der Dialog – mit seitwärts notierten Angriffen (?) – folgendermaßen aus:

(3)		$A(|||)$	(1) |||?
(4)	$A(|) \to A(||)$		(2) |?
(5)	$A(||)$	$A(|)$	(4)?
(6)	$A(||) \to A(|||)$		(2) ||?
(7)	$A(|||)$	$A(||)$	(6)?

Dieses Verteidigungsschema ist vollkommen allgemein. D. h., die Wahl des Numerales m beeinflusst nur die Länge, nicht das Ergebnis des Dialogs: Durch wiederholte Anwendung der Schritte (4), (5) kann der Proponent immer, also für beliebige m, den Dialog dahin bringen, dass der Opponent den Satz $A(m)$, welchen er früher bestritten hatte, selbst verteidigen muss.

Damit sind die Peano-Axiome vollständig begründet. Sie sind also nicht schlicht ‚gesetzt'. Sie ‚definieren' auch die Zahlen nicht ‚implizit'. Vielmehr sind sie für die Zahlen als ‚wahr' bewiesen, und zwar am Ende als dialogisch-praktische ‚Konsequenz' unserer Fähigkeit, einfache Unterschiede im phänomenalen Grundbereich zu ziehen, Formen des Umgangs zu reproduzieren und zu kontrollieren und über mögliche und unmögliche Ergebnisse zu reden.

11.5 Vollformalismen und Halbformalismen

Es ist dennoch eine transzendentale Tatsache, dass man rein operativ keine Unmöglichkeit zeigen kann. Das dialogische Zeigen verlangt, wie gesehen, Einsicht in Formen und Strategien. Allzu einfache Deutungen des so genannten *Hilbertprogramms* übersehen den letzten Punkt. Wir gelangen hier wieder zum selbstreflexiven, sich der Begrenzungen der jeweils zugelassenen Methoden bewussten, Charakter des mathematischen Denkens selbst, das eben damit weit über das bloß richtige kalkülmäßige Rechnen hinausgeht. Das schulische Rechnen ist noch keine Mathematik. In eben diesem Sinn ist die schulmäßigscholastische Lehre syllogistischer Logik noch keine Wissenschaft der Logik.

Hilberts Idee einer neu zu errichtenden Teildisziplin der Mathematik, einer mathematischen *Metamathematik*, versucht nun aber zunächst, nicht nur die arithmetischen und logischen Begriffe, sondern auch die zugehörigen Wahrheiten zu kalkülisieren, d. h., alle wahren Sätze der Arithmetik und Logik nach einem schematischen Verfahren herzustellen. Das haben wir übrigens für den ganz elementaren Fall im Kalkül (+) schon durchgeführt. Gödels *Vollständigkeitssatz*[17] des Prädikatenkalküls zeigt, dass eine Formel F aus einem Axiomensystem S deduktiv gemäß den Kalkülregeln herleitbar ist genau dann, wenn jedes Modell aller Axiome – also jede Belegung der nichtlogischen Konstanten in einer Mengenstruktur, welche S in wahre Sätze in der Struktur verwandelt – auch Modell der Formel F ist. Gödels Beweis des *Unvollständigkeitssatzes* der axiomatischen Arithmetik zeigt dagegen, dass es keine vollständige Kalkülisierung aller wahren Aussagen über die reinen Zahlen gibt in dem Sinn, dass die folgende Äquivalenz für kein Axiomensystem S der Arithmetik gilt: Eine Formel F ist aus S herleitbar genau dann, wenn F nach der entsprechenden Belegung – man sagt auch ‚im arithmetischen Standardmodell' – arithmetisch wahr ist.[18] Das scheint zu bedeuten, dass es arithmetische Sätze gibt, welche wahr, aber nicht ‚schematisch' beweisbar sind. Um diesen Unmöglichkeitssatz zu beweisen, musste man natürlich die Natur der entsprechenden axiomatischen Methoden näher beschreiben. Dazu wurde die Rekursionstheorie entwickelt.

Gödels Ergebnisse beziehen sich also explizit auf axiomatische Theorien, deren Axiome und Schlussregeln rekursiv überprüfbar sind. Dabei kann man leicht alle ‚Sätze', also auch die Axiome, als Schlussregeln interpretieren und Ableitungen als Bäume oder Folgen darstellen, die man ‚effektiv' arithmetisch kodieren und damit im binären System von Computerprogrammen darstellen kann. Gödels Unvollständigkeitssatz nimmt daher die Form eines Metasatzes über Turingmaschinen an: Während sich alle Theoreme eines (entscheidbaren) Axiomensystems leicht rekursiv aufzählen lassen, gibt es keine effektive Aufzählung aller arithmetisch wahren Sätze, die daher auch nicht (rekursiv) entscheidbar sind.

Wie die hier vorgeführte Diskussion des Zahlbegriffs, z. B. auch im Zusammenhang mit der Einführung der unendlichen Polynome, gezeigt hat, kann man – in einem weiteren Sinn – auch unendliche Regeln in einer gewissen Weise ‚effektiv' handhaben. Die so genannte ω-Regel

(ω) $A(|), A(||), A(|||)$ usw. $\Rightarrow (\forall x)A(x)$

ist z. B. ganz übersichtlich, solange man nur das „usw." richtig versteht. Die üblicherweise Tarski zugeschriebene Idee einer ‚Semantik' und der axiomatischen Modelle arbeitet in der üblichen Deutung ebenfalls systematisch mit solchen Metaregeln, mit (ω) als einem Spezialfall der folgenden Übergangregel mit unendlich vielen Prämissen:

$(\forall)$ $A(M)$ für alle substituierbare $M \Rightarrow (\forall x)A(x)$.

Das ist nur die regelförmig notierte Form der allbekannten modelltheoretischen Wahrheitsdefinition. Es ist für die adäquate Beurteilung der Gödelschen Theoreme wichtig, auch Definitionen von diesem Typ als Regelsystemschemata aufzufassen, welche mit elementaren Sätzen a, b, ... anfangen und dann alle aus ihnen zusammengesetzten Sätze mit genau einem der zwei Wahrheitswerte belegen.

11.5 Vollformalismen und Halbformalismen

Die konstruktive oder intuitionistische Logik bestreitet, dass diese Bewertung wohldefiniert sei. Das geschieht auf der Grundlage einer Verschärfung der Anforderungen an einen Beweis. In der ‚klassischen' Deutung reichte es zu sehen, dass die Werte für *alle* Sätze irgendwie festgesetzt sind, selbst wenn man zugibt, dass man nicht immer entscheiden kann, welcher der beiden Werte es ist. Der Intuitionismus kontert, dass man aus der (aktuellen oder prinzipiellen) Nichtexistenz einer Gewinnstrategie für $(\forall x)A(x)$ typischerweise nicht auf die Existenz einer aktuellen Gewinnstrategie für irgendein $\neg A(M)$ schließen kann. Es ist z. B. kein Problem zu entscheiden, ob eine konkrete gerade Zahl als Summe zweier Primzahlen darstellbar ist. Aber eine allgemeine Strategie, wie man dies für *alle* Zahlen sozusagen *auf einmal* entscheiden könnte, gibt es bislang nicht: Die Goldbachsche Vermutung ist in eben diesem Sinne bisher *noch nicht entschieden*, also weder bewiesen noch widerlegt.

Bei einem unendlichen Übergang wie (ω) muss man sich also entscheiden, ob man ihn als Anwendung einer ‚Regel' nur dann zulassen möchte, wenn man *weiß*, dass alle seine Prämissen wahr sind, man also über irgendeine Strategie, wie $A(M)$ für ein beliebiges M zu gewinnen ist, verfügt, oder ob auch die ganz liberale Deutung zulässig ist, welche diesen Übergang prinzipiell deutet: es genügt bereits, dass die Prämissen irgendwie als wahr bewertet werden. Obschon die liberale Deutung des Überganges (ω) ihre Vorteile hat – sie erlaubt z. B., sich eine bessere Vorstellung von dem so genannten Standardmodell der Arithmetik zu machen, welches uns normalerweise nur ‚intuitiv' (also allzu schlicht) vorliegt – muss man auch zugestehen, dass unter einer ‚Regel' oder ‚Schlussweise' üblicherweise etwas verstanden wird, was man *befolgen kann*.

Wenn man jetzt zur Regel (ω) die Bedingung hinzufügt, dass ihre Prämissen effektiv kontrolliert werden, erhält man praktisch die oben erwähnte konstruktive Begründung des quantifizierten Satzes: Er ist wahr (begründet), wenn man eine allgemeine Gewinnstrategie für alle Substituenten M hat. Der geschilderte Unterschied in der Interpretation einer unendlichen Regel wie (ω) ist gerade der Unterschied zwischen der klassischen und konstruktiven (effektiven) Arithmetik. Was man konkret unter einer Gewinnstrategie versteht, bleibt dennoch größtenteils unbestimmt; es gibt also stets Raum für eine effektive, doch liberale Semantik und eine streng effektive oder ‚rekursive' Syntax oder Axiomatik. Diese Axiomatiken oder streng finiten Regelsysteme (d. h. solche mit endlichen Regeln) heißen auch *Vollformalismen*. Jene mehr liberalen Systeme (d. h. solche mit unendlichen Regeln, gleichgültig ob in klassischen oder konstruktiven Deutungen) sind seit Schütte als *Halbformalismen* bekannt.[19]

11.6 Unvollständigkeit

Der Unvollständigkeitssatz betrifft nur die Vollformalismen. Gödel hat nämlich eine universale Strategie vorgeführt, wie zu jeder vollformal beschriebenen Menge von Strategien, mit welchen nur wahre arithmetische Sätze zu gewinnen sind, ein begründbarer Satz G so zu konstruieren ist, dass er durch diese Strategien nicht zu gewinnen ist. Diese Metastrategie unterstellt, dass die Ausgangsmenge streng genug ist, einfach weil schwache Strategien trivialerweise unvollständig sind. Die Pointe unserer Darlegung besteht nun darin, dass *der unbewisbare, doch wahre* Satz G des Gödelschen Beweises *unbeweisbar* im Vollformalismus ist, aber *beweisbar* (also begründbar oder wahr) im Halbformalismus. Es gibt eine konkrete Strategie dafür, wie er zu begründen ist, aber auch, wie ein anderer unbeweisbarer, doch wahrer Satz zu konstruieren wäre, wenn der Vollformalismus *ad hoc* um den ursprünglich unableitbaren Satz erweitert würde.

Im Mittelpunkt des Gödelschen Beweises steht dabei die Idee, dass man auch manche Sätze *über* den Vollformalismus, nach geschickter Kodierung, in ‚seine' Sprache übersetzen und sogar in ihm selbst ableiten kann, so dass man nach dem Vorbild des Satzes „ich lüge" eine Formel bilden kann, welche als „ich bin unbeweisbar" zu deuten ist und welche die beschriebene Aufgabe erfüllt. Man muss dabei streng zwischen einem Ausdruck, z. B. einem Numerale n, und dem, was er ausdrückt, z. B. der Zahl n, unterscheiden und diesen Unterschied im ganzen Beweis auch syntaktisch klar halten. Die technische Durchführung sieht skizzenhaft folgendermaßen aus: Man ordnet erstens den arithmetischen Ausdrücken gewisse Zahlen so zu, dass die Zahl n eine arithmetische Bedingung dann und nur dann erfüllt, wenn der von ihr kodierte Ausdruck eine gewisse syntaktische Eigenschaft hat, z. B. dass er ein Axiom oder Beweis des Formalismus ist. Betrachten wir weiter die Eigenschaft, welche zwischen zwei Ausdrücken genau dann besteht, wenn der erste ein Beweis des anderen ist, dann können wir die entsprechende arithmetische Formulierung als Bew(x, y) abkürzen. Zwei Zahlen x, y stehen in der arithmetischen Beziehung Bew(x, y) genau dann, wenn y die Kodierung einer arithmetischen Formel ist und x die Kodierung ihres vollformalen Beweises. Außerdem muss man die Operation subst(x, y) definieren, welche der Kodierung y einer beliebigen arithmetischen Formel F(z) mit einer einzigen freien Variable z und der Zahl x die Kodierung der Formel F(x) zuordnet, wobei x das Numerale von x ist. Damit steht uns die Formel

$$(\forall x) \neg \text{Bew}(x, \text{subst}(y, y))$$

als rein arithmetische Aussageform zur Verfügung. Sie hat nur eine freie Variable y und korrespondiert selbst einer bestimmten Code-Zahl g. Die Aussageform

11.6 Unvollständigkeit — 161

gilt von einer Zahl n genau dann, wenn der Satz mit der Kodierung subst(n, n) im gegebenen Vollformalismus unbeweisbar ist, also wenn es keine Zahl x gibt, welche der Code eines solchen Beweises wäre. Verkürzen wir jetzt unsere Formel als G(y) und substituieren das Numerale von ihrem Code g für y, so erhalten wir mit G(g) einen Satz, welcher genau dann ‚begründbar' ist, wenn der Satz mit dem Code subst(g, g) ‚unbeweisbar' ist. Dieser Satz ist aber G(g) selbst! Weil nun der Vollformalismus so konstruiert ist, dass in ihm nur die arithmetisch begründbaren Sätze ableitbar sind, darf in ihm der Satz G(g) nicht beweisbar sein, sonst wäre er gleichzeitig begründbar und unbegründbar. Er ist also vollformal unbeweisbar – und demzufolge wahr.

Damit ist auch (wenigstens in Umrissen) klar, wie das Konzept der *prinzipiellen Unbeweisbarkeit* zu verstehen ist. Es stützt sich keineswegs auf eine mystische, platonistische, Pseudo-Definition der Wahrheit, besonders da der Gödelsche Beweis das Feld *des konstruktiven Halbformalismus* nicht verlassen hat. Wir können künftig auch zwischen der Ableitbarkeit im Vollformalismus und im Halbformalismus symbolisch unterscheiden, und zwar mit den üblichen Symbolen des syntaktischen Beweisens $\vdash$ und der semantischen Folgerung $\vDash$, welche einen gemeinsamen Ursprung in Freges ‚Urteilsstrich' haben. Summa summarum haben wir also die folgenden Thesen aufgestellt:

(1) Die prinzipielle Unvollständigkeit der Arithmetik betrifft nur den arithmetischen Vollformalismus, also die axiomatische Methode im engeren Sinne. Dieser ist darum unvollständig, weil es in ihm immer wahre arithmetische Formeln gibt, die unableitbar sind. ‚Unvollständig' bedeutet also immer ‚unvollständig relativ zu einem Halbformalismus', also einer Methode in einem erweiterten Sinne, welche definiert, welche Sätze der Arithmetik als wahr bewertet werden und welche nicht.

(2) Der Halbformalismus selbst kann nicht unvollständig sein. Er kann aber unvollständig sein relativ zu einem anderen Halbformalismus, wie dies z. B. der konstruktive Halbformalismus im Vergleich zum klassischen ist. In diesem konkreten Fall hat man aber nicht bewiesen, dass die Unvollständigkeit eine prinzipielle ist. Man könnte daher mit Hilbert noch immer von der ‚prinzipiellen Beantwortbarkeit' jeder exakt formulierten mathematischen (arithmetischen) Frage ausgehen.[20]

(3) Auch wenn man die arithmetische Wahrheit klassisch, also nicht effektiv definiert, bleibt das Gödelsche Theorem und seine unbeweisbare, doch wahre Formel *G* konstruktiv wahr, also begründbar im konstruktiven Halbformalismus. Man kann ja den Satz $\neg$ Bew(n,subst(g,g)) für ein beliebiges Numerale n effektiv beweisen, und demzufolge wissen, dass auch seine Generalisierung G(g) wahr sein muss, ohne sie vollformal – ihrer Bedeutung nach – beweisen zu können.

Durch eine Betrachtung dieser Art wird die geradezu ausufernde Literatur zu diesem Thema und werden die dabei geäußerten Meinungen sozusagen mit einem Schlag durchsichtiger.[21] Das betrifft auch die Interpretation des Korollars des Theorems, welches unter dem Namen des zweiten Unvollständigkeitssatzes bekannt ist, und das nach der üblichen Deutung besagt, dass man die Widerspruchslosigkeit der Arithmetik in der Arithmetik selbst nicht beweisen kann.

Aus dessen vorsichtiger Lektüre ergibt sich lediglich die folgende Formulierung: Es gibt eine Strategie, zu jeder Vollformalisierung S der Arithmetik einen Satz A so zu konstruieren, so dass gilt: (1) A ist nur dann begründbar ($\vDash$), wenn S konsistent ist, und (2) A ist unableitbar in S ($\vdash$) genau dann, wenn S konsistent ist. Es ist klar, dass Bedingung (2) allein nur etwas Triviales fordert: Man könnte für A einfach irgendeine Kontradiktion wählen. Fügt man Bedingung (1) hinzu, dann sollte der unableitbare Satz auch wahr sein. Einen solchen Satz A, der (1) und (2) erfüllt, kennen wir aber schon aus dem ersten Theorem. Wozu das Korollar dienen soll, ergibt sich erst in einem breiteren Kontext des Hilbertprogramms und seiner Idee, dass die Wahrheit einer Theorie aus ihrer Konsistenz abzuleiten sei. Wenn man nun die Mittel, mit denen man diese Konsistenz beweisen kann, durch die rekursive Arithmetik schematisiert, könnte das Korollar als eine direkte Widerlegung des Projekts gedeutet werden, besonders wenn man berücksichtigt, dass die unbeweisbare Formel G(g) sowie die Goldbachsche Vermutung eine Generalisierung des (rekursiv) entscheidbaren Satzes darstellen, also nach Hilberts Standard finit sind. Hilberts späteres Zugeständnis, nämlich zu seinem axiomatischen System auch die Regel (ω) hinzuzufügen, zeigt aber, dass er sich der komplizierten Natur eines finiten Kriteriums im oben diskutierten Sinne bewusst war, also auch dessen, „dass im Gebiete der metamathematischen Überlegungen die Gefahr des Versehens besonders groß ist".[22]

Die Bedeutung der Gödelschen Resultate besteht also keineswegs darin, dass sie auf die Grenzen des menschlichen Wissens hinweisen, wie das ein allzu schlichter mathematischer Realismus zu behaupten pflegt. Sie besteht aber auch nicht in dem einfachen Beschluss, die scheinbar ausreichende Peano-Arithmetik zu Gunsten einer ‚stärkeren' Theorie zu verlassen, wie das z. B. Zermelo in seinem *infinistischen* Programm[23] und Lorenzen in seiner Version des Konstruktivismus[24] vorschlagen. Der Gödelsche Beweis zeigt ganz konkret, dass man zwischen *zwei* Typen der axiomatischen Methode unterscheiden muss, welche dem *relativen* Unterschied zwischen der (internen) Beweisbarkeit (in einem Axiomensystem) und der Wahrheit (in einem Strukturmodell oder in ‚dem' Standardmodell, sofern es ein solches, wie im Fall der Zahlen, gibt) entsprechen.

Schluss

Die Erweiterung des Zahlbegriffs, welche als Leitlinie des Buches schon am Anfang herausgestellt worden war, liefert uns jetzt eine Fallstudie für eine Entwicklung des Wissens. Es ist eine Entwicklung in einem Dialog mit sich selbst, also mit dem zunächst als relativ unmittelbar gegebenen Wissen und den Kriterien seiner Gültigkeit. Diese können im Lichte einer dialektischen Kritik als zu eng, das Wissen sogar als ein ‚bloßes' Glauben erkennbar sein. Das hat uns z. B. schon die Geschichte der pythagoräischen Annahme gezeigt, nach welcher man jedes Größenverhältnis als kommensurabel darstellen kann und welche durch eine Theorie der *alogoi logoi* ersetzt wurde. Viel später gelangte man zu dem Stand, in welchem die Tatsache einer kontinuierlichen Erweiterung des Zahlbegriffs selbst reflektiert und in den Zahlbegriff inkorporiert wurde, wenn auch in einer allzu liberalen Form. Diese versucht, zu einem ultimativen Bereich ‚aller' (reellen) Zahlen und ‚aller' reinen Mengen, und damit auch ‚aller' Strukturmodelle für Axiomensysteme, zu gelangen – und zwar durch eine ‚schlichte' Verneinung ‚aller' Gesichtspunkte einer konkreten Mengen- oder Zahlbestimmung. Damit wären alle weiteren Entwicklungen vermieden oder in das System inkorporiert. Der Nachteil des extremen Liberalismus dieser Mengenlehre und ihres Begriffs der reellen Zahl besteht darin, dass jede Existenzaussage in diesem Bereich dann nur noch beweist, dass es nicht unmöglich ist, dass man ein entsprechendes Modell oder eine entsprechende reelle Zahl definieren könnte. Das ähnelt aber dann lediglich dem Fall, dass es nicht unmöglich ist, dass es in der Bibliothek von Babel ein Buch über Sherlock Holmes' Großvater gibt, in dem geschrieben steht, welchen Beruf er hatte und wo er lebte.

Der Gödelsche Beweis, der die reflexive Struktur der Cantorschen Diagonalkonstruktion bewusst widerspiegelt, vermeidet diese schlechte Verneinung einfach dadurch, dass er die Form einer Theorie, welche sich selbst zum Thema hat, annimmt und so klarerweise in einem internen Dialog des logisch-arithmetischen Wissens bzw. Beweisens mit sich selbst steht. Damit ist die Grundeinsicht des deutschen Idealismus, dass alles Erkennen letzten Endes immer ein *Selbsterkennen* ist, auf ganz übersichtliche Weise demonstriert, und zwar in dem folgenden Sinn: Man meinte zuerst, hinter den axiomatischen Theorien eine platonistisch vorgegebene Wahrheit der ‚Standardmodelle' zu entdecken, so wie man hoffte, hinter den Erscheinungen der empirischen Welt, z. B. der glatten Ebene eines Tisches, eine ‚gegliederte' Wirklichkeit der Atome zu erblicken, oder hinter dem abscheulichen Verhalten eines ‚Delinquenten' die ‚wirkliche' Struktur seiner genetischen Ausstattung zu finden. Nun erweist sich aber diese ‚Wirklichkeit' selbst wieder als eine von uns gesetzte Theorie, welche als ‚wahr' bezeichnet wird immer nur relativ zu jener, die ursprünglich für ‚wahr' gehalten wurde, jetzt aber für ‚nur scheinbar wahr' erklärt wird. Das ist selbst dann so, wenn man das Theorienformat einer vollformalen axiomatischen Theorie von einem Halbformalismus unterscheidet, der die wahren Sätze des Standardmodells der Arithmetik allererst definiert. Die Theorien sind immer nur mit anderen Theorien, also nie ‚direkt' mit einer von uns völlig unabhängigen Wirklichkeit, vergleichbar, wie das auch die *Kohärenztheorie der Wahrheit* behauptet.[1]

Dass das selbstbewusste Wissen darüber hinaus immer eine dialogische Struktur hat, wird gerade in der Unterscheidung von Voll- und Halbformalismen klar hervorgehoben, wenn man die Wahrheitsfrage in die Stufen der ‚klassischen' und ‚effektiven' Möglichkeit einer Gewinnstrategie aufteilt. In Brandoms Inferentialismus führt eine verwandte Analyse dazu, dass man Erkenntnis nicht statisch als eine einfache Einsicht oder Intuition ansieht, sondern als einen komplexen Prozess mit ‚hybridem deontischen Status', in welchem die traditionelle Konzeption des Wissens auf zwei sozialen Rollen verteilt wird. Von jemandem zu sagen, er wisse, dass eine Aussage (z. B. „Auf der Wiese steht eine Kuh") wahr ist, bedeutet, ihm (1) eine expressive *Versicherung* (2) mit einer *Berechtigung* zu dieser Versicherung zuzuschreiben, z. B. durch den Hinweis auf das, was einer sieht, ggf. zusammen mit der Erinnerung, er sei nicht blind und wisse zu urteilen. Es ist wesentlich, dass in der Zuschreibung von Wissen der Zuschreibende (3) selbst die Verpflichtung für eine zureichende Begründung des berechtigten Anspruchs übernimmt und schließlich auch die Bewertung seiner Commitments durch andere anerkennt, wenn diese mit guten Gründen einen Irrtum an *seinem* Urteil finden. Das entspricht in gewissem Sinn der Reihe nach den drei Bestandteilen der klassischen Wissensdefinition Platons, also (1) der Überzeugung, (2) ihrer Rechtfertigung (bzw. ihrem Beweis) und (3) der Wahrheit.[2] Und es passt zur wahren Wiedergabe des berühmtesten der Sprüche des Sokrates, der nicht etwa sagt, er wisse, dass er *nichts* wisse, sondern nur, dass er *nicht wisse*, also nicht allein – nicht ohne Dialog mit anderen Leuten – über Wissen und Nichtwissen urteilen könne.

So bestätigt sich die propädeutische und für die Reflexion auf Wahrheit und Wissen bedeutsame Rolle der Arithmetik auf eine überzeugende Weise, da man mit Hilfe der arithmetischen Beispiele nicht nur eine der bedeutendsten Bewegungen in der modernen Philosophie, einschließlich der linguistischen, pragmatischen und sozialen Wende, vorstellen, sondern auch ihre Stellung in der Geschichte der Bestrebungen der Philosophen von Platon über Hegel bis Wittgenstein diskutieren und bewerten kann. Die komplexen arithmetischen Phänomene wie Cantors Diagonalargument oder Gödels Unvollständigkeitssatz funktionieren am Ende nicht nur als ‚übersichtliche Darstellungen' einer schon fixierten, gegebenen, Wahrheit z. B. über die Natur des Messens und Zählens oder gar über ‚empirische' Tatsachen der Welt. Es geht hier vielmehr immer um eine konkrete

Manifestation jeder *Wahrheit über jede Art von Wahrheit* selbst. Eine solche ist immer schon geschichtlich vermittelt.

Sie entwickelt sich durch Grenzziehungen, Reflexionen auf Folgen aus diesen Begrenzungen und den damit verbundenen Grenzüberschreitungen. Alle bewussten Missachtungen gegebener kategorialer Grenzen verlangen, wie jede Metapher, als bloß partielle Modellierung von Formen eine Aufhebung von Widersprüchen. Eine solche besteht im Nachweis, dass die *prima facie* immer berechtigte Kritik daran, dass man ursprüngliche Paradigmen hinter sich lässt, am Ende doch auch unberechtigt ist. Die dialektische Spannung wird aufgelöst, indem man erstens die Unterschiede nicht vergisst und zweitens die funktionalen Rollen der neuen bzw. erweiterten Begriffe und Urteilsformen begreift – und gerade darin besteht die Dialektik der Entwicklung von Begriffen, wie sie Hegels *Wissenschaft der Logik* erstmals systematisch darstellt.

Philosophie als theoretische Reflexion von höherer Warte aus ist dann sogar noch eng verbunden mit der Rolle der Kunst und der Definition der Schönheit als dem *sinnlichen Scheinen* der Idee. Im Unterschied zur Mathematik, mit ihrer Idee eines geradezu außerweltlichen, weil raum- und zeitallgemeinen Formenwissens, sind allerdings in der Kunst die dialektischen Grundfunktionen leichter zu sehen. Es geht hier immer auch darum, die Widersprüche des Lebens durch die Katharsis ihrer Vergegenwärtigung aufzuheben, gerade auch angesichts der subjektiven, z. B. emotionalen, Bedingungen jedes Weltbezugs, welche in den Wissenschaften ganz und gar, und durchaus aus guten Gründen, ausgeklammert sind. Immerhin wird in den technischen Wissenschaften die praktische und sozialkooperative Seite unseres Wissens generell besser sichtbar als in den Naturwissenschaften, in denen es gewissermaßen nur um ein Wissen über die Begrenzungen des Handelns durch das geht, was von selbst geschieht und damit aus gegebenen oder hergestellten Anfangssituationen berechnet werden kann.

Eine vollwertige philosophische Propädeutik muss also offensichtlich auch aus anderen Quellen schöpfen, wie das denn auch Wittgensteins und Heideggers spätere Philosophien in ihrer Bevorzugung der künstlerischen vor der wissenschaftlichen Erfahrung propagierten, wie Wittgensteins Bemerkung zeigt:

> Die Menschen heute glauben, die Wissenschaftler seien da, sie zu belehren, die Dichter und Musiker etc., sie zu erfreuen. *Dass diese sie etwas zu lehren haben*; kommt ihnen nicht in den Sinn.[3]

Wie in diesem größeren Projekt die mathematische Ausbildung hilfreich sein kann, haben wir zumindest teilweise im Zusammenhang mit den Fragen einer Entwicklung des Stimmungssystems und der Frage einer ‚natürlichen' Harmonie angedeutet. Platon kann man dann auch zugestehen, dass es kein instruktiveres

Beispiel einer Aufhebung von Widersprüchen gibt als deren Vergegenständlichung im Phänomen der *alogoi logoi,* der stummen Worte, der *irrationalen Verhältnisse,* wie sie sowohl in der geometrischen Form des Pentagons als auch in der akustischen Form eines Quintenzirkels sinnlich manifestiert zu finden sind.

Anmerkungen

Einleitung

1 Zu einer konsensustheoretischen Deutung von Platons Dialogen siehe Pirmin Stekeler-Weithofer 1995 („*Sinn-Kriterien*"), besonders Abschnitt 3.
2 Platon, *Nomoi*, 820c.
3 Platon, *Epistulae*, 342a-343e.
4 Platon, *Politeia*, 509d-511e.
5 Platon, *Politeia*, 511b.
6 Ludwig Wittgenstein 1922 („*Tractatus logico-philosophicus*"), § 6.54.

Kapitel 1

1 Euklid, *Elementa*, VII, Def. 2.
2 Ludwig Wittgenstein 1953 („*Philosophische Untersuchungen*"), § 67.
3 William James 1902 („*Varieties of Religious Experience*"), Vorlesung II.
4 Vgl. Heinz-Dieter Ebbinghaus 1988 („*Zahlen*").
5 Siehe Gottlob Frege 1884 („*Die Grundlagen der Arithmetik*"), § 22.
6 Siehe Gottlob Frege 1884, § 62. Vgl. aber dazu auch Paul Lorenzen 1962 („Gleichheit und Abstraktion").
7 Siehe David Hume, *A Treatise of Human Nature*.
8 Für die ausführliche Begründung dieses Zusammenhangs siehe Pirmin Stekeler-Weithofer 1992 („*Hegels Analytische Philosophie*").
9 G. W. F. Hegel, *Enzyklopädie der philosophischen Wissenschaften*, § 91.
10 G. W. F. Hegel, *Enzyklopädie der philosophischen Wissenschaften*, § 98.
11 Brief Einsteins an Eduard Study vom 24. 9. 1918 in: Albert Einstein 1998 („*The Collected Papers of Albert Einstein*, Bd. 8: *The Berlin Years: Correspondence, 1914-1918*"), S. 890.
12 G. W. F. Hegel, *Enzyklopädie der philosophischen Wissenschaften*, § 98.
13 George Berkeley 1721 („*De motu*").

Kapitel 2

1 W. V. O. Quine 1981 („*Theories and Things*"), S. 102.
2 Übersetzung nach Annette Imhausen 2003 („*Ägyptische Algorithmen*"), S. 249.
3 Der Text aus seinem *Handbuch der Harmonielehre* findet sich in: Anja Heilmann 2007 („*Boethius' Musiktheorie und das Quadrivium*"), S. 345-347.
4 Vgl. Kurt von Fritz 1971 („*Grundprobleme der Geschichte der antiken Wissenschaft*"), S. 48.
5 Jaap Mansfeld, Oliver Primavesi 2011 („*Die Vorsokratiker*"), S. 147.
6 Aristoteles, *Metaphysik*, 985b23 f.
7 G. W. F. Hegel, *Wissenschaft der Logik I*, S. 385.
8 Vgl. z. B. Rudolf Carnap 1928 („*Der logische Aufbau der Welt*"), § 16.
9 Siehe Ken'ichi Miyazaki 1990 („The Speed of Musical Pitch Identification by Absolute-Pitch Possessors") und David Huron 2006 („*Sweet Anticipation*"), S. 112-113.

10 Hermann von Helmholtz 1863 („*Die Lehre von den Tonempfindungen*").
11 Siehe z. B. Leonard Bernstein 1976 („*The Unanswered Question*").
12 Willard Van Orman Quine 1980 („*Word and Object*").
13 Noam Chomsky 1980 („*Rules and Representations*").
14 Siehe Otto Neurath 1932b („Protokollsätze").
15 John McDowell 1994 („*Mind and World*").

Kapitel 3

1 Euklid, *Elementa*, VII, Def. 2.
2 Georg Cantor 1932 („*Gesammelte Abhandlungen*"), S. 379 bzw. 282.
3 Zu einer ‚exakten' Definition der Wohlordnung siehe Abschnitt 8.2.
4 Hieronymus Georg Zeuthen 1910 („Sur la constitution des livres arithmétiques des Eléments d'Euclide et leur rapport à la question de l'irrationalité").
5 Oskar Becker 1933 („Eine voreudoxische Proportionenlehre und ihre Spuren bei Aristoteles und Euklid").
6 David Fowler 1999 („*The Mathematics of Plato's Academy*").
7 Siehe Euklid, *Elementa*, VI, Def. 5.
8 Euklid, *Elementa*, VI, Satz 23.
9 Euklid, *Elementa*,, VIII, Satz 5.
10 Vgl. dazu auch Aristoteles, *Metaphysik*, 1020a, 1088a, 1016a-b.
11 Ludwig Wittgenstein 1922, § 2.0211, 2.0212.
12 Vgl. Aristoteles, *Physik*, VI, 1, 231a18-232a22 und VIII, 8, 263a4-b9.
13 Vgl. Immanuel Kant, *Kritik der reinen Vernunft*, B 436.
14 G. W. F. Hegel, *Wissenschaft der Logik I*, S. 276.
15 G. W. F. Hegel, *Jenaer Schriften 1801-1807*, S. 533.
16 Immanuel Kant, *Kritik der reinen Vernunft*, A 511/B 539, A 524/B 551.
17 Dass Hegel das Wort „schlecht" wesentlich im Sinne von „schlicht" benutze, begründet Pirmin Stekeler-Weithofer 2005 („*Philosophie des Selbstbewusstseins*"), Kap. 7.
18 G. W. F. Hegel, *Wissenschaft der Logik I*, S. 287.
19 Hegel erwähnt zur Veranschaulichung ein auf Spinoza zurückgehendes Beispiel, das des Raumes zwischen zwei ungleichen, nicht konzentrischen Kreisen, deren einer irgendwie innerhalb des anderen liegt. Die Beziehungen zwischen den Flächen bzw. Kreislinien beider Kreise sind sowohl ‚unendlich viele' als auch ‚endlich begrenzt', und in diesem Sinn nicht einfach ‚schlecht'. Siehe G. W. F. Hegel, *Wissenschaft der Logik I*, S. 292.

Kapitel 4

1 Siehe Euklid, *Elementa*, VI, Prop. 12 (bzw. I, Prop. 44, wo stattdessen das Ergänzungsparallelogramm benutzt wird).
2 Euklid, *Elementa*, VI, Prop. 13 (bzw. VI, Prop. 14, wo eine andere Lösung vorgeschlagen wird).
3 Platon, *Menon*, 82a-85b.
4 Siehe z. B. Zitate von Archimedes in: Oskar Becker 1975 („*Grundlagen der Mathematik in geschichtlicher Entwicklung*"), S. 56 ff.

5 Euklid, *Elementa*, V, Def. 5; zitiert nach: Oskar Becker 1975, S. 84.
6 Man findet sie z. B. in: Robin Hartshorne 2000 („*Geometry: Euclid and Beyond*").
7 Ludwig Wittgenstein 1976 („*Wittgenstein's Lectures on the Foundations of Mathematics*"), S. 49, 57.
8 Ladislav Kvasz 2008 („*Patterns of Change*").
9 Siehe Helmuth Gericke 1990 („*Mathematik im Abendland*"), S. 296.
10 Siehe David Hilbert 1899 („*Grundlagen der Geometrie*"), S. 78 ff. und bes. die kritische Ausgabe David Hilbert 2004 („*Lectures on the Foundations of Geometry 1891-1902*"), S. 422, 512 ff.
11 Paul Lorenzen 1984 („*Elementargeometrie*"), S. 129. Für Lorenzen ist die Winkelhalbierung eine Basisoperation, die eine prototheoretische Begründung in der Möglichkeit einer Klappung bzw. Faltung dünner durchsichtiger Folien findet.
12 Für eine weitere Diskussion siehe Ladislav Kvasz 2008, S. 36, 44-45.
13 Für eine exaktere Ausformulierung und Begründung siehe Bartel Leendert van der Waerden 1960 („*Algebra I*"), S. 192-197.

Kapitel 5

1 Siehe z. B. Ivor Grattan-Guinness 1980 („*From the Calculus to Set Theory 1630-1910*"), S. 62.
2 Alberto Coffa 1991 („*The Semantic Tradition from Kant to Carnap*").
3 Vgl. dazu auch Aristoteles, *Physik*, VIII, 8, 263a-b (etwa in der Übersetzung Oskar Beckers 1975, S. 76-77).
4 Siehe Henri Bergson 1908 („*L'évolution créatrice*"), bes. S. 328-339.
5 Isaac Newton, *Philosophiae naturalis principia mathematica*, deutsche Übersetzung, S. 54.
6 Isaac Newton, *Philosophiae naturalis principia mathematica*, deutsche Übersetzung, S. 54.
7 Vgl. dazu Ivor Grattan-Guinness 1980, S. 54 f. für Details.
8 G. W. F. Hegel, *Wissenschaft der Logik I*, S. 307-308.
9 George Berkeley 1734 („*The Analyst*"), § 35; zitiert nach: Oskar Becker 1975, S. 158.
10 George Berkeley 1734, § 22 ff.
11 G. W. F. Hegel, *Wissenschaft der Logik I*, S. 282-283.
12 G. W. F. Hegel, *Wissenschaft der Logik I*, S. 355.
13 G. W. F. Hegel, *Wissenschaft der Logik I*, S. 164.
14 G. W. F. Hegel, *Enzyklopädie der philosophischen Wissenschaften*, § 173.
15 Joseph-Louis Lagrange 1788 („*Mécanique analytique*"), S. 1.
16 Eine ausführliche Analyse von Hegels Kritik an Newton und an seiner Rezeption von Lagrange findet sich in: Pirmin Stekeler-Weithofer 2005, Kap. 7.
17 G. W. F. Hegel, *Wissenschaft der Logik I*, S. 310.
18 G. W. F. Hegel, *Wissenschaft der Logik I*, S. 297.
19 Anselm von Canterbury, *Proslogion*, Kap. 2.

Kapitel 6

1 G. W. F. Hegel, *Wissenschaft der Logik I*, S. 212.
2 G. W. F. Hegel, *Wissenschaft der Logik I*, S. 225.
3 Aristoteles, *Physik*, V, 3, 227a10; übers. v. Oskar Becker 1975, S. 70.

4 Augustin-Louis Cauchy 1821 („*Cours d'Analyse de l'École Polytechnique*"), S. 3, zitiert nach: Hans Niels Jahnke 1999 („*Geschichte der Analysis*"), S. 196.
5 Für Details siehe Abschnitt 7.2.
6 Für Details siehe z. B. Michael Potter 2004 („*Set Theory and its Philosophy*").
7 David Hilbert 1899. Das so genannte ‚Vollständigkeitsaxiom' findet sich erst in der 2. Auflage.
8 Gottlob Frege 1884, § 6.
9 Gottlob Frege 1879 („*Begriffsschrift*").
10 Gottlob Frege 1879, S. X.
11 Siehe Gottlob Frege 1983 („*Nachgelassene Schriften*"), S. 23-30, und Carnaps Schilderung von Freges Vorlesung in seiner „Intellectual Biography" in: Paul Arthur Schilpp 1963 („*The Philosophy of Rudolf Carnap*"), S. 1-84.
12 Cauchy fiel aufgrund seiner allzu legeren Prosa auf diese Verwechslung selbst herein, wie Imre Lakatos 1978 („Cauchy und the Continuum") – in einem anderen, aber doch verwandten Kontext – ausführt.
13 Siehe John Locke, *An Essay Concerning Human Understanding*, Buch IV, Kap. 10, § 3.
14 Siehe z. B. Gottlob Frege 1893/1903 („*Grundgesetze der Arithmetik*"), S. VII.

Kapitel 7

1 Augustin-Louis Cauchy 1821, S. iv.
2 Siehe Richard Dedekind 1872 („*Stetigkeit und irrationale Zahlen*").
3 Georg Cantor 1932, S. 411-412.
4 Gottlob Frege 1884, § 31.
5 Für eine Verallgemeinerung dieses Punktes siehe meinen Artikel Vojtěch Kolman 2010 („Continuum, Name, Paradox"). Der Kern des Argumentes ist in Pirmin Stekeler-Weithofer 1986 („*Grundprobleme der Logik*"), S. 340-345 zu finden.

Kapitel 8

1 Euklid, *Elementa*, I, Grundsatz 5.
2 Bernard Bolzano 1851 („*Dr. Bernard Bolzano's Paradoxien des Unendlichen*").
3 Georg Cantor 1932, S. 119.
4 Georg Cantor 1932, S. 132.
5 Georg Cantor 1991 („*Briefe*"), S. 41.
6 Georg Cantor 1991, S. 44.
7 L. E. J. Brouwer 1911 („Beweis der Invarianz der Dimensionenzahl").
8 Georg Cantor 1932, S. 98.
9 Siehe z. B. Oliver Deiser 2004 („*Einführung in die Mengenlehre*"), S. 215.
10 Für eine ausführliche Diskussion von Cantors Beweis siehe Michael Hallett 1984 („*Cantorian Set Theory and Limitation of Size*"), S. 75 ff.
11 Georg Cantor 1932, S. 297.
12 Siehe Paul J. Cohen 1963/1964 („The Independence of the Continuum Hypothesis I, II").
13 Ernst Zermelo 1904 („Beweis, dass jede Menge wohlgeordnet werden kann").
14 Jorge Luis Borges 1974 („*Die Bibliothek von Babel*").

Kapitel 9

1 Den Namen hat George Boolos 1998 („*Logic, Logic, and Logic*") als Hinweis auf Humes *Treatise* (Buch I, Teil III, Abschnitt I, §5) eingeführt, wo die Abgrenzung des Zahlbegriffs vorkommt, welche Frege in seinen *Grundlagen* (Gottlob Frege 1884, §63) als Vorgänger seiner Auffassung erwähnt.
2 John von Neumann 1929 („Über eine Widerspruchsfreiheitsfrage in der axiomatischen Mengenlehre").
3 Siehe Bertrand Russell 1903 („*The Principles of Mathematics*"), §349.
4 Die Analyse und der Name stammen von Henri Poincaré 1906 („Les mathématiques et la logique III"), §9. Zum Prinzip aller Paradoxien erklärte die Imprädikativität Bertrand Russell 1908 („*Mathematical Logic as Based on the Theory of Types*").
5 Siehe Richard Dedekind 1888 („*Was sind und was sollen die Zahlen*").
6 Crispin Wright 1983 („*Frege's Conception of Numbers as Objects*").
7 Siehe Gottlob Frege 1976 („*Wissenschaftlicher Briefwechsel*"); aber auch Gottlob Frege 1983, S. 370.
8 Richard Dedekind 1888, Theorem 66.
9 Aristoteles, *Metaphysik*, 1092b19 f.
10 Vgl. Freges berühmtes Beispiel des Satzes „der Begriff ‚Pferd' ist kein Begriff", der seiner Meinung nach wahr ist, siehe Gottlob Frege 1892 („Über Begriff und Gegenstand"), S. 196.
11 Platon, *Sophistes*, 249c-d.
12 Platon, *Sophistes*, 262.
13 Ludwig Wittgenstein 1922, §3.323.
14 Hermann Diels, Walther Kranz 1903 („*Die Fragmente der Vorsokratiker*"), DK 29 B1.
15 Georg Cantor, 1932, S. 405-406.
16 Georg Cantor 1932, S. 443.
17 Siehe Michael Hallet 1984 für weitere Details.
18 Für weitere Informationen siehe z. B. Mary Tiles 1989 („*The Philosophy of Set Theory*"), S. 175 ff.

Kapitel 10

1 L. E. J. Brouwer 1908 („De onbetrouwbaarheid der logische principes").
2 Es erschien später als L. E. J. Brouwer 1929 („Mathematik, Wissenschaft und Sprache").
3 Ludwig Wittgenstein 1953, §143, 185.
4 Saul Kripke 1982 („*Wittgenstein on Rules and Private Language*").
5 Siehe Ludwig Wittgenstein 1953, S. 573 und L. E. J. Brouwer 1907 („*Over de grondslagen der wiskunde*"), S. 61 (zitiert nach L. E. J. Brouwer 1975 („*Collected Works I*")).
6 Für weitere Begründungen siehe (u. a.) Arend Heyting 1956 („*Intuitionism*") und Michael Dummett 1977 („*Elements of Intuitionism*").
7 Ludwig Wittgenstein 1964, §179.
8 Ludwig Wittgenstein 1953, §202.
9 Für Details siehe besonders Piergiorgio Odifreddi 1989 („*Classical Recursion Theory*"), S. 101 ff., Douglas Bridges, Fred Richman 1987 („*Varieties of Constructive Mathematics*"), Paul Lorenzen 1955 („*Einführung in die operative Logik und Mathematik*"), S. 5, §18.
10 Alonzo Church 1936 („A Note on the Entscheidungsproblem").

11 Oskar Becker 1973 („*Mathematische Existenz*"), S. 229.
12 Oskar Becker 1973, S. 232.
13 Zitat von Markov aus A. S. Troelstra, Dirk van Dalen 1988 („*Constructivism in Mathematics*"), S. 27.

Kapitel 11

1 Für eine dialektisch-praktische Begründung beider, euklidischer und nichteuklidischer, Geometrien siehe Pirmin Stekeler-Weithofer 2008 („*Formen der Anschauung*").
2 Aus der Frege-Hilbert Korrespondenz in: Gottlob Frege 1976, S. 67.
3 Gottlob Frege 1976, S. 66.
4 Gottlob Frege 1976, S. 74.
5 Siehe auch Gottlob Frege 1906 („Über die Grundlagen der Geometrie I-III").
6 Georg Cantor 1991.
7 Vgl. dazu den Brief von Cantor an Hilbert vom 10. Oktober 1898 in: Georg Cantor 1991, S. 396.
8 Brief von Cantor an Dedekind vom 3. August 1899. Georg Cantor 1991, S. 407.
9 Georg Cantor 1883 („*Über unendliche Punktmannigfaltigkeiten V*"), S. 550.
10 David Hilbert 1930 („Naturerkennen und Logik"), S. 381.
11 Siehe Alfred Tarski 1948 („*A Decision Method for Elementary Algebra and Geometry*"), oder auch: B. L. van der Waerden 1960.
12 Abraham Robinson 1974 („Non-standard Analysis").
13 Jerzy Łoś 1955 („On Extending of Models I").
14 Das so genannte Löwenheim-Skolem Theorem besagt, dass es diese Modelle sogar geben muss. Es ist in jedem Standardbuch der mathematischen Logik zu finden, siehe z. B. Heinz-Dieter Ebbinghaus, Jörg Flum, Wolfgang Thomas 1996 („*Einführung in die mathematische Logik*"), S. 93 ff.
15 Siehe besonders Paul Lorenzen 1955.
16 Paul Lorenzen, Kuno Lorenz 1978 („*Dialogische Logik*").
17 Kurt Gödel 1930 („Die Vollständigkeit der Axiome des logischen Funktionenkalküls").
18 Kurt Gödel 1931 („Über formal unentscheidbare Sätze der ‚Principia Mathematica' und verwandter Systeme I").
19 Kurt Schütte 1960 („*Beweistheorie*").
20 Siehe David Hilbert 1930.
21 Eine gute Übersicht bietet Peter Smith 2007 („*An Introduction to Gödel's Theorems*").
22 Siehe Paul Bernays' Kommentar in: David Hilbert 1935 („*Gesammelte Abhandlungen*"), S. 210.
23 Siehe Ernst Zermelo 1932 („Über Stufen der Quantifikation und die Logik des Unendlichen").
24 Siehe Paul Lorenzen 1974 („*Konstruktive Wissenschaftstheorie*"), S. 222.

Schluss

1 Siehe Otto Neurath 1932a („Soziologie im Physikalismus"), S. 403.
2 Siehe Robert Brandom 1994 („*Making It Explicit*"), Kap. 4 und Robert Brandom 2000 („*Articulating Reasons*"), Kap. 3.

3 Ludwig Wittgenstein 1986 („*Vermischte Bemerkungen*"), S. 501. Es ist dann wahrscheinlich auch kein Zufall, dass Wittgensteins Überlegungen über das Regelfolgen ein überraschendes Vorbild in Wagners *Meistersingern* haben, von welchen Wittgenstein angeblich (siehe Brian McGuinness 1992, „*Wittgensteins frühe Jahre*", S. 102) zu sagen pflegte, er hätte sie als Student in Berlin dreißigmal gehört. Das betrifft u. a. den Vergleich der Regeln zum Gleis, das Problem der Fortsetzung einer Reihe (in der Barform AAB des Meisterliedes, wie sie die Szene in der Singschule beschreibt, wo Stolzing mit ABA beginnt, um erst nach der Unterbrechung mit ABABC anzuschließen) oder die sozial bedingte Natur der Normen (welche auch ‚vom Volk' zu beurteilen sind).

Literatur

Anselm von Canterbury (2005): *Proslogion*, lateinisch/deutsch, übers. v. Robert Theis, Stuttgart: Reclam.
Aristoteles (1831-1870): *Aristotelis opera I-XI*, hrsg. v. Immanuel Bekker, Berlin: Georg Reimer; deutsch: Aristoteles (1995): *Philosophische Schriften*, übers. v. Eugen Rolfes, Hermann Bonitz, Hans Günter Zekl und Willy Theiler, Hamburg: Meiner.
Becker, Oskar (1933): „Eine voreudoxische Proportionenlehre und ihre Spuren bei Aristoteles und Euklid", in: *Quellen und Studien zur Geschichte der Mathematik, Astronomie und Physik*, 2, S. 311-333.
Becker, Oskar (1973): *Mathematische Existenz. Untersuchungen zur Logik und Ontologie mathematischer Phänomene*, Tübingen: Niemeyer.
Becker, Oskar (1975): *Grundlagen der Mathematik in geschichtlicher Entwicklung*, Frankfurt a. M.: Suhrkamp.
Bergson, Henri (1908): *L'évolution créatrice*, 4. Auflage, Paris: F. Alcan; deutsch: Bergson, Henri (1921): *Schöpferische Entwicklung*, übers. v. Gertrud Kantorowicz, Jena: Diederichs.
Berkeley, George (1721): *De motu, or The Principle and Nature of Motion and the Cause of the Communication of Motions*, London: J. Tonson; deutsch: Berkeley, George (1985): „Über die Bewegung oder über das Prinzip und die Natur der Bewegung und über die Ursache der Bewegungsmitteilung", in: *Schriften über die Grundlagen der Mathematik und Physik*, hrsg. v. W. Breidert, Frankfurt a. M.: Suhrkamp, S. 208-243.
Berkeley, George (1734): *The Analyst, or A Discourse Addressed to an Infidel Mathematician*, London: J. Tonson; deutsch: Berkeley, George (1985): „Der Analytiker oder eine an einen ungläubigen Mathematiker gerichtete Abhandlung", in: *Schriften über die Grundlagen der Mathematik und Physik*, hrsg. v. W. Breidert, Frankfurt a. M.: Suhrkamp, S. 81-141.
Bernstein, Leonard (1976): *The Unanswered Question. Six Talks at Harvard*, Cambridge, MA: Harvard University Press.
Bishop, Errett/Bridges, Douglas (1985): *Constructive Analysis*, Berlin: Springer.
Bolzano, Bernard (1817): *Rein analytischer Beweis, dass zwischen je zwey Werthen, die ein entgegengesetztes Resultat gewähren, wenigstens eine reelle Wurzel der Gleichung liege*, Prag: Haase.
Bolzano, Bernard (1851): *Dr. Bernard Bolzano's Paradoxien des Unendlichen*, Leipzig: Reclam.
Boolos, George (1998): *Logic, Logic, and Logic*, Cambridge, MA: Harvard University Press.
Borges, Jorge Luis (1974): *Die Bibliothek von Babel*, übers. v. K. A. Horst, Stuttgart: Reclam.
Brandom, Robert (1994): *Making It Explicit. Reasoning, Representing, and Discursive Commitment*, Cambridge, MA: Harvard University Press; deutsch: Brandom, Robert (2000): *Expressive Vernunft – Vernunft, Repräsentation und diskursive Festlegung*, übers. v. Eva Gilmer und Hermann Vetter, Frankfurt a. M.: Suhrkamp.
Brandom, Robert (2000): *Articulating Reasons. An Introduction to Inferentialism*, Cambridge, MA: Harvard University Press; deutsch: Brandom, Robert (2001): *Begründen und Begreifen. Eine Einführung in den Inferentialismus*, übers. v. Eva Gilmer, Frankfurt a. M.: Suhrkamp.
Bridges, Douglas/Richman, Fred (1987): *Varieties of Constructive Mathematics*, Cambridge: Cambridge University Press.
Brouwer, Luitzen Egbertus Jan (1907): *Over de grondslagen der wiskunde*, Universiteit van Amsterdam, Amsterdam.

Brouwer, Luitzen Egbertus Jan (1908): „De onbetrouwbaarheid der logische principes", in: *Tijdschrift voor wijsbegeerte*, 2, S. 152-158.
Brouwer, Luitzen Egbertus Jan (1911): „Beweis der Invarianz der Dimensionenzahl", in: *Mathematische Annalen*, 70, S. 161-165.
Brouwer, Luitzen Egbertus Jan (1929): „Mathematik, Wissenschaft und Sprache", in: *Monatshefte für Mathematik und Physik*, 36, S. 153-164.
Brouwer, Luitzen Egbertus Jan (1975): *Collected Works I*, hrsg. v. Arendt Heyting, Amsterdam: North-Holland.
Cantor, Georg (1883): „*Über unendliche Punktmannigfaltigkeiten V*", in: *Mathematische Annalen*, 21, S. 545-586.
Cantor, Georg (1932): *Gesammelte Abhandlungen mathematischen und philosophischen Inhalts*, hrsg. v. Ernst Zermelo, Berlin: Springer.
Cantor, Georg (1991): *Briefe*, hrsg. v. Herbert Meschkowski und Winfried Nilson, Berlin: Springer.
Carnap, Rudolf (1928): *Der logische Aufbau der Welt*, Wien: Springer.
Cauchy, Augustin-Louis (1821): *Cours d'Analyse de l'École Polytechnique*, Paris: De Bure.
Chomsky, Noam (1980): *Rules and Representations*, Oxford: Blackwell.
Church, Alonzo (1936): „A Note on the Entscheidungsproblem", in: *Journal of Symbolic Logic*, 1, S. 40-41.
Coffa, Alberto (1991): *The Semantic Tradition from Kant to Carnap: To the Vienna Station*, Cambridge: Cambridge University Press.
Cohen, Paul J. (1963/1964): „The Independence of the Continuum Hypothesis I, II", in: *Proceedings of the National Academy of Sciences USA*, 50/51, S. 1143-1148/105-110.
Dedekind, Richard (1872): *Stetigkeit und irrationale Zahlen*, Braunschweig: Vieweg.
Dedekind, Richard (1888): *Was sind und was sollen die Zahlen*, Braunschweig: Vieweg.
Deiser, Oliver (2004): *Einführung in die Mengenlehre*, 2. Auflage, Berlin: Springer.
Deiser, Oliver (2007): *Reelle Zahlen. Das klassische Kontinuum und die natürlichen Folgen*, Berlin: Springer.
Diels, Hermann/Kranz, Walther (Hrsg.) (1903): *Die Fragmente der Vorsokratiker*, Berlin: Weidmannsche Buchhandlung.
Dirichlet, Johann Peter Gustav Lejeune (1871): *Vorlesungen über Zahlentheorie*, Braunschweig: Vieweg.
Dummett, Michael (1977): *Elements of Intuitionism*, Oxford: Oxford University Press.
Ebbinghaus, Heinz-Dieter (Hrsg.) (1988): *Zahlen*, 2. Auflage, Berlin: Springer.
Ebbinghaus, Heinz-Dieter/Flum, Jörg/Thomas, Wolfgang (1996): *Einführung in die mathematische Logik*, 4. Auflage, Heidelberg: Spektrum.
Einstein, Albert (1998): *The Collected Papers of Albert Einstein*, Bd. 8: *The Berlin Years: Correspondence, 1914-1918*, hrsg. v. Robert Schumann, A. J. Kox, Michel Janssen und József Illy, Princeton: Princeton University Press.
Euklid (1883-1916): *Elementa Geometriae*, in: *Euclidis Opera Omnia I-IX*, hrsg. v. Johan Ludvig Heiberg, Heinrich Menge und Ernst Ludwig Wilhelm Maximilian Curtze, Leipzig: Teubner; deutsch: Euklid (1933-1937), *Die Elemente, Buch I-XIII*, übers. v. Clemens Thaer, Leipzig: Akademische Verlagsgesellschaft.
Ewald, William (Hrsg.) (1996): *From Kant to Hilbert. A Source Book in the Foundations of Mathematics I-II*, Oxford: Clarendon Press.
Fowler, David (1999): *The Mathematics of Plato's Academy. A New Reconstruction*, 2. Auflage, Oxford: Clarendon Press.

Frege, Gottlob (1879): *Begriffsschrift, eine der arithmetischen nachgebildete Formelsprache des reinen Denkens*, Halle: L. Nebert.
Frege, Gottlob (1884): *Die Grundlagen der Arithmetik. Eine logisch mathematische Untersuchung über den Begriff der Zahl*, Breslau: Koebner.
Frege, Gottlob (1892): „Über Sinn und Bedeutung", in: *Zeitschrift für Philosophie und philosophische Kritik*, 100, S. 25-50.
Frege, Gottlob (1892): „Über Begriff und Gegenstand", in: *Vierteljahrschrift für wissenschaftliche Philosophie*, 16, S. 192-205.
Frege, Gottlob (1893/1903): *Grundgesetze der Arithmetik. Begriffsschriftlich abgeleitet. I-II*, Jena: H. Pohle.
Frege, Gottlob (1906): „Über die Grundlagen der Geometrie I-III", in: *Jahresbericht der Deutschen Mathematiker-Vereinigung*, 15, S. 293-309, 377-403, 423-430.
Frege, Gottlob (1976): *Wissenschaftlicher Briefwechsel*, hrsg. v. Gottfried Gabriel, Hans Hermes, Friedrich Kambartel, Christian Thiel und Albert Veraart, Hamburg: Meiner.
Frege, Gottlob (1983): *Nachgelassene Schriften*, hrsg. v. Hans Hermes, Friedrich Kambartel und Friedrich Kaulbach, 2. Auflage, Hamburg: Meiner.
Fritz, Kurt von (1971): *Grundprobleme der Geschichte der antiken Wissenschaft*, Berlin: De Gruyter.
Gericke, Helmuth (1990): *Mathematik im Abendland. Von den römischen Feldmessern bis zu Descartes*, Berlin: Springer.
Gödel, Kurt (1930): „Die Vollständigkeit der Axiome des logischen Funktionenkalküls", in: *Monatshefte für Mathematik und Physik*, 37, S. 349-360.
Gödel, Kurt (1931): „Über formal unentscheidbare Sätze der ‚Principia Mathematica' und verwandter Systeme I", in: *Monatshefte für Mathematik und Physik*, 38, S. 173-198.
Grattan-Guinness, Ivor (Hrsg.) (1980): *From the Calculus to Set Theory 1630-1910. An Introductory History*, Princeton: Princeton University Press.
Grattan-Guinness, Ivor (2000): *The Search for Mathematical Roots 1870-1940. Logics, Set Theories and the Foundations of Mathematics from Cantor through Russell to Gödel*, Princeton: Princeton University Press.
Hallett, Michael (1984): *Cantorian Set Theory and Limitation of Size*, Oxford: Clarendon Press.
Hartshorne, Robin (2000): *Geometry: Euclid and Beyond*, New York: Springer.
Hegel, Georg Wilhelm Friedrich (1986a): *Enzyklopädie der philosophischen Wissenschaften I-III*, Frankfurt a. M.: Suhrkamp.
Hegel, Georg Wilhelm Friedrich (1986b): *Jenaer Schriften 1801-1807*, Frankfurt a. M.: Suhrkamp.
Hegel, Georg Wilhelm Friedrich (1986c): *Wissenschaft der Logik I-II*, Frankfurt a. M.: Suhrkamp.
Heilmann, Anja (2007): *Boethius' Musiktheorie und das Quadrivium*, Göttingen: Vandenhoeck & Ruprecht.
Hellman, Geoffrey (1989): *Mathematics without Numbers*, Oxford: Clarendon Press.
von Helmholtz, Hermann (1863): *Die Lehre von den Tonempfindungen als physiologische Grundlage für die Theorie der Musik*, Braunschweig: Vieweg.
Heyting, Arend (1956): *Intuitionism. An Introduction*, Amsterdam: North-Holland.
Hilbert, David (1899): *Grundlagen der Geometrie. Festschrift zur Feier der Enthüllung des Gauss-Weber Denkmals in Göttingen*, Leipzig: Teubner; 2. Auflage (1903).
Hilbert, David (1926): „Über das Unendliche", in: *Mathematische Annalen*, 95, S. 161-190.
Hilbert, David (1930): „Naturerkennen und Logik", in: *Die Naturwissenschaften*, 18, S. 959-963.
Hilbert, David (1935): *Gesammelte Abhandlungen. Dritter Band: Analysis, Grundlagen der Mathematik, Physik, Verschiedenes*, Berlin: Springer.

Hilbert, David (2004): *Lectures on the Foundations of Geometry 1891-1902*, hrsg. v. Michael Hallett und Ulrich Majer, Berlin: Springer.
Hume, David (1739-1740): *A Treatise of Human Nature, Being an Attempt to Introduce the Experimental Method of Reasoning into Moral Subject*; deutsch: Hume, David (1989): *Ein Traktat über die menschliche Natur*, übers. v. Theodor Lipps, Hamburg: Meiner.
Huron, David (2006): *Sweet Anticipation. Music and Psychology of Expectation*, Cambridge, MA: MIT Press.
Imhausen, Annette (2002): *Ägyptische Algorithmen. Eine Untersuchung zu den mittelägyptischen mathematischen Aufgabentexten*, Wiesbaden: Harrassowitz.
Jahnke, Hans Niels (Hrsg.) (1999): *Geschichte der Analysis*, Heidelberg: Spektrum.
James, William (1902): *Varieties of Religious Experience*, New York: Longmans, Green & Company; deutsch: James, William (1914): *Die religiöse Erfahrung in ihrer Mannigfaltigkeit*, übers. v. Georg Wobbermin, Leipzig: Hinrich.
Kant, Immanuel (1781/1787): *Kritik der reinen Vernunft*, Riga: J. F. Hartknoch.
Kolman, Vojtěch (2005): „Lässt sich der Logizismus retten?", in: *Allgemeine Zeitschrift für Philosophie*, 30, S. 159-174.
Kolman, Vojtěch (2008): „Der Zahlbegriff und seine Logik. Die Entwicklung einer Begründung der Arithmetik bei Frege, Gödel und Lorenzen", in: *Logical Analysis and the History of Philosophy*, 11, S. 65-87.
Kolman, Vojtěch (2009): „What Do Gödel Theorems Tell Us About Hilbert's Solvability Thesis?", in: Michal Peliš (Hrsg.), *Logica Yearbook 2008*, London: College Publications, S. 83-94.
Kolman, Vojtěch (2010): „Continuum, Name, Paradox", in: *Synthese*, 175, S. 351-367.
Kolman, Vojtěch (2012): „Models and Perspicuous Representations", in: Sebastian Rödl, Henning Tegtmeyer (Hrsg.), *Sinnkritisches Philosophieren*, Berlin: De Gruyer, S. 185-212.
Kolman, Vojtěch (2015): „Logicism as Making Arithmetic Explicit", in: *Erkenntnis*, 80, S. 487-503.
Kripke, Saul (1982): *Wittgenstein on Rules and Private Language. An Elementary Exposition*, Cambridge, MA: Harvard University Press; deutsch: Kripke, Saul (2006): *Wittgenstein über Regeln und Privatsprache – Eine elementare Darstellung*, Frankfurt a. M.: Suhrkamp.
Kvasz, Ladislav (2008): *Patterns of Change. Linguistic Innovations in the Development of Classical Mathematics*, Berlin: Birkhäuser.
Lagrange, Joseph-Louis (1788): *Mécanique analytique*, Paris: Le Veuve Desaint.
Lakatos, Imre (1978): „Cauchy und the Continuum: The Significance of Non-standard Analysis for the History and Philosophy of Mathematics", in: *Mathematical Intelligencer*, 1, S. 151-161.
Lavine, Shaughan (1994): *Understanding the Infinite*, Cambridge, MA: Harvard University Press.
Locke, John (1690): *An Essay Concerning Human Understanding*, London: Thomas Bassett; deutsch: Locke, John (2006): *Versuch über den menschlichen Verstand*, übers. v. Carl Winckler, Hamburg: Meiner.
Lorenzen, Paul (1955): *Einführung in die operative Logik und Mathematik*, Berlin: Springer.
Lorenzen, Paul (1960): *Die Entstehung der exakten Wissenschaften*, Berlin: Springer.
Lorenzen, Paul (1962): „Gleichheit und Abstraktion", in: *Ratio*, 4, S. 77-81.
Lorenzen, Paul (1965): *Differential und Integral. Eine konstruktive Einführung in die klassische Analysis*, Frankfurt a. M.: Akademische Verlagsgesellschaft.
Lorenzen, Paul (1974): *Konstruktive Wissenschaftstheorie*, Frankfurt a. M.: Suhrkamp.
Lorenzen, Paul (1984): *Elementargeometrie. Das Fundament der analytischen Geometrie*, Mannheim: Bibliographisches Institut.

Lorenzen, Paul/Lorenz, Kuno (1978): *Dialogische Logik*, Darmstadt: Wissenschaftliche Buchgesellschaft.
Łoś, Jerzy (1955): „On Extending of Models I", in: *Fundamenta Mathematicae*, 42, S. 38-54.
Mancosu, Paolo (Hrsg.) (1998): *From Brouwer to Hilbert. The Debate on the Foundations of Mathematics in the 1920*, Oxford: Oxford University Press.
Mansfeld, Jaap/Primavesi, Oliver (Hrsg.) (2011): *Die Vorsokratiker. Griechisch-Deutsch*, Stuttgart: Reclam.
McDowell, John (1994): *Mind and World*, Cambridge, MA: Harvard University Press; deutsch: McDowell, John (2001): *Geist und Welt*, übers. v. Thomas Blume und Gregory Klass, Frankfurt a. M.: Suhrkamp.
McGuinness, Brian (1992): *Wittgensteins frühe Jahre*, Frankfurt a. M.: Suhrkamp.
Miyazaki, Ken'ichi (1990): „The Speed of Musical Pitch Identification by Absolute-Pitch Possessors", in: *Music Perception*, 8, S. 177-188.
Moore, Adrian W. (1990): *The Infinite*, London: Routledge.
Moore, Gregory H. (1982): *Zermelo's Axiom of Choice. Its Origins, Development, and Influence*, Springer: New York.
von Neumann, John (1929): „Über eine Widerspruchsfreiheitsfrage in der axiomatischen Mengenlehre", in: *Journal für die reine und angewandte Mathematik*, 160, S. 227-241.
Neurath, Otto (1932a): „Soziologie im Physikalismus", in: *Erkenntnis*, 2, S. 393-431.
Neurath, Otto (1932b): „Protokollsätze", in: *Erkenntnis*, 3, S. 204-214.
Newton, Isaac (1687): *Philosophiae naturalis principia mathematica*, London: Joseph Streater; deutsch: Newton, Isaac (1872): *Mathematische Prinzipien der Naturlehre*, übers. v. J. P. Wolfers, Berlin: Robert Oppenheimer.
Odifreddi, Piergiorgio (1989): *Classical Recursion Theory. The Theory of Functions and Sets of Natural Numbers*, Amsterdam: North-Holland.
Platon (1900-1907): *Platonis opera: recognovit brevique adnotatione critica instruxit I-V*, hrsg. v. John Burnet, Oxford: Oxford University Press; deutsch: Platon (1957-1959): *Sämtliche Werke*, übers. v. Friedrich Schleiermacher, hrsg. v. Walter Otto, Ernesto Grassi und Gert Plamböck, Hamburg: Rowohlt.
Poincaré, Henri (1906): „Les mathématiques et la logique III", in: *Revue de métaphysique et de morale*, 14, 1906, S. 294-317.
Poincaré, Henri (1908): *Science et méthode*, Paris: Flammarion; deutsch: Poincaré, Henri (1914): *Wissenschaft und Methode*, übers. v. Ferdinand und Lisbeth Lindemann, Teubner: Leipzig.
Potter, Michael (2000): *Reason's Nearest Kin: Philosophies of Arithmetic from Kant to Carnap*, Oxford: Oxford University Press.
Potter, Michael (2004): *Set Theory and its Philosophy*, Oxford: Oxford University Press.
Quine, Willard Van Orman (1951): „Two Dogmas of Empiricism", in: *Philosophical Review*, 60, S. 20-43; deutsch: Quine, Willard Van Orman (1979): „Zwei Dogmen des Empirismus", in: *Von einem logischen Standpunkt*, übers. v. Peter Bosch, Frankfurt a. M.: Suhrkamp, S. 27-50.
Quine, Willard Van Orman (1960): *Word and Object*, Cambridge, MA: MIT Press; deutsch: Quine, Willard Van Orman (1980): *Wort und Gegenstand*, übers. v. Joachim Schulte und Dieter Birnbacher, Stuttgart: Reclam.
Quine, Willard Van Orman (1968): „Ontological Relativity", in: *Journal of Philosophy*, 65, S. 185-212; deutsch: Quine, Willard Van Orman (2003): „Ontologische Relativität", in: *Ontologische Relativität und andere Schriften*, übers. v. Wolfgang Spohn, Frankfurt a. M., Vittorio Klostermann, S. 43-84.

Quine, Willard Van Orman (1981): *Theories and Things*, Cambridge, MA: Belknap Press; deutsch: Quine, Willard Van Orman (1989): *Theorien und Dinge*, übers. v. Joachim Schulte, Frankfurt a. M.: Suhrkamp.

Richard, Jules (1905): „Les principes des mathématiques et le problème des ensembles", in: *Revue générale des sciences pures et appliquées*, 16, S. 541.

Robinson, Abraham (1974): „Non-standard Analysis", in: *Proceedings of the Royal Academy of Sciences of Amsterdam*, 64, S. 432-440.

Russell, Bertrand (1903): *The Principles of Mathematics*, London: George Allen & Unwin.

Russell, Bertrand (1908): „Mathematical Logic as Based on the Theory of Types", in: *American Journal of Mathematics*, 30, S. 222-262.

Russell, Bertrand/Whitehead, Alfred North (1910-1913): *Principia Mathematica I-III*, Cambridge: Cambridge University Press.

Sacks, Gerald E. (Hrsg.) (2003): *Mathematical Logic in the 20th Century*, Singapore: Singapore University Press.

Schilpp, Paul Arthur (Hrsg.) (1963): *The Philosophy of Rudolf Carnap*, La Salle: Open Court.

Schütte, Kurt (1960): *Beweistheorie*, Berlin: Springer.

Sellars, Wilfrid (1956): "Empiricism and the Philosophy of Mind", in: Herbert Feigl, Michael Scriven (Hrsg.), *Minnesota Studies in the Philosophy of Science*, Bd. 1: *The Foundations of Science and the Concepts of Psychology and Psychoanalysis*, Minneapolis: University of Minnesota Press, S. 253-329; deutsch: Sellars, Wilfrid (1999): *Der Empirismus und die Philosophie des Geistes*, übers. v. Thomas Blume, Paderborn: Mentis.

Shapiro, Stewart (1991): *Foundations without Foundationalism. A Case for Second-order Logic*, Oxford: Clarendon Press.

Shapiro, Stewart (Hrsg.) (1996): *The Limits of Logic: Higher-order Logic and the Löwenheim-Skolem Theorem*, Aldershot: Darthmouth.

Shapiro, Stewart (Hrsg.) (2005): *The Oxford Handbook of Philosophy of Mathematics*, Oxford: Oxford University Press.

Smith, Peter (2007): *An Introduction to Gödel's Theorems*, Cambridge: Cambridge University Press.

Stekeler-Weithofer, Pirmin (1986): *Grundprobleme der Logik. Elemente einer Kritik der formalen Vernunft*, Berlin: De Gruyter.

Stekeler-Weithofer, Pirmin (1992): *Hegels Analytische Philosophie. Die Wissenschaft der Logik als kritische Theorie der Bedeutung*, Paderborn: Schöningh.

Stekeler-Weithofer, Pirmin (1995): *Sinn-Kriterien. Die logischen Grundlagen kritischer Philosophie von Platon bis Wittgenstein*, Paderborn: Schöningh.

Stekeler-Weithofer, Pirmin (2005): *Philosophie des Selbstbewusstseins. Hegels System als Formanalyse von Wissen und Autonomie*, Frankfurt a. M.: Suhrkamp.

Stekeler-Weithofer, Pirmin (2008): *Formen der Anschauung. Eine Philosophie der Mathematik*, Berlin: De Gruyter.

Tarski, Alfred (1935): „Der Wahrheitsbegriff in den formalisierten Sprachen", in: *Studia philosophica*, 1, S. 261-405.

Tarski, Alfred (1948): *A Decision Method for Elementary Algebra and Geometry*, Santa Monica: RAND Corporation.

Thiel, Christian (1995): *Philosophie und Mathematik. Eine Einführung in ihre Wechselwirkungen und die Philosophie der Mathematik*, Darmstadt: Wissenschaftliche Buchgesellschaft.

Tiles, Mary (1989): *The Philosophy of Set Theory. A Historical Introduction to Cantor's Paradise*, Oxford: Blackwell.

Troelstra, Anne Sjerp/van Dalen, Dirk (1988): *Constructivism in Mathematics: An Introduction I-II*, Amsterdam: North-Holland.
Truss, John K. (1997): *Foundations of Mathematical Analysis*, Oxford: Oxford University Press.
van der Waerden, Bartel Leendert (1960): *Algebra I*, 5. Auflage, Berlin: Springer.
Weyl, Hermann (1918): *Kontinuum. Kritische Untersuchungen über die Grundlagen der Analysis*, Leipzig: Veit.
Weyl, Hermann (1925): „Die heutige Erkenntnislage in der Mathematik", in: *Symposion*, 1, S. 1-32.
Weyl, Hermann (1968): *Gesammelte Abhandlungen I-IV*, hrsg. v. Komaravolu Chandrasekharan, Berlin: Springer.
Wittgenstein, Ludwig (1922): *Tractatus logico-philosophicus*, hrsg. v. F. P. Ramsey und C. K. Ogden, London: Routledge.
Wittgenstein, Ludwig (1953): *Philosophische Untersuchungen*, hrsg. v. G. E. M. Anscombe, G. H. von Wright und R. Rhees, Oxford: Blackwell.
Wittgenstein, Ludwig (1964): *Philosophische Bemerkungen*, Oxford: Blackwell.
Wittgenstein, Ludwig (1976): *Wittgenstein's Lectures on the Foundations of Mathematics, Cambridge, 1939*, hrsg. v. Cora Diamond, Hassocks: Harvester Press.
Wittgenstein, Ludwig (1984): *Wittgenstein und der Wiener Kreis*, hrsg. v. B. F. McGuinness, Frankfurt a. M.: Suhrkamp.
Wittgenstein, Ludwig (1986): *Vermischte Bemerkungen*, Frankfurt a. M.: Suhrkamp.
Wright, Crispin (1983): *Frege's Conception of Numbers as Objects*, Aberdeen: Aberdeen University Press.
Zacher, Hans J. (1973): *Die Hauptschriften zur Dyadik von G. W. Leibniz: Ein Beitrag zur Geschichte des binären Zahlensystems*, Frankfurt a. M.: Klostermann.
Zermelo, Ernst (1904): „Beweis, dass jede Menge wohlgeordnet werden kann", in: *Mathematische Annalen*, 59, S. 514-516.
Zermelo, Ernst (1932): „Über Stufen der Quantifikation und die Logik des Unendlichen", in: *Jahresbericht der Deutschen Mathematiker-Vereinigung*, 41, S. 85-88.
Zeuthen, Hieronymus Georg (1910): „Sur la constitution des livres arithmétiques des Eléments d'Euclide et leur rapport à la question de l'irrationalité", in: *Oversigt over det Konigelige Danske Videnskabernes Selskabs Forhandlinge*, 5, S. 395-435.

Namenregister

A
Anselm von Canterbury 72, 169
Archimedes von Syrakus 50, 51, 59, 60, 168
Archytas von Tarent 50
Aristoteles 1, 3, 22, 40, 43, 72, 74, 104, 124, 125, 167, 168, 169, 171

B
Barrow, Isaac 60, 61
Becker, Oskar 36, 48, 142, 153, 168, 169, 170, 172
Bergson, Henri 62, 163, 169
Berkeley, George 17, 67, 71, 167, 169
Bernstein, Leonard 168
Bishop, Errett 141
Bolyai, János 146
Bolzano, Bernard 77, 78, 79, 80, 82, 83, 103, 134, 170
Borges, Jorge Luis 113, 170
Brandom, Robert 164, 172
Brouwer, Luitzen E. Jan 95, 105, 131, 132, 133, 134, 135, 136, 137, 138, 139, 141, 143, 144, 170, 171

C
Carnap, Rudolf 116, 148, 167, 170
Cantor, Georg 5, 31, 58, 71, 72, 88, 89, 90, 92, 94, 95, 96, 100, 101, 103, 104, 105, 106, 107, 108, 109, 110, 111, 112, 113, 115, 121, 126, 127, 128, 133, 134, 137, 140, 143, 148, 149, 152, 163, 164, 168, 170, 171, 172
Cardano, Gerolamo 52, 56
Cauchy, Augustin Louis 70, 77, 78, 86, 90, 91, 170
Chomsky, Noam 24, 168
Church, Alonzo 142, 171
Coffa, J. Alberto 62, 169
Cohen, Paul J. 113, 170

D
Dedekind, Richard 7, 50, 80, 82, 83, 93, 94, 106, 122, 123, 145, 147, 149, 170, 171, 172
Descartes, René 4, 25, 52, 53, 54, 56, 60, 69

Diophantos von Alexandria 53
Dirichlet, Johann Peter Gustav Lejeune 72, 81, 83, 90
Dummett, Michael 171

E
Einstein, Albert 15, 167
Eudoxos von Knidos 4, 21
Euklid von Alexandria 7, 31, 35, 36, 37, 47, 49, 50, 52, 53, 102, 167, 168, 169, 170
Euler, Leonhard 61, 81, 90, 141

F
Fibonacci 62, 68
Fowler, David 36, 168
Fraenkel, Abraham 149
Franzelin, Kardinal Johannes 128
Frege, Gottlob 1, 4, 5, 8, 10, 11, 73, 81, 82, 83, 84, 85, 86, 87, 88, 94, 95, 96, 103, 110, 115, 116, 117, 118, 119, 120, 121, 122, 123, 124, 126, 142, 145, 147, 149, 161, 167, 170, 171, 172

G
Galilei, Galileo 23
Gentzen, Gerhard 153
Girard, Albert 56
Gödel, Kurt 45, 113, 128, 157, 158, 160, 172
Goodstein, Reuben 141
Grandi, Luigi Guido 90
Grassmann, Hermann 83, 84, 123

H
Hankel, Hermann 78
Hegel, Georg Wilhelm Friedrich 1, 5, 12, 14, 15, 16, 17, 22, 28, 41, 42, 43, 44, 66, 67, 68, 69, 70, 71, 73, 74, 94, 95, 104, 108, 110, 116, 117, 126, 127, 128, 137, 144, 164, 165, 167, 168, 169
Heidegger, Martin 142, 165
Helmholtz, Hermann von 23, 168
Heyting, Arend 143, 171

Hilbert, David 81, 120, 121, 123, 144, 146, 147, 148, 149, 150, 153, 157, 161, 162, 169, 170, 172
Hume, David 10, 11, 167
Husserl, Edmund 95

J
James, William 7, 73, 167

K
Kant, Immanuel 1, 5, 10, 11, 40, 41, 43, 62, 74, 77, 81, 83, 85, 104, 115, 116, 132, 146, 154, 168, 169
Kepler, Johannes 60
Kripke, Saul 133, 171
Kvasz, Ladislav 52, 169

L
Lagrange, Joseph Louise 70, 71, 86, 169
Leibniz, Gottfried Wilhelm V, 1, 5, 14, 15, 19, 53, 59, 60, 61, 63, 64, 69, 90, 101
Lindemann, Ferdinand von 58
Lobatschewski, Nikolai Iwanowitsch 146
Lorenzen, Paul 54, 119, 141, 153, 154, 155, 162, 167, 169, 171, 172
Łoś, Jerzy 152, 172

M
Markov, Andrej A. 141, 172
McDowell, John 24, 168
Mersenne, Marin 21

N
von Neumann, John 119, 171
Neurath, Otto 168, 171
Newton, Isaac 5, 17, 53, 59, 60, 61, 62, 63, 64, 65, 67, 69, 71, 101, 131, 169
Nikomachos von Gerasa 21

P
Parmenides aus Elea 2, 40
Peano, Giuseppe 122
Platon 1, 2, 3, 4, 6, 17, 23, 48, 87, 124, 125, 126, 164, 165, 167, 168, 171

Q
Quine, Willard Van Orman 19, 24, 167, 168

R
Robinson, Abraham 71, 152, 172
Russell, Bertrand 115, 120, 121, 125, 127, 153, 171

S
Sardou, Victorien 2
Stekeler-Weithofer, Pirmin 167, 168, 169, 170, 172
Stifel, Michael 52

T
Tarski, Alfred 152, 158, 172
Turing, Alan 139, 141

W
Wallis, John 53
Weierstraß, Karl 71, 78, 86, 106
Weyl, Hermann 141, 148, 153
Wittgenstein, Ludwig 1, 6, 7, 39, 51, 73, 98, 115, 125, 126, 132, 133, 136, 137, 138, 143, 144, 164, 165, 167, 168, 169, 171, 173
Wright, Crispin 122, 171

Z
Zenon von Elea 40
Zermelo, Ernst 113, 148, 149, 153, 162, 170, 172
Zeuthen, Hieronymus Georg 36, 168

Sachregister

A

Abbildung 3, 5, 11, 15, 49, 70
Ableitung 64, 65, 70, 71, 106, 107
absolut 22, 33, 37, 50, 168
Absolutes 127, 128
abstrakt 1, 12, 28, 65, 122
Abstraktion 8, 9, 22, 33, 37, 50, 95, 103, 167, 168
abzählbar, Abzählung 105, 109, 120, 141
Achilles und die Schildröte 62
Additionssystem 37
ad indefinitum 43
ad infinitum 43
Adjunktion 85, 86
Aggregat 62, 88, 94
alogos logos 5, 49, 163, 166
analytisch 2, 5, 77, 81, 82, 115, 116
Anderssein 15, 16, 17, 43
Anschauung 2, 62, 81, 83, 87, 115, 116, 131, 145, 147, 149, 154
Ansichsein 12, 16, 28, 43
Antinomien der reinen Vernunft 5, 41, 74
An-und-für-sich-sein 15, 128
Anzahl 8, 9, 11, 12, 31, 102, 103, 105, 109, 117, 120, 127, 129
Äquivalenz 14, 22, 23, 24, 35, 59, 76, 97, 101, 103, 104, 109, 141, 148, 158
Äquivalenzklasse 11, 23, 101
Archimedisches Axiom 38
Attraktion 14, 16, 17, 73, 74, 75
Aufhebung 5, 14, 15, 21, 28, 40, 55, 67, 69, 96, 98, 99, 103, 127, 150, 153, 165, 166
aufzählbar, Aufzählung 99, 100, 104, 108, 111, 128, 158
– rekursive 141, 158, 159, 162
Auswahlaxiom 71, 113, 149
Axiom, Axiomatik 115, 122, 123, 145, 146, 147, 148, 149, 150, 152, 156, 157, 159, 160
Axiomatizismus 15, 145
Axiomenschema 150

B

Begründung 27, 60, 65, 70, 73, 89, 153, 154, 155, 164, 172

Beweis 57, 58, 59, 66, 67, 74, 77, 80, 83, 105, 111, 134, 135, 136, 140, 141, 142, 158, 159, 160, 161, 162, 163, 164
Bijektion 9, 31, 102, 103, 104, 109, 111, 117, 121, 136
Bikonditional 86
Binomium 65, 66
Bolzano-Weierstraß-Satz 106
Breite des Daseins 12, 13, 16, 23
Bruch 19, 25, 33, 36, 44, 63, 94

C

Cantors Paradox 126
Cantors Satz 111, 112, 121
charakteristisches Dreieck 61, 70
casus irreducibilis 56
Church-Turing-These 141

D

Dasein 142
Dedekindscher Schnitt 80, 92, 93
Definition 3, 4, 7, 14, 82, 83, 84, 85, 88, 95, 99, 117, 123, 137, 145, 147, 148, 150, 151, 158, 161
– axiomatische 147, 148, 149, 150
– explizite 84, 85, 88, 96, 147, 148, 151
– implizite 147, 150, 151
– rekursive 82, 83, 116, 124, 139, 140, 141
deiktisch 105, 115, 126, 131
dekadische Darstellung 32, 33, 44, 91, 97, 104
Delisches Problem 48, 50, 52, 56, 57
Dezimalentwicklung 44, 96, 99, 135, 141
Diagonalargument 97, 98, 105, 141, 164
Diagonalisierung, Diagonalkonstruktion 96, 99, 105, 111, 140
Dialektik, dialektisch 5, 13, 17, 42, 43, 52, 55, 69, 74, 75, 98, 101, 105, 108, 142, 143, 163, 165, 172
dialogische Logik 153, 155, 157, 172
Differentialquotient 63
Differentiation 60, 65, 70
Differenzenquotient 63
dihairesis 2

Ding an sich 12
diskret, Diskretheit 12, 13, 31, 38, 41, 62, 72, 73, 74, 75, 87, 105
doxa 2, 40, 41
Dreiteilung des Winkels 50, 51, 57
dritter Mensch 124, 133

E
effektiv 140, 158, 159, 161
eidos 22, 49, 125
Eigenvariable 119, 154
einfach unendliches System 123, 148
Einheit 7, 8, 9, 31, 32, 33, 34, 37, 44, 48, 53, 95, 108
Eins 38, 52, 74, 82, 108
Elementrelation 106, 118
entscheidbar, Entscheidbarkeit 129, 134, 141, 142, 158
– rekursive 141, 158, 159, 162
episteme 2, 40
Epsilontik 71
Ersetzungsaxiom 149
Euklidischer Algorithmus 35
Eulersche Zahl 58, 141
exakt 1, 3, 27, 45, 48, 49, 50, 51, 52, 59, 65, 77, 95, 161
ex falso quodlibet 120
extensional 7, 103, 137
Extensionsalitätprinzip 149

F
Familienähnlichkeiten 7, 73
Finitismus 137, 139, 148
fliehende Eigenschaft 134, 135, 137
Fluente 63, 131, 137
Fluxion 60, 62, 63, 67, 131
Folge 90, 91, 92, 93, 94, 96, 97, 98, 99, 131, 132, 133, 134, 135, 136, 137, 139, 141, 142, 143
– anthyphairetische 35, 40, 45
– Cauchy- 91, 92, 97
– konzentrierte 91, 92, 93, 96, 101
– Wahl- 132, 134, 136, 137, 138, 142
Fundamentalsatz der Algebra 56
Fundamentalsatz der Analysis 65
Fundierungsprinzip 149

Funktion 61, 63, 64, 65, 70, 71, 73, 77, 78, 79, 80, 81, 82, 83, 84, 87, 88, 95, 111, 112, 113, 116, 121, 135, 136, 137, 139, 140, 141, 142
– Ackermann- 140
– charakteristische 111, 141
– identische 121
– Nachfolger- 122, 140
– Null- 140
– Paarungs- 104
– partiell-rekursive 139, 140, 141
– primitiv-rekursive 140
– rekursive 82, 83, 116, 139, 140, 141, 142, 145
– Rest- 71
– Sprung- 79, 135
– Stamm- 64, 65
– totale 135, 136, 140, 141
Für-anderes-sein 15, 16, 19, 28, 43, 74, 124, 131
Fürsichsein 15, 16, 19, 43, 44, 49, 53, 68, 74, 75, 76, 87, 96, 103, 109, 110, 117, 124, 127, 131, 137, 143

G
Gegenstand 5, 9, 11, 12, 13, 14, 15, 16, 19, 21, 22, 25, 35, 36, 38, 41, 42, 43, 44, 45, 49, 50, 53, 60, 66, 69, 74, 75, 80, 84, 87, 88, 95, 96, 97, 98, 100, 101, 105, 108, 110, 112, 116, 117, 118, 119, 120, 121, 122, 123, 124, 125, 126, 127, 128, 131, 132, 133, 137, 138, 139, 141, 145, 147, 150, 153, 166
– logischer 118, 119, 121
– reiner 19, 69, 72, 94, 118, 119
Gegenstandskonstitution 21, 50, 75, 95, 100, 101
Genie und Wahnsinn 69, 101, 103, 113
Geometrie 23, 34, 37, 38, 40, 47, 49, 53, 54, 56, 57, 83, 89, 104, 145, 146
– analytische 45, 52, 56, 57, 66, 73, 81, 89
– euklidische 59, 146
– nichteuklidische 4, 145, 146
Gerade 72, 77, 80, 106, 142, 145, 146
gleichgültig, Gleichgültigkeit 9, 11, 14, 15, 16, 20, 21, 22, 23, 32, 34, 35, 36, 43, 68, 88, 94, 101, 103, 116, 117, 159

Gleichheit 4, 10, 11, 12, 14, 15, 19, 20, 21, 22, 23, 31, 34, 35, 65, 74, 75, 76, 92, 94, 105, 110, 117, 118, 119, 131, 154, 167
Gleichzahligkeit 102, 103, 104
Gleitkommadarstellung 19, 33, 34
Gödels Vollständigkeitsatz 157
Gödels Unvollständigkeitssätze 6, 45, 158, 160, 161, 162, 164
Goldbachsche Vermutung 134, 135, 159, 162
Grenze 5, 40, 42, 45, 52, 57, 64, 68, 69, 72, 73, 74, 76, 78, 89, 94, 96, 104, 108, 109, 127, 142, 143, 154, 162, 165
Grenzwert 64, 70, 71, 92, 135
Grundgesetz V 118, 119, 120, 121, 122

H
Halbformalismus 159, 160, 161, 164
Halte-Problem 141
Harmonielehre 21, 23, 27, 29, 37, 167
Häufungspunkt 106
Hilberts Hotel 121
Hilbertprogramm 157, 162
Höhensatz 48, 55, 59, 159
horizontal 3, 11, 15, 27, 29
Humes Prinzip 115, 117, 120, 121, 122, 171

I
Idee 1, 2, 125
imprädikativ 121, 129, 171
Induktionsprinzip 122, 150, 156
Infinitesimalrechnung 65, 66
Inkommensurabilität 3, 5, 32, 34, 36, 39, 40, 49, 89
Insichsein 16
Integration 5, 59, 60, 61, 69, 81
intensional 7
Intuitionismus 131, 137, 159
Invariante, Invarianz 2, 6, 9, 14, 22, 23, 29, 32, 33, 34, 35, 126
iterative Hierarchie 41, 83, 128

K
Kalkül 5, 60, 63, 64, 65, 66, 67, 70, 71, 86, 116, 131, 148, 153, 154, 155, 157, 158
Kettenbruch 36, 40
Kleinkinderzahlen 84, 116
Kompensation von Fehlern 67, 101

Kompositionalität 83
Konditional 86
Konjunktion 86
konsistent, Konsistenz 81, 115, 120, 121, 127, 128, 146, 147, 162
Konsonanz 23, 25, 27
Konstruierbarkeitsaxiom 128
konstruktive Hierarchie 128
Konstruktivismus 115, 118, 141, 148, 159, 161, 162
Kontinuum 7, 23, 25, 37, 40, 41, 81, 101, 106, 131, 135, 136, 141
Kontinuumshypothese 112, 113, 129
Konventionalismus 15, 146
Koordinatensystem 54, 55, 63, 75
Kopula 119, 120
Körper 7, 59, 75, 76, 151, 152
– archimedisch angeordneter 76
– vollständiger angeordneter 151
Kraft 14, 16, 17, 56, 67, 73, 89
Kreisquadratur 50, 51, 58, 59, 60, 90, 141, 142
Kreiszahl 19, 58, 59, 91, 92, 141

L
leere Menge 118, 119
Leibniz-Prinzip 14, 19
Limes 5, 64, 70, 71, 92, 96, 128
Liniengleichnis 6
Logizismus 73, 77, 82, 87, 88, 115, 122, 123, 124, 145
logos 22, 38, 39, 48, 49
Lösungszahl 135
Löwenheim-Skolem Theorem 172

M
Mächtigkeit 95, 102, 103, 104, 109, 110, 111, 112, 113, 117, 120, 141
Maßeinheit 3, 31, 32, 34
mechanisch 51, 59
Menge 5, 7, 8, 9, 12, 31, 40, 41, 62, 71, 72, 74, 75, 76, 88, 89, 94, 95, 96, 98, 99, 102, 103, 104, 105, 106, 107, 108, 109, 110, 111, 112, 113, 115, 118, 119, 120, 121, 123, 125, 127, 128, 129, 131, 133, 139, 163
– konsistente 127, 128
– reine 72, 89, 103, 118, 119, 124, 163

Mengenlehre 43, 71, 88, 101, 110, 115, 124, 131, 136, 148, 149, 153, 163
Methode 45, 47, 49, 50, 51, 58, 59, 60, 65, 66, 77, 86, 92, 96, 98, 99, 137, 139, 148, 157, 158, 161, 162
– engere vs. breitere 50, 51, 52, 54, 56, 57, 58, 98, 99, 141, 142, 143, 148, 161
Minimalisierung 140
Modell 81, 115, 122, 123, 148, 152, 153, 157, 158, 163, 172
– Nichtstandard- 151, 152, 153
– Standard- 151, 153, 158, 159, 162, 163, 164

N
Nachfolger 5, 60, 63, 64, 65, 66, 71, 82, 85, 86, 117, 122, 124, 131, 148, 150, 151, 158
Name 3, 4, 11, 15, 44, 92, 96, 99, 100, 117, 118, 122, 124, 126, 137, 139, 140, 141, 153, 154
Neologizismus 120
Null 37, 38, 52, 118
Nullstelle 4, 55, 56, 76, 77, 78, 89

O
Obertöne 23, 24, 25
Oktave 2, 21, 23, 24, 25, 26, 27, 37, 98, 101, 105, 111, 127
onbetrouwbaar 131
ontologisch 16
operative Logik 36, 71, 74, 113, 155, 172
Operativismus 141
Ordnung 36, 37, 45, 68, 71, 74, 76, 78, 81, 95, 98, 99, 103, 109, 110, 113
– archimedische 68, 76, 81, 152
– dichte 76, 80, 89, 93, 106
– lineare 76, 122

P
Paarungsfunktion 104
Paradoxien des Unendlichen 101, 102, 103, 127
Parallelenpostulat 4, 145
Peano-Arithmetik 122, 123, 148, 150, 151, 156, 162
Pendelzahl 135, 137, 138
Pentagon 3, 26, 39, 40, 44, 49, 89, 166
Playfair-Postulat 145

Polynom 4, 55, 56, 57, 65, 66, 70, 71, 73, 77, 78, 81, 89, 105, 152, 158
Positionssystem 37
Potenzmenge 110, 128
Potenzmengenaxiom 149
poverty of the stimulus 24
Prädikatenlogik 134, 142, 149, 157
Privatsprache 133, 136, 138
Proportion 4, 21, 23, 25, 31, 34, 35, 36, 37, 38, 44, 48, 49, 50, 53, 55, 59, 60, 75, 89, 92, 93
Proportionale 47, 53
Punkt 40, 42, 44, 47, 48, 49, 55, 62, 63, 72, 77, 78, 79, 80, 92, 93, 94, 104, 106, 107, 133
– Häufungs- 106
– isolierter 106
Punktmenge 72, 92, 105, 104, 106
Pythagoräer 1, 21, 22, 23, 25, 39, 62, 78
pythagoräisches Komma 26, 27

Q
Quadratrix 51, 59
Qualität, qualitativ 12, 13, 20, 42, 47, 75, 76, 77, 87, 94, 95, 105, 116, 117, 135, 150
Quantifizierung 8, 86, 87, 122, 131, 150, 153
Quantität, quantitativ 8, 12, 13, 22, 47, 63, 72, 73, 74, 94, 116, 117, 128
Quinte 21, 24, 25, 26, 27, 28
Quintenzirkel 25, 26, 27, 28, 166

R
Regelfolgen 132, 133, 138, 139, 173
Reihe 90, 91, 96, 164, 173
Rekursion 82, 140
– primitive 140
Rekursionstheorem 82, 83, 84
Rekursionstheorie 139, 158
Relation 81, 83, 84, 85, 103, 124, 125, 133
– antireflexive 76
– Äquivalenz- 14, 19, 76, 109, 148
– reflexive 14, 17
– symmetrische 14, 27
– transitive 14, 76
Repulsion 14, 16, 73, 74, 75
Richards Paradox 99, 100, 126, 131

S

schwache Gegenbeispiele 134, 135, 137
Selbstreflexion 6, 9, 52, 157, 163, 164, 165
Semantik 132, 148, 153, 158, 159
skeptisches Paradox 10, 133
Sprachspiel 7, 137
Stammbruch 20
stetig, Stetigkeit 40, 62, 63, 73, 74, 75, 76, 77, 78, 79, 80, 81, 86, 100, 105, 135, 136
Stimmung 20, 26, 27, 28, 165
Strahlensatz 47
Streckenalgebra 52, 53
Struktur 2, 20, 22, 27, 35, 101, 107, 115, 123, 147, 148, 150, 153, 157, 162, 163
Strukturalismus 22, 147
Subjekt-Prädikat-Satz 13, 87
Subjunktion 86, 127
Supremum 80, 93, 106, 151
Supremumsatz 80, 106
synkategorematisch 20, 37, 78
Syntax 116, 148, 159
synthetisch 115, 116

T

Taylor-Reihe 70
Teilmenge 102
– echte 102
Teilmengenaxiom 149
Teilnahme 2, 125
tertium non datur 95, 131, 135, 137
transfinit, Transfinitum 110, 112, 127, 128, 133
transzendental 62, 115, 155, 157
Turingmaschine 140, 141, 142, 158
Typenhierarchie 119, 121, 127

U

überabzählbar 100, 105, 110, 111, 136, 152, 153
überaufzählbar 141
übersichtliche Darstellung 144, 150, 164
Umgebung 71, 78, 79, 106, 136
Umkehroperationen 53, 65, 76
unabhängig, Unabhängigkeit 146
Unbestimmtheit der Übersetzung 24
Unendliches, Unendlichkeit 1, 3, 26, 27, 38, 40, 41, 42, 43, 44, 45, 48, 49, 52, 58, 59, 60, 61, 62, 63, 64, 66, 67, 68, 69, 70, 71, 72, 78, 90, 91, 95, 96, 98, 101, 102, 103, 104, 105, 106, 107, 108, 109, 110, 111, 112, 113, 116, 118, 120, 121, 123, 125, 127, 128, 131, 133, 136, 137, 138, 139, 142, 149, 150, 151, 152, 154, 158, 159, 168
– absolute 127, 128
– aktuelle 43, 44, 72, 127
– schlechte 43, 44, 48, 49, 52, 68, 69, 95, 98, 101, 131, 138, 163, 168
– wahrhafte 43, 44, 66, 128, 150
Unerforschlichkeit der Referenz 24
Unlösbarkeit 11, 12, 14, 22, 23, 27, 29, 43, 50, 69, 78, 101, 116, 142, 145, 150, 163
Unmittelbarkeit 1, 3, 11, 12, 14, 15, 22, 23, 25, 27, 28, 29, 43, 44, 47, 69, 74, 78, 101, 116, 143, 145, 149, 150, 163
– vermittelte 3, 15, 25, 27, 44, 154
unvollständig, Unvollständigkeit 6, 45, 158, 160, 161, 162, 164

V

Vereinigungsmengenaxiom 149
Vergegenständlichung 166
Vermittlung 1, 3, 4, 9, 11, 13, 15, 17, 28, 40, 45, 47, 78, 95, 145, 146, 149, 150
Verneinung 11, 12, 13, 14, 15, 16, 17, 42, 43, 44, 68, 74, 86, 95, 115, 128, 138, 146, 150, 155, 163
– erste 14, 16, 68, 95, 115, 128, 168
– zweite 15, 16, 17, 42, 44, 74
vertikal 3, 11, 15, 24, 27, 29
Vollformalismus 159, 160, 161, 162, 164
vollständig, Vollständigkeit 27, 80, 81, 106, 124, 146, 149, 151, 152, 157, 170

W

Wechselwegnahme 4, 34, 35, 36, 37, 38, 40, 44, 45, 48, 90, 92
Werden 13, 133, 142, 143
Wertverlauf 88, 118, 141
Widerspruch 5, 28, 40, 41, 42, 55, 72, 74, 89, 98, 99, 100, 102, 111, 115, 119, 120, 121, 126, 127, 128, 144, 148, 162, 165, 166
Wissen 1, 2, 3, 10, 22, 132, 153, 162, 163, 164, 165
wohlgeordnet, Wohlordnung 21, 109, 113, 110, 127, 128, 149, 168, 171
Wohlordnungsprinzip 113, 149

Z

Zahlen 1, 7, 8, 9, 19, 20, 31, 47, 53
– algebraische 4, 7, 52, 55, 56, 57, 58, 60, 75, 76, 78, 79, 80, 81, 89, 92, 141, 148, 152
– benannte 8, 20, 31, 32, 47
– fiktive 52
– ganze 21, 52, 75, 76
– imaginäre 7, 52, 56
– irrationale 3, 5, 7, 31, 44, 49, 51, 79, 93, 95, 102, 106, 109, 110, 112, 113, 117, 127, 166, 170
– Kardinal- 5, 7, 10, 31, 95, 102, 106, 109, 110, 112, 113, 117, 127
– komplexe 7, 56, 76
– natürliche 5, 7, 9, 43, 74, 75, 76, 82, 84, 99, 102, 104, 105, 108, 109, 110, 111, 118, 120, 124, 136, 150, 151, 152
– Nichtstandard- 7, 71, 124, 151, 152
– Ordinal- 5, 7, 10, 31, 107, 108, 109, 110, 112, 113, 119, 127, 128
– pythagoräische 54, 55, 57, 75, 90
– rationale 3, 4, 7, 19, 20, 36, 44, 49, 51, 52, 53, 55, 56, 57, 75, 76, 78, 89, 90, 91, 92, 93, 94, 104, 106, 108
– reelle 4, 5, 7, 25, 31, 36, 44, 53, 58, 60, 72, 73, 75, 76, 77, 79, 80, 81, 89, 90, 92, 93, 94, 96, 97, 98, 99, 100, 101, 102, 105, 106, 110, 111, 133, 135, 136, 141, 143, 151, 152, 163
– reine 8, 19, 69, 122, 116, 158
– sophistische 52
– transfinite 7, 106, 107, 108, 109, 110, 111, 112, 128
– transzendente 45, 57, 58, 89, 105
– Zähl- 31
Zahlengerade 4, 53, 75, 78, 79, 92, 94, 105, 133
Zahlenklasse 108, 109, 110
Zahlenmystik 1
Zeit 62, 63, 64, 74, 77, 83, 85, 131, 134, 135, 139, 143, 146
– historische 14, 142
Zenons Antinomien 62, 127
Zirkel und Lineal 4, 49, 50, 51, 52, 54, 56, 59, 98
Zusammengesetztheit 74
Zusammensetzen 25, 36
Zwischenwertsatz 77, 78, 79, 80, 81, 82, 134, 152
– für Polynome 152

Weitere empfehlenswerte Titel

Relativismus
(Grundthemen Philosophie)
Bernd Irlenborn, 2016
ISBN 978-3-11-046247-0, e-ISBN 978-3-11-046354-5 (PDF),
978-3-11-046249-4 (EPUB), Set-ISBN 978-3-11-046355-2

Hoffnung
(Grundthemen Philosophie)
Ingolf U. Dalferth, 2016
ISBN 978-3-11-049467-9, e-ISBN 978-3-11-049196-8 (PDF),
978-3-11-049186-9 (EPUB), Set-ISBN 978-3-11-049206-4

Wahrscheinlichkeit
(Grundthemen Philosophie)
Gerhard Schurz, 2015
ISBN 978-3-11-042550-5, e-ISBN 978-3-11-042036-4 (PDF),
978-3-11-042056-2 (EPUB), Set-ISBN 978-3-11-042037-1

Theorien der reellen Zahlen und Interpretierbarkeit
(LOGOS, 25)
Daniel Alscher, 2016
ISBN 978-3-11-045856-5, e-ISBN 978-3-11-045919-7 (PDF),
978-3-11-045861-9 (EPUB), Set-ISBN 978-3-11-045920-3

Hegel und die logische Frage
(Hegel-Jahrbuch / Sonderband, HJBSB 6)
Myriam Gerhard, 2015
ISBN 978-3-11-044034-8, e-ISBN 978-3-11-043221-3 (PDF),
978-3-11-043234-3 (EPUB), Set-ISBN 978-3-11-043222-0

Logik. Wiener Logikkolleg 1894/95
(Phenomenology & Mind, P&M 17)
Kazimierz Twardowski
Arianna Betti/Venanzio Raspa (Hg.), 2016
ISBN 978-3-11-033504-0, e-ISBN 978-3-11-034593-3 (PDF),
978-3-11-038452-9 (EPUB), Set-ISBN 978-3-11-037180-2

www.ingramcontent.com/pod-product-compliance
Lightning Source LLC
Chambersburg PA
CBHW051100230426
43667CB00013B/2378